Swift Playgrounds ではじめる iPhoneアプリ開発入門

掌田津耶乃 著

Rutles

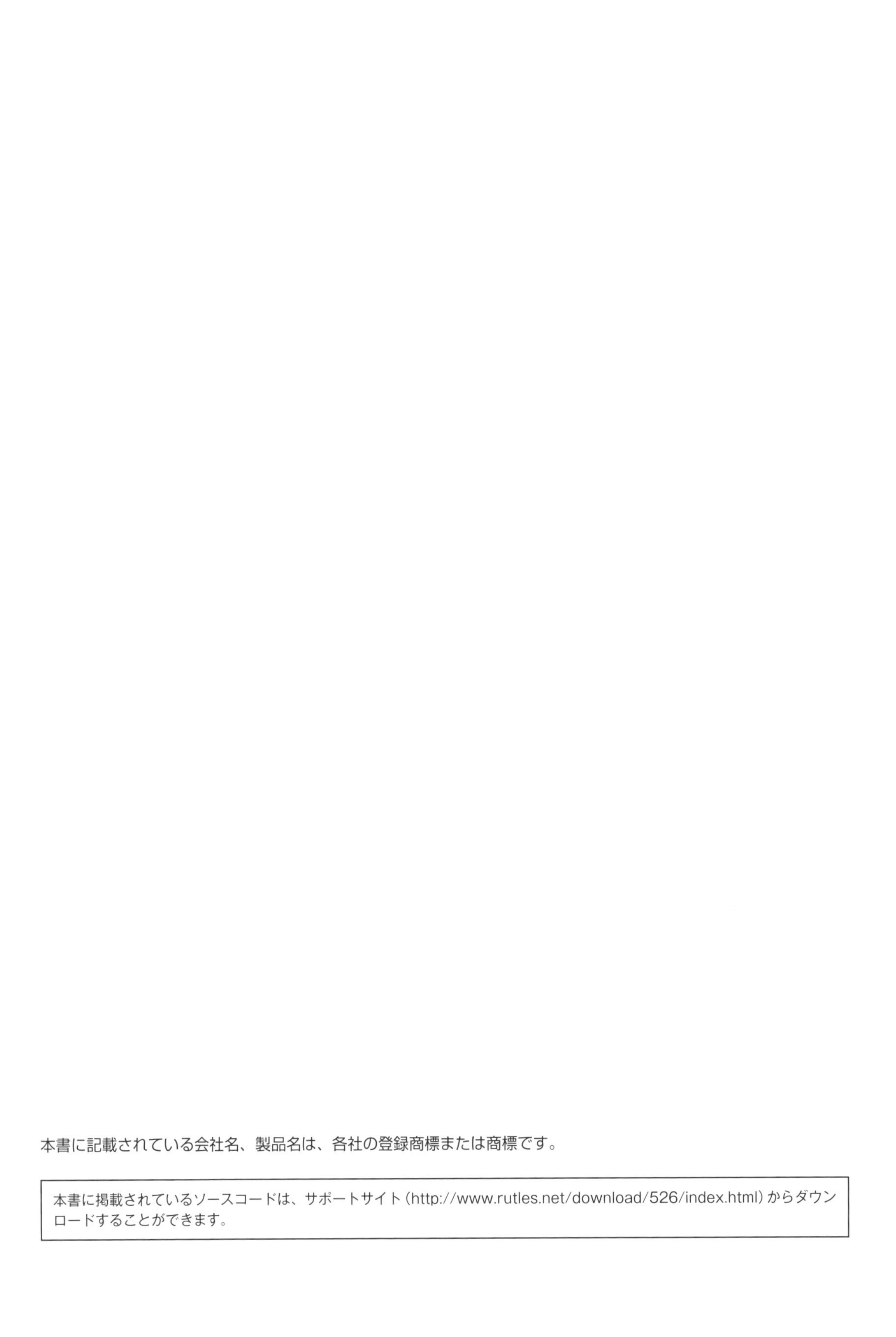

本書に掲載されているソースコードは、サポートサイト（http://www.rutles.net/download/526/index.html）からダウンロードすることができます。

もうMacなんていらない！ iPadでアプリ開発しよう！

「iPadでアプリを開発したい？ ムリムリ、Macを買いな」

　そう言われ続けて十数年、ようやく時代がiPadに追いつきました。Swift Playgounds 4の登場です。このアプリにより、ようやく「iPadでアプリ開発」が現実のものになったのです。

「Swift Playgroundsで？ アプリ開発？ まぁ、アップデートで作れるようになったっていうけど、どうせたいしたことはできないよ。おもちゃなんだし」

　そう思っている人も、おそらく大勢いることでしょう。確かに、Swift Playgroundsは、iPadでプログラミングを体験する学習教材として誕生しました。今でもそういう位置づけで考えている人は多いはずです。けれども現在のver. 4は、本当に製品と同じレベルのアプリを作れるようになっているのです。

　ただし、「製品と同じレベルのアプリ」を作るためには、製品を作るのと同じレベルの知識が必要です。Swift Playgroundsの使い方だけでなく、アプリを作るのに必要となるさまざまなフレームワークの使い方も学んでいく必要があります。「Swift Playgroundsでアプリを作りたい、でも難しいことはわからない」では、アプリは作れないのです。

　せっかくiPadでアプリ作りができるようになったんですから、少し頑張って「アプリ作りに必要な難しい知識」についても勉強してみましょう。

　本書ではSwift Playgroundsに付属のサンプルでコーディングの基礎を体験し、それから本格的にSwiftUIというフレームワークを使ったプログラミングを学んでいきます。また、マップやWebブラウズに必要なMapKit、WebKit、そしてゲーム開発に必須のSpriteKitといったフレームワークについても基本的な使い方についても触れています。

　後半になると初心者にはかなり難しいものも出てきますが、がんばって最初の４章だけでも読み進めてください。これで、ボタンやフィールドを使った簡単なアプリなら作れるようになります。後は、それぞれの作りたいものに応じて少しずつ進めていけばいいでしょう。

　ちなみに、Swift PlaygroundsはMac版もあります。こちらでもアプリ開発の学習は進めることができます（ただし、アプリを作るところはXcodeの力が必要ですが）。ですから、「Macしか持ってない」という人も安心してSwift Playgroundsを使ってください。

2022年３月　掌田津耶乃

Contents

Swift Playgroundsではじめる iPhoneアプリ開発入門

COLUMN

Chapter 1

Swift Playgroundsを使おう

ようこそ、Swift Playgroundsの世界へ！
Swift Playgroundsはコーディングを学ぶための素晴らしい教材です。
まずは実際にサンプルを動かしてみて、
どんなことが学べるのか、どうやって使うのかを体験していきましょう。

Chapter 1 1.1. Playgroundsを使ってみる

プログラミングするならMacを買え!?

「プログラミングを覚えたい」という人の多くが、パソコンではなく「スマホのアプリ作成」を考えています。「スマホはあるけどパソコンは持っていない」という人も珍しくない時代です。今や「プログラミング=スマホアプリ作り」が当たり前と考えてもいいでしょう。

しかし、いざ「アプリ作りをやってみよう」と思っても、そんなに簡単にスタートできるものではありません。

まずは、プログラミングというものがどういうものなのか、しっかりと学ぶ必要があります。そしてプログラミング言語や開発環境などについて一通り理解し、作成する環境（iOSなど）で使われているライブラリやフレームワークなどの知識を深めていって、ようやく「アプリを作ろう！」となるわけです。

そして、そのためには「パソコン」が必要でした。

「スマホでアプリ開発？　無理無理、パソコンを用意しな」

そう当たり前のように今まで言われてきました。確かに、これまでiPhone/iPadアプリの開発にはmacOSの「Xcode」という開発環境が必要でした。これを使わないとアプリの開発はできませんでした。

「アプリを作りたいならMacを買え」は、ある意味その通りだったのです。

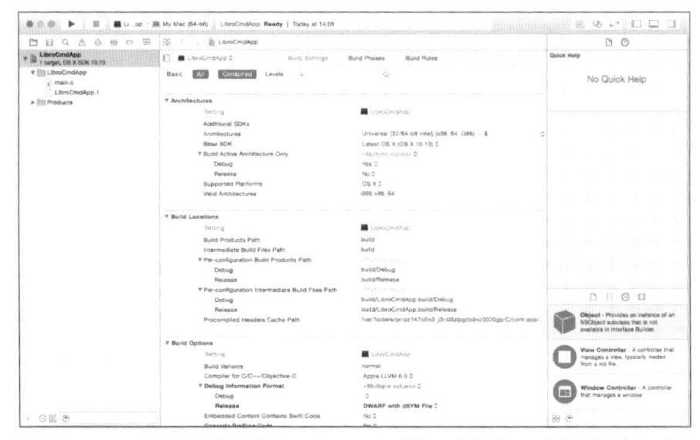

図1-1：macOSの開発環境Xcode。これがないとiOSアプリの開発はできなかった。

iPadでアプリを作りたい！

けれど、スマホやタブレットがこれだけ普及した現在、「パソコンでないとできないこと」なんてそんなに多くはありません。普段、スマホやタブレットですべて問題なく使えているのに、「アプリ開発」となるとなぜかパソコンを買わないといけない。これって、普通なんでしょうか？

中でも不満を抱えているのが、「iPad」のユーザーでしょう。「iPadはパソコンの代わりだ、iPadがあればMacなんていらない」などと言われ、実際、普段の作業にはiPadで何ら支障がないのに、「アプリ作成」となると途端に「iPadじゃ無理、Macを買え」となる。

「なんで？ iPadはMacの代わりになるはずじゃなかったの？」と叫びたい人も多かったことでしょう。けれど、時代は変わります。いつまでも「アプリを作れるのはパソコンだけ」でいいはずがありません。iPadユーザーの皆さん。もうアプリ開発を始めるのにMacを用意する必要なんてありません。

なぜなら、今の私たちには「Swift Playgrounds」という開発ツールがあるからです。

Swift Playgroundsとは？

「Swift Playgrounds」と聞いて、中には苦笑いをした人もいるんじゃありませんか？ 「ああ、あのおもちゃみたいなアプリね」と。

Swift PlaygroundsはSwiftという言語を使ってプログラミングの考え方などを学ぶアプリです。iPad用とmacOS用がリリースされており、これを利用してプログラミングの考え方を学ぶことができます。このアプリの対象年齢はなんと4歳以上！ 幼稚園児からこのアプリでプログラミングを遊びながら学べるようになっているのですね。

Swift Playgroundsはアップルが鳴り物入りでリリースしたアプリですから、聞いたことがある人も多いでしょう。実際に使ったことがある人もいるかもしれません。そうした人は、どのような印象を抱いたでしょうか。

「確かに学習アプリとしてはとても良くできている。これでプログラミングの基本的な考え方を学べるだろう。だけど、これでアプリが作れるようになったりはしない。アプリを作るためにはこれとは別に、Xcodeを使った本格的なプログラミングの学習が必要だ。これはプログラミングっぽいことが体験できる、ただのおもちゃだ」

これは、その通りでした。Swift Playgroundsはあくまで学習目的のアプリであり、これで勉強したからといって実際にアプリを作れるようにはならない。「学んだ気になる、ただのおもちゃ」だ。そう思った人も多いはずです。その通りでした。しばらく前までは、ね。

Playgrounds 4で劇的に変わった！

それは、以前のSwift Playgroundsの話なのです。2021年12月にSwift Playgroundsは新しいバージョン「4」がリリースされました。このiPad用アプリでは、iOSアプリの開発を行うための機能が追加されたのです！

ただ「アプリが作れるようになった」だけでなく、アプリ作成のための学習機能も追加され、さらにはApple Storeに簡単に公開する機能も追加されました。

つまりSwift Playgroundsで「アプリ開発を学習し、実際にアプリを作り、Appleのストアに申請して公開する」ということがすべて行えるようになったのです。

「でも、アプリが作れるったって、Swift Playgroundsに用意されているサンプルをちょっとアレンジしたようなものだけだろう？ 製品アプリと同じレベルの完璧にオリジナルなアプリを一から作れるわけじゃないだろう？」

そう思った人。いえ、製品レベルの完全オリジナルなアプリを、今のSwift Playgroundsは作れるのです。ver. 4リリースからまだ間もないというのに、すでにSwift Playgroundsだけで開発されたアプリがアップルのApp Storeで次々と公開されています。

もう、アプリの開発にXcodeは必要ありません（いえ、Macで開発する場合は必要ですが）。iPadがあれば、Swift Playgrondsだけで iOSアプリの開発ができるようになったのです。

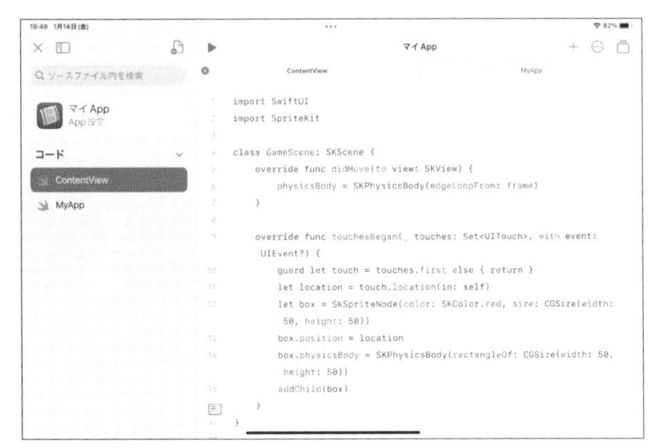

図1-2：Swift Playgroundsのアプリ開発画面。本格的にプログラミングができる。

macOS版とiPad版の違い

Swift PlaygroundsはmacOS版とiPad版があります。どちらもほぼ同じようなものですが、細かい点で両者は違いがあるので注意が必要です。この2つの違いを簡単にまとめておきましょう。

アプリが作れるのはiPad版のみ

まず、非常に重要な違いがこれです。2022年3月現在では、iOSアプリが作成できるのはiPad版のみです。iPad版ではiOSアプリ作成のためのプロジェクトが用意されていて、それを選ぶだけでアプリを作れます。

また、iPad版では作成したアプリをその場で公開まで行えますが、macOS版はアプリの作成自体が行えないため、この機能も用意されていません。

Xcodeを使えばどちらも開発可能

では、macOS版ではアプリは作れないのかというと、必ずしもそうではありません。確かにmacOS版のSwift Playgroundsだけでアプリを作ることはできないのですが、Xcodeと併用すればSwift Playgroundsで書いたコードをXcodeでiOSアプリにすることは割と簡単にできるのです。

また、どちらのSwift Playgruondsにも「Xcodeプレイグラウンド」というものが用意されていて、これで作成すると、macOSの標準開発ツールであるXcode用のファイルが作成できます。これをXcodeで開けばそのままプログラムを動かすことができます。もちろん、Xcodeでプレイグラウンドファイルを作って動かすこともできます。

つまり、本書の「Swift PlaygroundsによるiOSアプリ開発の学習」は、（Swift Playgroundsがなくても）Xcodeがあればできてしまうんですよ！

※本書で作成したコードをmacOSのXcodeに移植する手順については、Chapter 3で説明します。

サンプルが違う

アプリ開発ができるようになったことで、iPad版にはサンプルが多数追加されました。それまでのバージョンおよびmacOS版では「コードを学ぼう」「チャレンジ」「テンプレート」といったサンプルが用意されており、プログラミングの基本的な学習と、サンプルを使った各種機能のコーディングの仕方を学べました。

新しいiPad版ではサンプルが大きく変わり、「Appギャラリー」「Appを拡張する」「ブック」といった項目が用意され、アプリ開発の学習やサンプルなどが多数用意されています。もちろん、従来からあったサンプルもそのまま用意され使うことができます。

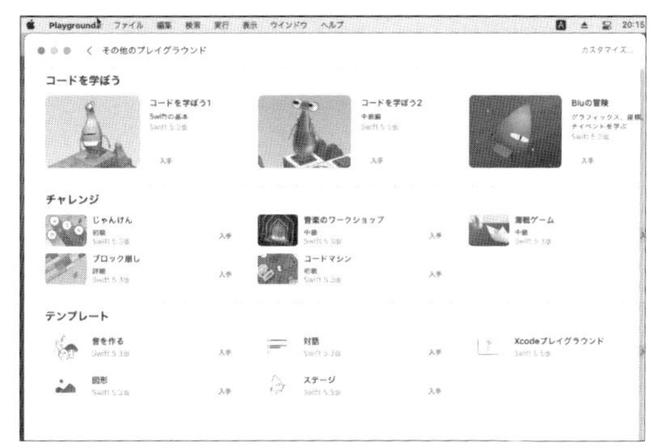

図1-3：iPad版（左）とmacOS版（右）のサンプルの違い。iPad版ではアプリ関係が増えている。

解説はiPad版で進めます

ざっとまとめるなら、macOS版とiPad版の違いは「アプリ開発に対応しているかどうか」だと言っていいでしょう。

本書は、Swift Playgroundsを使ったアプリ開発について説明をしていきます。したがって、アプリ開発に対応しているiPad版をベースに説明を行います。MacとiPadの両方を持っているなら、iPad版のSwift Playgroundsを使いながら学習を進めてください。

では、「Macしか持ってない人は、この本では学習できない」のか？　というと、実はそういうわけでもありません。Swift Playgroundsは、アプリ開発で使われている「SwiftUI」というフレームワークに対応しています。iPad版だけでなく、macOS版もです。ですから本書で説明するコードは、そのままiPad版でもmacOS版でも記述して動かすことができます。

また、先ほど触れましたがmacOS版でもXcodeと併用することで、プレイグラウンドを利用してアプリの開発を進めることができます。ただし、プレイグラウンドをそのままアプリにできるわけではなく、アプリ化のためにはXcodeのプロジェクトに移植する必要がありますが、それほど手間がかかるわけではなく、比較的簡単です。

iPad版は「Swift Playgroundsだけで全部できる」という大きな利点がありますが、macOS版でもXcodeと併用すればアプリ開発は行えるのです。この点を忘れないでください。

本書では、まずSwift Plygroundsに用意されているサンプルを使いながら簡単な説明を行います。この部分は、（macOS版にはサンプルがないので）macOS版のSwift Playgroundsでは利用することができません。ただし、これは本格的な学習に入る前の導入部分ですから、実際に操作できなくとも「読み物」のつもりで読めば、それだけで学習の参考となるでしょう。

そして、それ以降の本格的なプログラミングの学習は、macOS版のプレイグラウンドでも同じように動かすことができます。これでも十分プログラミングはできるのです。

Swift Playgroundsを用意しよう

実際にSwift Playgroundsを用意して使ってみることにしましょう。まずは、Swift Playgroundsのアプリを用意してください。どちらもApp Storeで検索し、インストールするだけです。

iPadの場合

「App Store」アプリを開き、検索フィールドに「swift playgrounds」と入力してください。Swift Playgroundsアプリが検索されますので、インストールしましょう。

図1-4：iPadでSwift Playgroundsを検索してインストールする。

macOSの場合

アップルメニューから「App Store...」メニューを選び、App Storeを起動してください。そしてウィンドウ左上の検索フィールドから「swift playgrounds」と入力し検索します。Swift Playgroundsアプリが見つかりますので、インストールしましょう。

図1-5：macOSでSwift Playgroundsを検索し、インストールする。

アプリとプレイグラウンド

では、インストールしたSwift Playgroundsアプリを起動しましょう。アプリのスタート画面では、何も表示されていない真っ白い空白のエリアがあり、下のほうに小さなピクチャが横一列に並んだ表示があります。

この空白部分は、作成したアプリやプレイグラウンドと呼ばれるもの（Swift Playgroundsで作るプロジェクト）が表示されます。まだ何も作っていないので、空白になっているのですね。これから作業をしていろいろ作成していくと、それらがここに並んで表示されるようになります。

下部に横一列で表示されているのは、Swift Playgroundsに用意されているサンプルです。ここから利用したいものを選んで作成していきます。

下部に表示されているサンプルのリストには、「+」が表示されている項目として、「App」と「プレイグラウンド」の2つが用意されています（macOS版は「プレイグラウンド」のみ）。それぞれ、新しい「アプリ」と「プレイグラウンド」を作成するためのものです。

「アプリ」はわかりますよね？　そう、iOSで動くアプリのことです。では、「プレイグラウンド」というのはいったい何でしょう？

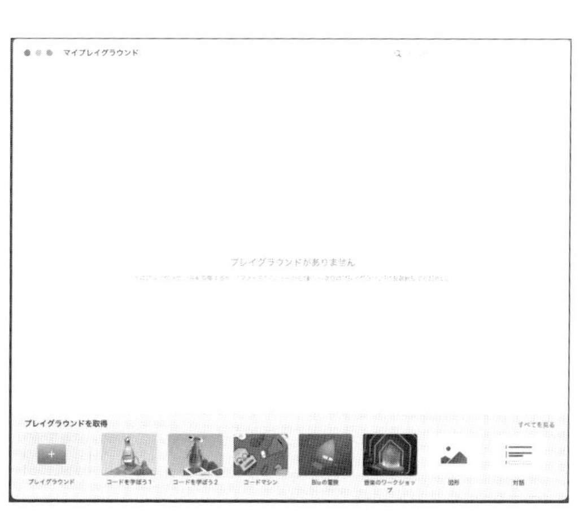

図1-6：iPad版（左）とmacOS版（右）のアプリ起動画面。

プレイグラウンドとは？

プレイグラウンドとは「Swiftのコードを直接実行できる環境」です。普通、アプリというのは非常に複雑な処理をコードとして記述して動いています。例えば何かを表示するものでも、ただ「○○を表示して」と書けば動くわけではありません。プログラム実行のための各種設定を行い、必要なファイル類を整備し、表示するためのウィンドウを作成し、初期化処理などの細々とした下準備をして、ようやく「○○を表示する」といった具体的な作業が行えるようになるのです。プログラムを書いて動かすというのは、それほど大変だったのです。

プレイグラウンドはそうした面倒な処理をすべてすっ飛ばして、いきなり「○○を表示する」といったコードをそのまま実行できる環境を提供します。これは、背後でそうした実行環境を準備しているために可能となっているわけで、通常のアプリとはまったく違うものです。

プレイグラウンドで作ったものは、そのままアプリのように起動して動かすことはできません。プレイグラウンドの環境（Swift Playgroundsなど）が用意されていて、その中でのみ動かすことができる、そういうものです。

アプリと違いこのような制約がありますが、「コードを書けばすぐに動く」という環境は、プログラミングについて学ぶためには強力な学習環境と言えます。

アプリとの違い

iPad版のSwift Playgroundsには、プレイグラウンドとは別に「App」という項目も用意されていますね。これが、いわゆる「アプリ」を作るためのものです。

アプリはプレイグラウンドとは違い、どこでも動かすことができます。そのままアップルに申請し、App Storeで公開して配布することだってできるのです。

iPad版では「プレイグラウンド」と「アプリ」の2種類のプログラムが作成できる、ということをよく頭に入れておきましょう。この2つは使い方や作成する手順、記述するコードなどはほとんど同じですが、明らかに別のものなのです。

サンプルの種類と学習手順

Swift Playgroundsは「プログラミングの学習」と「実際のプログラミング環境」という2つの顔を持っています。したがって利用する際には、まず「何を行うのか」を考えて作業をしていく必要があります。

では、Swift Playgroundsでどのような形で学習を進めていくのか、簡単にまとめておきましょう。

1. 考え方を学ぶ

Swift Playgroundsにはコード（プログラミング）を学ぶためのサンプルが用意されています。そのためのサンプルを使って、コードについての基本的な知識を身につけていきます。

これは「実際のプログラミングについて学ぶ」というより、「プログラミングで使われるさまざまな考え方を学ぶもの」と考えましょう。ここでの学習は「覚えてもプログラムを書けるようにはならないもの」です。プログラムを書くために必要な「考え方」を学ぶものですから。

また、サンプルを通じて「Swift Playgroundsの使い方に慣れる」ということも大切でしょう。

2. Swift言語を学ぶ

コーディングの考え方を学んだら、次に行うのは「Swiftというプログラミング言語」の学習です。実際にプログラミングを行うためには、プログラミング言語についてきちんと理解する必要があります。

これは、実はSwift Playgroundsには具体的なサンプルなど用意されていません。けれど、文法の学習に使えるサンプルアプリはちゃんと用意されているので、このサンプルを利用してしっかり文法を学んでいきましょう。

3. 具体的な機能を学ぶ

Swift言語の文法が一通りわかったら、いよいよプログラミングの学習です。具体的なプログラムのサンプルが用意されていることも多いので、それらを使いながらコードの書き方を学んでいきます。適当なサンプルがないこともあるので、その場合は自分で作ったアプリやプレイグラウンドでコードを書きながら学んでいくことになります。

最初に覚えるのは、「アプリのサンプル」を使ったアプリのコードの書き方でしょう。それから、例えば入力フィールドやボタンといったUI部品の使い方や、グラフィックやアニメーションの使い方、センサーやカメラなどのハードウェアの利用の仕方など、アプリから利用したいさまざまな機能の使い方について学んでいきます。

これらを一通り学べたなら、もう簡単なアプリは作れるようになっていることでしょう。では、さっそく最初の「コーディングを学ぶ」から始めることにしましょう。

Chapter 1

1.2. Swift Playgroundsで学ぼう

コーディングを始めよう

Swift Playgroundsを起動して、コーディングの基本的な考え方から学んでいきましょう。最初に使うのは「コーディングを始めよう」というサンプルです。下部に見えるサンプルのリストから「コーディングを始めよう」をタップしてください。サンプルが自動的にインストールされ、上の空白のエリアに追加されます。

上の空白エリアの部分に追加されたものが、実際にインストールされて使えるサンプルです。サンプルはこのように自分のアプリにインストールし、追加されたものをタップして開いて利用します。

図1-7：「コーディングを始めよう」をタップして追加する。

macOSの場合

macOS版では「コーディングを始めよう」というサンプルが用意されていません。が、心配は無用です。「コードを学ぼう1」「コードを学ぼう2」という2つのサンプルが用意されています。「コーディングを始めよう」の内容は、この2つのサンプルから重要なものをピックアップしてまとめたものになっています。ですから、この2つのアプリを順に使っていけば、ほぼ同じことが学べます。なお、この「コードを学ぼう」サンプルはiPad版にも用意されています。

サンプルを開く

では、作成された「コーディングを始めよう」をタップして開いてください。開かれたサンプルでは、左側に多数の項目が縦に並んだリストが表示され、右側の広いエリアには「コーディングを始めよう」という表示がされます。

この左側のリストは、このサンプルに用意されている内容を表示するものです。一番上に「チャプタ」とあり、その下に「コマンド」「forループ」「条件分岐コード」といった項目が用意され、それぞれの項目内に複数の項目が並べられています。起動時には「コマンド」内にある「はじめに」という項目が選択されています。これが、現在表示されている項目になります。

このリストに並ぶ項目から学びたいところをタップして選択すると、その内容が右側に表示されます。この表示は、単純な静止画のイメージではなく、必要に応じて実際にコードを記入しながら動作を確かめていくインタラクティブなものも含まれています。

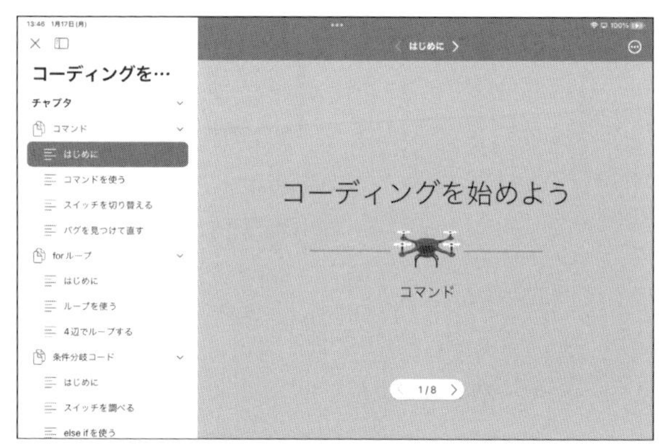

図1-8：最初に表示されるのは「はじめに」の画面。

説明を読み進める

では、「コーディングを始めよう」の表示を見てみましょう。表示の下部に、「< 1/8 >」という表示が見えるでしょう。これは、現在表示されている項目の説明は8ページあり、その1ページ目が表示されていることを示します。<と>をクリックすることで、前後のページに移動できます。

>をタップして次のページに進みましょう。「レシピを見ながら、……」と説明とイラストが表示されます。こんな具合に、ページを捲りながら説明を読み進めていきます。

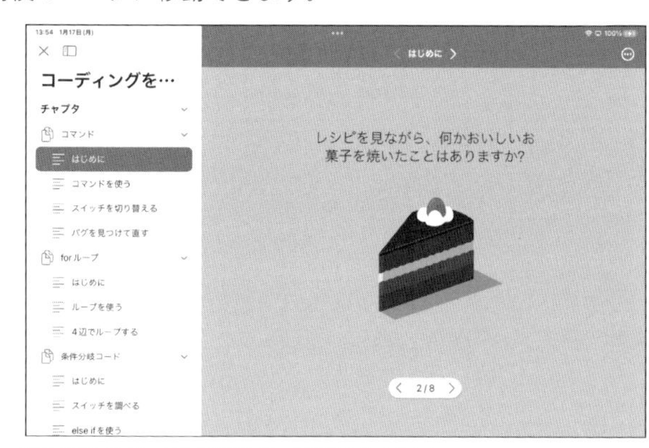

図1-9：>をタップして次のページを表示していく。

コマンドの説明

6ページ目に進むと、「コマンド」の説明が現れます。ここでは「moveForward()」というコマンドの働きを説明していますね。これは、キャラクタを1つ前に進めるコマンドです。

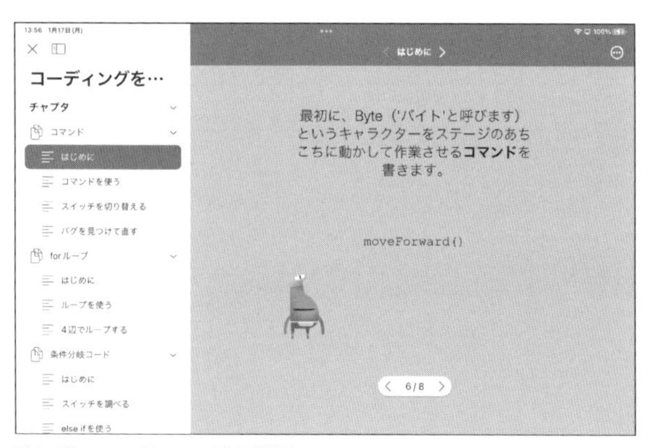

図1-10：moveForward()の説明。

次に、宝石を集める「collectGem()」というコマンドの説明が現れます。これで、その場にある宝石を取得できます。

図1-11：collectGem()の説明。

コマンドの書き方の説明が現れます。複数の単語がつながっている場合はスペースを開けずに書くこと、最後に()を付けることなどの説明がされます。

ここまでわかったら、ページを移動する<>の部分に表示されている「次へ」をタップして次のチャプタに進みます。

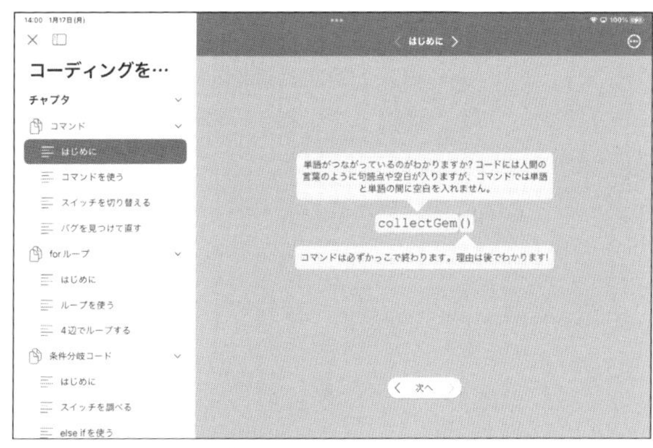

図1-12：コマンドの書き方の説明。

コマンドを使って宝石をGETする

いきなり表示が変わりました！ 右側のイメージなどが表示されていたエリアは2つに分かれ、左側に説明文が、そして右側にはコードの実行結果を表わすプレビューエリアがそれぞれ現れます。

先ほど説明した、「moveForward()」と「collectGem()」を使って、宝石を取るコードを作成しましょう。

右側の表示を見ると、中央付近にキャラクタが立っていますね。その前のほうに赤く輝く宝石が見えます。キャラクタを操作するコマンドを書いて、この赤い宝石を取ればいいのですね。

図1-13：コードを実際に使ってキャラクタを動かす画面になる。

コードを入力する

では、コードを入力しましょう。「タップしてコードを入力」というところをタップすると、その場に入力ができるようになります。同時に、下部に淡いグレーのバーが現れ、右端の「ˆ」をクリックするとキーボードから入力できるようになります。

図1-14：キーボードからコマンドを入力できる。

「moveForward()」と、キーボードから入力しましょう。これは、1つ前に進むコマンドでしたね。入力が間違っていると、行の左側に赤い円が表示されます。正しく入力できると、円が消えます。円が表示されていたら、どこか書き間違えているのでよく見直しましょう。

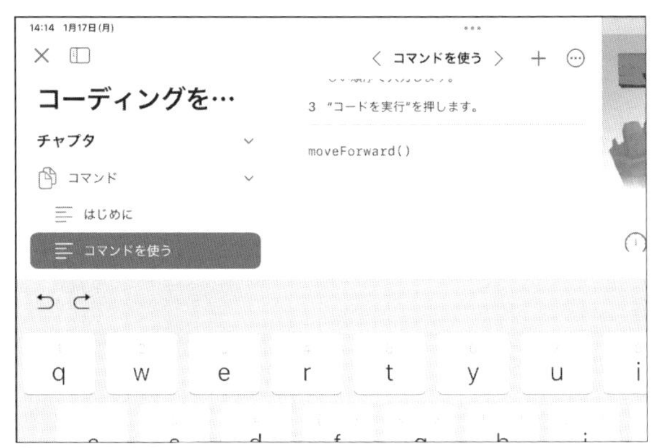

図1-15：moveForward()と記入する。

入力の仕方がわかったら、宝石を得るためのコードを入力しましょう。キャラクタと宝石の位置をよく見てみると、「3歩進んで宝石を得る」とうまくいくことがわかるでしょう。

では、そのように実行するコマンドを記入していきましょう。「3歩進む」というのは、「前に進む」を3回実行すればいいですね！

図1-16：3歩進んで宝石を得るコードを書く。

コードを実行しよう

記述できたら、右側のプレビューエリアの下部にある「コードを実行」をタップしてください。記述したコードが実行されます。3歩進んで宝石を無事にゲットできれば、「おめでとうございます！」とメッセージが表示されます。

もしうまくいかなかった場合は、記述したコードを良く読み返して、正しく動くように書き直して再度試しましょう。何度間違えても、ゲームオーバーになったりはしません。正しく動くまで何度でも試すことができますよ。

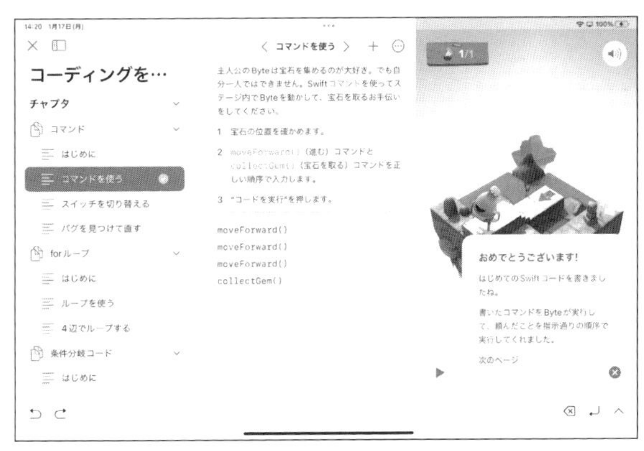

図1-17：正しく動けば「おめでとうございます！」と表示される。

次のページに進む

「おめでとうございます！」の表示がされたら、そこに「次のページ」というリンクが表示されます。これをタップすると次のページに進み、新しい説明が現れます。左側のリストを見ると、「コマンドを使う」のところにチェックマークが表示されているでしょう。これは、このページを無事にクリアできたことを示します。

こうして、説明を読んではコードを書いて実行し、正しく動けば次のページに進む……ということを繰り返して、コードの基本的な書き方を学んでいくのです。

図1-18：次のページに進むと、新しい説明が現れる。

「コーディングを始めよう」で学べるもの

使い方がわかったら、次々とページを進めていきましょう。このサンプルの最後まで進むことができたら、コーディングをする上で覚えておきたいさまざまな考え方を身につけることができます。

では、このアプリでどのようなことが学べるのでしょうか？　その内容を簡単に整理しましょう。

コマンドの書き方

先ほど、最初の「コマンドを使う」をやってみましたね。この他に、スイッチをON/OFFするコマンド、左を向くコマンドなどが登場します。そして、それらのコマンドを使って、キャラクタを自由に操作していきます。

ここで学ぶのは、「正しくコマンドを実行することで、プログラムを制御できる」ということです。ただし注意してほしいのは、「ここで実行しているコマンドは、実際のプログラムでは使えない」ということ。ここでの問題用に作られたコマンドですから。

けれど、「それぞれのコマンドの働きをよく理解し、目的のためにはどのコマンドをどういう順番に実行すればいいかを考える」というコード作成の基本的なアプローチは、どんなプログラムでも同じなのです。

図1-19：最後の「バグを見つけて直す」までくると、けっこう長いコードになる。

複雑な機能を持つ値を作成し利用する

プログラムではさまざまな「値」を利用します。チャプタでは、この「値」の利用に関する説明もいろいろと用意されています。ここでは以下のようなものについて学べます。

●変数

変数はさまざまな値を保管しておく入れ物のようなもので、変数に値を保管して利用する方法を覚えます。ただ、変数というのは実際にコーディングを始めればイヤでも使うものですから、今ここでわざわざ学ばなくても大丈夫です。実際にコーディングを始めれば、すぐに使えるようになりますから。

●型

ここで説明するのは、プログラムで使われるさまざまな部品はそれぞれの「型」があり、その中にはメソッドやプロパティといったものがあるという、「部品の違いと、その中身」に関する話です。このあたりは非常に複雑で難しいところなので、本書ではもっと詳しく説明をしていきます。

●初期化

型から「インスタンス」というものを作成するための説明です。型は、実際に値として利用するためにはインスタンスというものを作らないといけません。このあたりも本書ではもう少し詳しく説明します。

処理の流れを制御する構文

チャプタの多くは、コードを実行していく処理の流れを制御するための考え方を学ぶ内容になっています。ここで覚えられる制御の仕組みは以下のようなものです。

●forループ

「for」という構文を使ったコードの説明です。forは同じ処理を何度も繰り返すためのものです。これを使い、繰り返し処理を実行する方法を学びます。

forは、実はSwiftに実際に用意されている構文です。ですからこれを学べば、Swiftの繰り返し処理をそのまま学べます。ただし、本書では後でSwiftの文法を説明する際に改めてforについても説明するので、今ここで理解する必要はありません。

図1-20：繰り返しを使って同じ処理を何度も実行させる。

●条件分岐コード

「if」という条件分岐を行うためのコードの説明です。条件分岐とは条件をチェックして、それが正しいか正しくないかによって異なる処理を実行させるものです。

このifという構文も、Swiftに用意されている構文です。これで条件分岐という処理の仕方を学ぶことができます。もちろん、これも本書では改めて説明しますから、今理解できなくても心配はいりません。

図1-21：条件分岐コードの「スイッチを調べる」の画面。スイッチの状態をチェックして処理を実行させる。

●論理演算子

これはifなどの条件を使う構文で、複数の条件を同時に使うためのものです。2つの条件をチェックして、その結果がどのようになっているかでifの実行の仕方を決めることができます。

正直、これは「初心者のうちは覚える必要ない」です。覚えなくてもまったく問題はありません。「はじめに」にある説明だけ読んでおくと面白いでしょう。

関数というものの利用に関する知識

「関数」というのは、さまざまな処理をひとまとめにしていつでも呼び出せるようにしたものです。これはプログラムを構造的に組み立てるために重要なものです。この関数について学べます。

●関数の作り方・使い方

よく利用する処理などをまとめて、いつでも使えるようにしたものが「関数」です。この関数の作り方と使い方について学びます。これは非常に重要ですから本書でも改めて詳しく説明します。

●関数のパラメータ

関数は「パラメータ」というものを使って必要な値をやり取りすることができます。このパラメータの利用の仕方について学びます。関数の使いこなしはこの他にも「戻り値」などがあり、それらについても本書で説明していきます。

「覚えられるもの」と「使えるもの」は違う

これらを一通りすべてクリアすると、「処理の流れを制御する構文」「さまざまな値の利用の仕方」「関数の使い方」といったものについて学ぶことができます。これらは考え方はもちろんですが、基本的には「Swiftという言語を使った場合の書き方」まで含めて説明をしています。

したがって、実際にSwift言語を学んで使うようになったときにも、覚えた知識はそのまま使うことができます。

ただし、ここで実際にキャラクタを動かすのに使っているさまざまな「コマンド」は、実際のプログラムではすべて使えません。Swiftという言語には、例えば「キャラクタを1歩進ませるコマンド」や「宝石をゲットするコマンド」などというものはありません。

これらは「コーディングを始めよう」というサンプルの中で用意されている機能なのです。したがって、このサンプル以外では使うことはできません。

ここで学ぶのは「1つ1つのコマンドの使い方」ではありません。プログラミング言語にはどのような機能があり、どう利用するかという「考え方」です。forやif、関数などの構文はSwift言語でそのまま使えますが、多くは「このサンプル用に用意したもの」であり、実際のプログラミングには使えないものなんだ、ということはよく理解しておきましょう。

「対話」ブックを使おう

この「コーディングを始めよう」で行うのは、あらかじめ用意されているコマンドを書いて動かすことだけです。これはこれでキャラクタが自由に動かせて楽しいのですが、「自分でプログラムを書いて動かしている」という感覚はあまりないかもしれません。

あらかじめ用意されているセットのようなものの中で、「これとこれだけ用意してあるから使っていいよ」といわれて遊んでいる感じがするでしょう。もう少し、自分なりにプログラムを書いて動かしている感じが得られるようなサンプルを使ってみましょう。

下部のサンプルが並ぶリストから、「すべてを見る」をタップして全サンプルを表示させてください。そこから「ブック」という欄を見つけてください。そして、その右端にある「すべてを見る」をタップし、すべてのブックを一覧表示してください。

この中に、「対話」というブックが用意されています。これの「入手」ボタンをタップして、インストールしましょう。

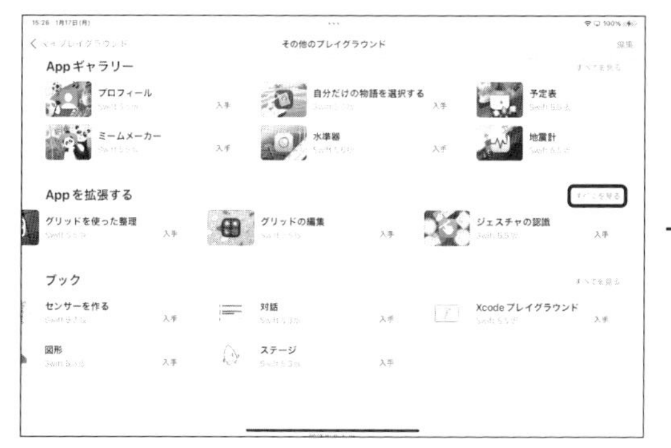

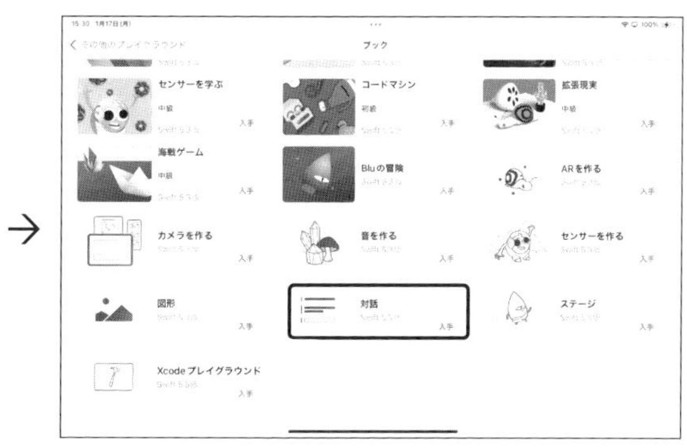

図1-22：「ブック」の「すべてを見る」をタップし、現れた一覧から「対話」をインストールする。

macOSの場合

macOS版の場合、「すべてを見る」の表示には「ブック」という項目はなく、代わりに「テンプレート」が用意されています。ここから「対話」を探してインストールしてください。

図1-23：macOS版は「テンプレート」に「対話」がある。

「入手」をタップしてインストールすると、先ほどインストールした「コーディングを始めよう」の隣に「対話」が追加されます。これをタップして開きましょう。

図1-24：「対話」が追加された。

「対話」のコードについて

「対話」が起動すると、「コーディングを始めよう」で見慣れた表示に変わります。左側にリストが表示され、そこで選択した項目のコードが中央に、そのコードを実行したプレビュー画面が右側に表示されます。

左側のリストには「ページ」と「ソースコード」という項目があり、それぞれの中にさらにいくつかの項目が用意されています。これらの役割を整理しておきましょう。

図1-25:「対話」の起動画面。左側にページとソースコードのリストがあり、中央と右側には選択した項目のコードとプレビュー画面がある。

ページ	「対話」での説明ページです。デフォルトでは「テキスト」という項目が選択されています。その他にもいくつかのページがあり、表示されるページによってソースコードが変わります。
ソースコード	「対話」に用意されているコードを記述したファイル(ソースコードファイル)がまとめられています。「Main」という項目の他に「MyFiles」という項目があり、その中に複数のソースコードファイルがまとめられています。

コードを実行する

デフォルトでは「ページ」内の「テキスト」が選択されています。これが選択されていると、中央のコードの表示エリアには以下のようなコードが表示されます。

▼リスト1-1

```
show("あなたの名前は何ですか?")

let name = ask("名前")

show("どうも " + name)
```

よく見ると、上部に「Main」「SharedCode」という切り替えタブが見えるでしょう。デフォルトで「Main」と「SharedCode」の2つのファイルが開かれているのですね。

このうちSharedCodeというファイルは、すべてのコードで共有して使えるコードになります。Mainがリスト1-1のコードを記述したものです。

右下の「コードを実行」をタップしてコードを実行してみましょう。右側のプレビューエリアに「あなたの名前は何ですか？」と表示されます。その下の入力フィールドに名前を記入し、「送信」をタップしてみましょう。その下に「どうも ○○」とメッセージが表示されます。

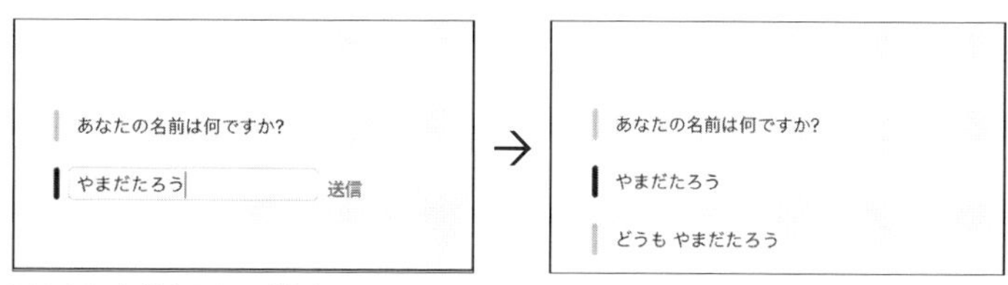

図1-26：名前を入力し送信すると、返事が表示される。

showとask

ここで使ったのは、「show」と「ask」という2つのコマンドです。これらはそれぞれ以下のような働きをします。

▼メッセージを表示する

```
show( 値 )
```

()内に用意した値（テキストなど）をプレビューエリアに出力します。

▼値を入力する

```
変数 = ask( テキスト )
```

ユーザーに値を入力してもらい、その値を変数に設定します。先ほど実行したとき、名前を入力し送信するフィールドが表示されていました。あれがaskコマンドの働きです。

この2つは、ユーザーからの値の入力と、メッセージの表示を行うものです。この2つができるようになれば、ちょっとしたプログラムぐらいは作れるようになります。

ただし、まだ値を保管する「変数」や、値の計算の方法などを知りませんから、できることは限られるでしょう。この先、Swift言語の文法などを学ぶ際に威力を発揮してくれるはずです。

いろいろ値を表示してみよう

では、この「Main」に書かれているコードをすべて消して、自分でコードを書いてみることにしましょう。例えば、以下のように記述してみてください。

▼リスト1-2

```
show("Hello!")
show("こんにちは。")
show(1234500)
```

これを記述したら、「コードを実行」をタップして実行してみましょう。右側のプレビューエリアに、「Hello」「こんにちは。」「1234500」と値が表示されます。

図1-27：実行すると、さまざまな値を表示する。

もしコードが間違っていると、その行に赤い円が表示されます。例えば()内にテキストが書いてある場合、テキストの最初と最後に"記号が付けられていますね。これが付いていないと、赤い円が文の冒頭に表示されます。

この赤い円をタップすると、エラーの内容が表示されます。この内容を読んで、エラーが起きないように修正すればいいのです。

使い方がわかったら、showコマンドを使っていろいろな値を表示させてみましょう。問題があれば赤い円が表示されますから、どんどん書いて、どんどん間違えてください。たくさん間違えたほうが、プログラミングは早く上達しますよ！

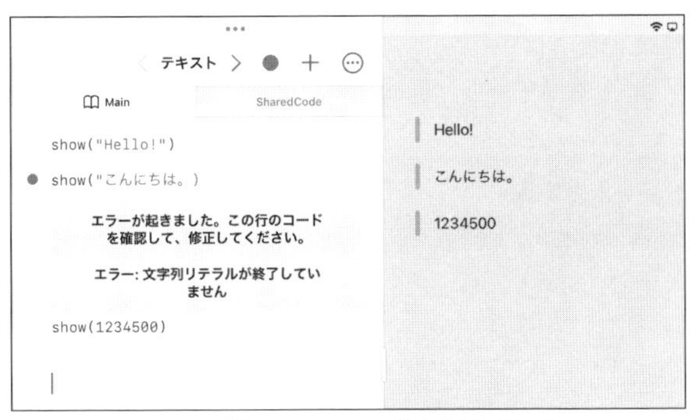

図1-28：赤い円をタップすると、エラーの内容が表示される。

コード入力支援機能について

実際にコードを入力してみると、特にiPadでは長いコードをすべてタイプしていくのはなかなか大変なことがわかるでしょう。しかし実を言えば、すべて入力する必要はありません。

コードエディタ（コードを入力編集するエリア）をタップして入力を行っていると、キーボードの一番上に「let」「var」「if」「for」……というようにいくつもの単語が表示されるのに気がついたでしょう。これは、Swift Playgroundsに用意されている入力支援機能です。

Swift Playgroundsのコードエディタでは、入力中に「これを使おうとしている？」と思えるキーワードをキーボード最上部にリアルタイムに表示します。ここから使いたい項目をタップすれば、それが自動的に書き出されるようになっています。

この入力支援機能をうまく活用すれば、コードの半分ぐらいは支援機能から選んで記入できるようになるでしょう。ただしSwiftという言語についてまだわかっていませんから、ここに並ぶキーワードがいったいどういうものなのかわからないかもしれません。

しかし、ある程度基本的な文法が理解できてくると、「ここでこれを書きたい」と思ったものが的確に候補として表示されるようになっていることがわかってきます。

この入力支援機能をうまく活用すれば、iPadでも十分コードを記述することができますよ。

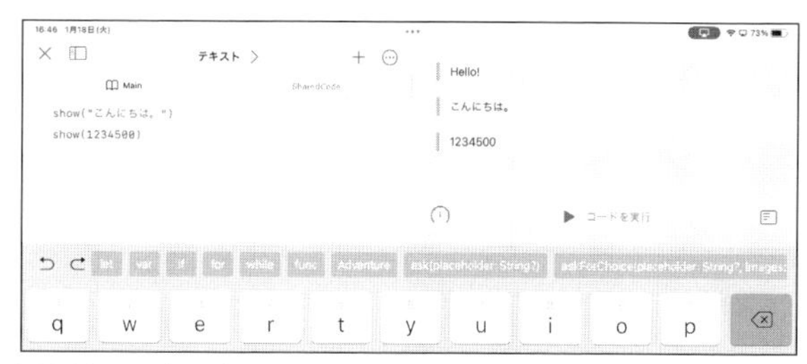

図1-29：コードエディタで記入していると、キーボードの最上部に候補となるキーワードがリアルタイムに表示される。

プロジェクト開発時の支援機能

この先、本格的にプログラムの学習を始めるようになると、「プレイグラウンド」や「アプリ」のプロジェクトを作成することになります。こうしたプロジェクトのコードエディタでは、さらにパワフルな支援機能が用意されています。

エディタにコードを入力していくと、その時点で利用可能なもの（キーワードや関数、メソッド、変数といったもの）がその場でリアルタイムにポップアップ表示されます。ここから使いたいものを選んでタップすれば、それが自動的に記述されます。

このポップアップによる支援機能を使うことで、書き間違いのないコードを効率的に入力していくことができます。

図1-30：プロジェクトのコードエディタではポップアップによる支援機能が用意されている。

※この支援機能はmacOS版にもちゃんと用意されています。

サンプルで何が学べるか？

以上、「コーディングを始めよう」と「対話」の2つのサンプルを使って、コーディングの学習を少しだけしてみました。いかがでしたか？

「コーディングを始めよう」は誰でも簡単にできるものですから、それぞれで実際にページを進めてみてください。ただし、やらなくとも本書の学習には影響はありません。これで学ぶというより、「Swift Playgroundsの利用に慣れる」ために、ページを自分なりに進めてみるといいでしょう。Swift Playgroundsは表示されるページの使い方が、ページによっていろいろと変わります。ですから、慣れていないと「ここで何をやったらいいのかわからない」ということになりがちです。

「対話」については、この次のChapterでいろいろと使うことになりますから、今は特に深く使い方を覚えようとしなくとも問題ありません。

この「コーディングを始めよう」でSwift Playgroundsの使い方にある程度慣れてきたら、いよいよプログラミングの具体的な学習に入ることにしましょう。

C O L U M N

show と ask について

こではshowとaskというコマンドを使って値の入出力を行いました。これらは、次章でSwift言語について学ぶ際も利用することになります。ただ、勘違いしてはいけないのですが、これらはiOSやmacOSに用意されているコマンドではありません。「対話」アプリに独自に用意されているコマンドなのです。従って、「対話」アプリ以外のところでは使えません。自分でアプリやプレイグラウンドを作成した際にこれらのコマンドを使おうとしてもエラーになるので注意しましょう。

Chapter 2

Swift言語を覚えよう

iOSアプリはSwiftというプログラミング言語を使って作ります。
アプリ開発のためには、このSwiftの基本的な文法をしっかり理解しないといけません。
このChapterでSwift言語の基本的な文法を一通り身につけましょう。

Chapter
2

2.1.
値と計算の基本

言語を学ぶには「文法」が大切

Swift Playgroundsのサンプルで簡単なコードを書いて動かしてみました。キャラクタを操作することはできましたが、ではそれでプログラムが書けるか？　というと、おそらく無理でしょう。

「コーディングを始めよう」では、コーディング（コードを書くこと）に必要なさまざまな考え方を学びます。中には、すべてのChapterを制覇した！ という人もいるかもしれません。すべてが使えるようになれば、値や変数、繰り返しや条件分岐、型や関数といった多くの考え方が理解できるようになります。しかし、それらを使ったプログラムを書くことは、おそらくできないでしょう。

なぜなら、覚えた知識はSwift言語の断片的な情報に過ぎないからです。みなさんは、例えば英会話ならば「How are you?」や「I have a pen.」といった短い文をいくつか覚えた、というところでしょう。実際に英語が使えるようになるためには、英語の基礎文法からしっかりと理解していく必要があります。

プログラミング言語も同じです。「言語」ですから、どのように書けばいいかを定めた文法が用意されています。この文法をきちんと学ぶことで、誰でも自分でコードが書けるようになるのです。

というわけで、このChapterで「Swift」というプログラミング言語の基礎文法をきちんと理解していきましょう。

完璧に理解できなくても問題なし！

このChapterではSwiftという言語のもっとも基本的な文法について説明をします。これらはきっちり理解していないと、後々の学習に影響が出てきます。ただし、「すべて完璧に理解する」なんて考えていると、いつまでたっても次に進めないかもしれません。

そこで、このChapterは、

「とりあえずざっと目を通して、よくわからなくてもいいから次に進む」

と、考えてください。「わからなくてもいいの？」と不思議に思うでしょうが、いいんです。

こうした基礎文法というのは、これから先、実際に何度もコードを書いていけば、知らないうちに何となく覚えてしまうものなのです。皆さん、日本語はちゃんと喋れるけど、生まれてすぐに日本語の文法を学んだわけではないでしょう？　毎日使っているうちに、なんとなく使い方（文法）が頭に入ってくるんですね。

プログラミング言語も同じです。この先、実際に何度もコードを書いていけば、基礎的な文法など知らないうちに覚えてしまいます。ですから、今すぐここで完璧に理解しなくてもいいんです。

ただし、基礎文法が頭に入ってないと、先に進んでいくと「ん？ このコード、いってることがわからないぞ？」なんてことになってしまうかもしれません。でも、それでいいんです。そうしたら再びこのChapterに戻って、わからなかったところを復習してください。そして「そういうことか！」と納得したら、また戻って先に進めばいいのです。

こんな具合に、「読んでわからなかったらまた戻る」を繰り返しながら学習を進めていきましょう。プログラミングの学習は最初から完璧を目指すより、「多少わからなくてもいいから、ひたすらコードを読み、書く」ほうが圧倒的にしっかり理解できます。「理解する」ことより、「ひたすら読み、書く」ことを重視して進めましょう！

さまざまな値について

プログラミング言語というのは、大雑把に言ってしまえば「値」と「キーワード（予約されている語）」の組み合わせでできている、と言ってもいいでしょう。まず最初に覚えるべきは、「値」についてです。

プログラムではさまざまな値を使います。123といった数字も値ですし、「Hello」といったテキストも値です。これら性格の異なる値をうまく扱うためにSwiftでは値の種類が多数用意されていて、「型（タイプ）」と呼ばれます。

基本的な値の型を簡単にまとめておきましょう。

整数

整数は「Int」という型として用意されています。実を言えば、この他にも整数の型はたくさんあるのですが、当面は「整数の型はIntだ」とだけ覚えておけばいいでしょう。

整数の値の書き方は、ただ数字をそのまま書くだけです。とても単純でわかりやすいですね。

▼例

```
123   1000   -987
```

実数

小数点以下の値まで含めて扱うようなときは、整数ではなく実数の値を使うことになります。「Float」と「Double」という2つの型が用意されています。

2つの違いは、「どのぐらい細かく値を保管できるか」と考えてください。FloatとDoubleでは、DoubleのほうがFloatよりも細かい桁まで値を保管できます。

コンピュータは無限の桁を扱うことはできません。あらかじめ、「ここからここまでの範囲内」というように扱える値の桁が決まっています。DoubleのほうがFloatよりもより細かな桁まで扱うことができます。

▼例

```
10000000000000      123.4567      0.000001
```

テキスト

テキストは「String」という型として用意されています。テキストの値は、書き方に決まりがあります。それは、「テキストの最初と最後にダブルクォート（"）記号を付ける」という決まります。"○○"という形ですね。こうすることで、最初の"から最後の"までがテキストの値だとSwiftはわかります。

"～"の中身はどんなものであってもテキストとして扱われます。例えば"1"というように中身が数字でも、値は「テキスト」になります。

▼例

```
"ABC" "あいうえお"      "123"
```

真偽値

これはコンピュータ特有の値でしょう。真偽値は「正しいか、正しくないか」という、二者択一の状態を表すための専用の型です。「Bool」という型として用意されています。

このBool型の値は「true」「false」の2つしかありません。これがBool型のすべての値です。"true"というように書いてはいけません。こうすると真偽値ではなく、テキストになってしまいます。

▼例

```
true  false
```

大文字・小文字／全角・半角

値を扱うときに注意してほしいのが、大文字・小文字と全角・半角です。Swiftでは大文字と小文字、全角文字と半角文字はすべて別の文字として扱われます。例えば"A"と"a"は別のテキストですし、全角の１と半角の1も別の値です。数字の場合、１２３というように全角文字で書くと数字として扱われません。

また、真偽値も注意が必要です。trueはTrueやTRUE、あるいはｔｒｕｅと全角で書いたりすると真偽値として認識してくれません。

値を出力しよう

では、実際に値を使ってみましょう。これより先は、Chapter 1で使った「対話」サンプルを使うことにします。「対話」を開いて「Main」に書かれているコードをすべて削除し、以下のリストを記述してください。

▼リスト2-1

```
show("Hello")
show("こんにちは。")
show(12345)
show(0.0000000012345)
```

これらを書いて「コードを実行」をタップし、実行しましょう。showに記述した値がプレビューエリアに表示されます。試してみるとわかりますが、0.0000000012345という値はそのまま表示されず、1.2345e-09という不思議な形になっていることがわかります。これは「1.2345×10の-9乗」という意味です。「e」という記号は、「10の○○乗」を表わす特殊な記号なのです。

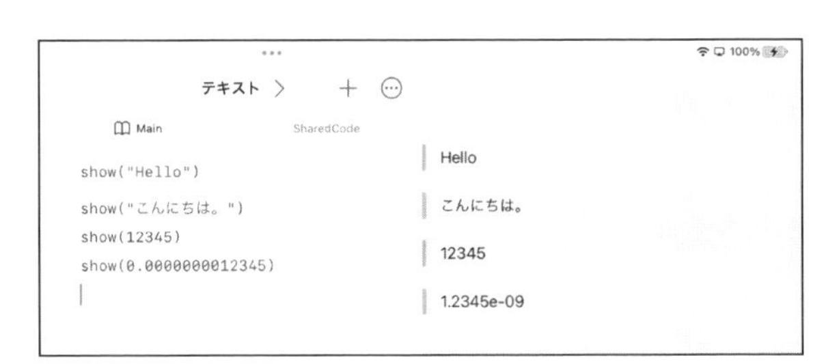

図2-1：コードを実行する。さまざまな値が表示される。

C O L U M N

整数と実数の有効桁数

コンピュータでは扱える数の範囲が決まっている、と言いました。では、具体的にどのぐらいの範囲まで扱えるのでしょうか？　整数の場合、Int型は19桁まで扱うことができます。20桁の値を記述すると、オーバーフローというエラーが表示されます。実数の値は、基本的にDouble型の値として扱われます。この場合、だいたい17桁ぐらいまでの値が扱えます。それ以上細かな桁は扱いきれないため、消えてしまいます

値の演算

値は演算子という記号を使って計算に使うことができます。数値（整数や実数）の値は「+-*/」といった記号を使って四則演算が行えます。また、()で計算の優先順位を指定することもできます。この他、「%」という演算記号を使って、割り算の余りを計算することもできます。

演算は、実は数値だけでなく、テキストにも用意されています。それは「+」記号です。これを使うことで、2つのテキストをつなげて1つのテキストにまとめることができます。

では、これも実際に簡単なコードを書いて動かしてみましょう。「Main」の内容を以下のように書き換えて実行してみてください。

▼リスト2-2

```
show("Hello" + "こんにちは。")
show(123 + 45 * 6 / 7 - 89)
```

これを実行すると、「Helloこんにちは。」「72」といった値が表示されます。ちゃんと計算した結果がプレビューエリアに表示されるのがわかりますね。

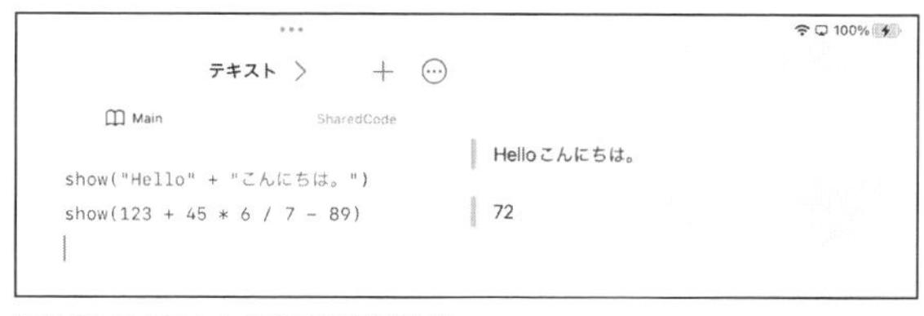

図2-2：テキストと数値の計算を行う。

整数の計算は結果も整数

……あれ？　でも、ちょっと待ってください。数値の計算結果は、「72」となっていますね。適当に書いた式ですが、たまたまちょうど整数の値になったんでしょうか。途中で7で割っているのに72というキリのいい答えになるなんて、なんか変な感じがしませんか？

これは、たまたまキリのいい結果になったわけではありません。結果が整数だけで小数点以下の値がないのには理由があります。ここで計算に使っている値は、すべて整数の値です。整数の値どうしで計算をすると、結果も整数になるのです。

試しに、リスト2-2の2行目を以下のように書き換えてみましょう。

```
show(123.0 + 45.0 * 6.0 / 7.0 - 89.0)
```

こうすると、結果は「72.57142857142856」というような実数になります。実数は17桁（小数点も含む）までしか扱えないのでこう表示されますが、この結果は循環小数（571428がエンドレスで繰り返される）となり、永遠に割り切れない値になることがわかります。

数値の演算では、演算する値がすべて整数ならば結果も整数になりますが、その中に実数が含まれていると結果も実数になります。

図2-3：実数にして計算すると結果も実数になる。

変数を使おう

値はそのまま直接コードに記述して使うだけでなく、値を保管する「入れ物」に入れて使うこともよくあります。この入れ物を「変数」と言います。以下のような形で作成します。

```
var 変数名 = 値
```

これで指定した名前の変数が作られ、値がその中に入れられます。一度作ると、以後は変数の名前を書けば、値と同じように扱えます。例えばvar A = 100とすると、それ以後、変数Aは「100という値」と同じものとしてshowで表示したり、式で使って計算させたりできます。

変数は最初に作成したときだけでなく、いつでも必要があれば値を変更することができます。このときもイコール記号を使います。

```
変数名 = 値
```

このようにすることで、変数に新しい値を設定できます。こうすると、それまで保管されていた古い値はなくなってしまうので、変数の値を書き換えるときは注意が必要です。

型の指定について

変数は作成した段階で「型」が決まります。ある型の変数に、別の型の値を入れることはできません。

型は、最初にどんな値を代入するかで決まります。「代入」というのは、変数に値を入れることです。例えば「x = 100」とすると、100は整数の値なので、この変数xは整数型（Int型）の変数として作られます。

「値を入れると自動的に型が設定される」というのは、「値の型」というものを意識していないとわかりにくいかもしれません。「もっと正確に変数の型をきっちり指定してわかるようにしたい」という人は、こう書くこともできます。

```
var 変数名: 型 = 値
```

例えば「var x: Int = 100」とすれば、この変数xがInt型であることがひと目でわかりますね。

また型を指定する場合、「とりあえず変数だけ作って、値は後で入れる」ということもできます。

```
var x: Int
```

こんな具合に変数xだけ作っておいて、後で必要になったら値を代入する、といった使い方もできます。

定数もある

変数と似たものに「定数」というものもあります。これは「値を変更できない変数」と考えるといいでしょう。この定数は以下のように作成します。

```
let 定数名 = 値
```

これで定数が作成されます。この定数も変数と同じように、showや式などで利用できます。作成した後は、もう二度と値の変更はできません。

この定数も、作る際に型を指定することができます。「let x: Int = 100」といった具合ですね。定数の型をきちんとしておきたいときは、こういう書き方をすることもあります。

変数を使ってみよう

では、変数を使って計算をしてみましょう。今回は、「対話」に用意されている「ask」コマンドを使って数字を入力してもらい、それを使って計算させてみましょう。

▼リスト2-3

```
show("金額を入力してください。")
let input = ask("金額")
let price = Double(input) ?? 0
var tax = price * 0.1
show(tax)
tax = price * 0.08
show(tax)
```

実行すると金額を尋ねてくるので、適当な値を入力し送信してください。すると、その金額の10%の消費税額と8%の税額をそれぞれ計算して表示します。

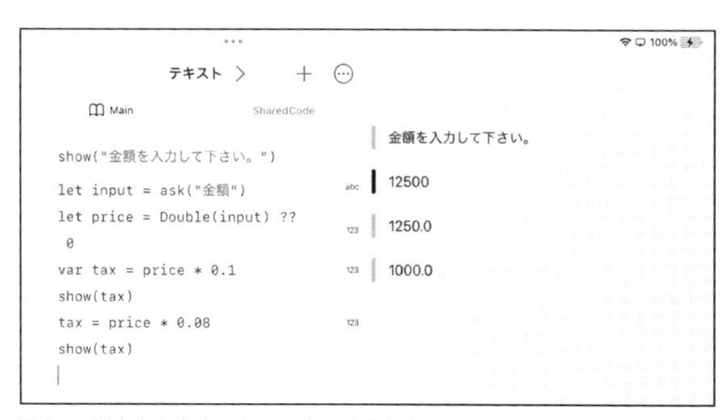

図2-4：数字を入力すると、通常の消費税率と軽減税率の金額を計算する。

コードの流れを理解しよう

ここでは、まずaskコマンドを使って金額を入力してもらいます。

```
let input = ask("金額")
```

askコマンドは値を入力してもらう働きをします。このaskを変数（今回は定数）に設定すると、入力した値がそのまま変数や定数に保管されます。

値が入力できたら、後はその値を使って計算をし、showで表示するだけです。

```
var tax = price * 0.1
show(tax)
tax = price * 0.08
show(tax)
```

まず、price * 0.1の結果を変数taxに設定し、showで表示しています。そしてprice * 0.08の結果をまたtaxに設定し、showで表示しています。変数は、こんな具合に何度でも値を変更できます。

値の型変換

今回のサンプルではaskで値を入力した後で、ちょっと不思議なことをしていますね。この文です。

```
let price = Double(input) ?? 0
```

これは入力した値をDouble型の実数に変換するものです。askコマンドで得られる値はテキストなのです。ですからこれを使って計算する場合は、入力したテキストを数値に変換しないといけません。

ここではDoubleというものを使っています。これは「関数」というもので、Double(値)というように使うと、その値をDouble値に変換したものが得られます。これをそのまま変数に設定して使うことができます。こうした処理を「型変換（キャスト）」と言います。ある型の値を別の型に変換する作業のことです。

型変換はこのDoubleのように、型名の関数を使って行います。例えばこんな具合ですね。

▼テキストに変換

```
変数 = String( 値 )
```

▼整数に変換

```
変数 = Int( 値 )
```

▼真偽値に変換

```
変数 = Bool( 値 )
```

Swiftでは、値を操作するときは、その値の型が重要になります。四則演算で計算するときは、利用する値はすべて数値の型になっていないといけません。式の中に合っていない型の値が含まれていると、エラーになってしまうのです。

このようなときには、ここに挙げた型変換の関数を使って値を変換して処理します。これはSwiftの値利用の基本として、ここでしっかり頭に入れておいてください。

??の働き

Doubleの後に付いている「?? 0」は、「Doubleの値が得られなかったとき」のための記述です。askは数字以外のものも入力できますから、数値として扱えない値が入力されたときはエラーになってしまいます。

型変換の後に「?? 値」と付けておくと、値が取り出せなかったら??の後にある値を使うようになります。これでエラーの心配もなくなりますね。「型変換で正しく値が取り出せないかもしれないときは、この??を付ける」と覚えておきましょう。

計算結果をテキストにまとめて表示

値の型変換がわかったところで、先ほどのサンプルを少し書き換えて、もっとわかりやすく結果を表示するようにしてみましょう。

▼リスト2-4

```
show("金額を入力してください。")
let input = ask("金額")
let price = Double(input) ?? 0
let result = price + price * 0.1
show(String(price) + "円の税込価格は、" + String(result) + "円です。")
```

これを実行して金額を入力すると、その税込価格を計算して表示します。今回はただ金額の値を表示するのでなく、「○○円の税込価格は、○○円です。」という形にして表示をしています。

図2-5：実行すると、入力した金額の税込価格を計算して表示する。

ここでは最後にshowで結果を表示する際、以下のような形で実行しています。

```
show(String(price) + "円の税込価格は、" + String(result) + "円です。")
```

＋を使ってテキストの値をつなげてメッセージを作っていますね。ここで注目したいのは、入力した金額であるpriceと計算結果の金額resultの扱いです。それぞれString関数を使ってテキストに変換しています。＋でテキストをつなぐときは、つなぐ値がすべてテキストになっていないといけません。そこで、Double値をString関数でテキストに変換していたのですね。

値の基本をおさらいしよう

これで、値に関する基礎知識はだいたい身につきました。覚えるべき事柄を整理するとこうなります。

- 値には「型」がある。
- 基本の型は、Int、Double、Float、String、Bool。
- 数値やテキストは演算子を使って演算できる。
- 値は変数や定数に保管して利用できる。
- ある型の値を別の型の値として利用したいときは型変換を行う。

型、演算、変数定数、そして型変換。これらが一通り使えるようになれば、値の基本はだいたい身についたといっていいでしょう。

Chapter 2

2.2. 制御構文

二者択一の「if」文

値が使えるようになったら、次に覚えるのは「制御構文」です。これは、処理の流れを制御するために用意された構文のことです。

Chapter 1で使った「コーディングを始めよう」にも、制御構文は取り上げられていました。「for」と「if」というものですね。これらのページをクリアして「forとifはマスターした」という人もいるでしょうが、改めてここでしっかりと学びなおしましょう。

ifは条件分岐の基本

最初に学ぶ制御構文は「if」です。これは「条件分岐」と呼ばれる構文で、条件をチェックし、その結果によって実行する処理を決めるものです。if構文は以下のような形で記述します。

▼if文の基本形

```
if 条件 {
   正しいときの処理
} else {
   正しくないときの処理
}
```

ifの後にチェックする条件を用意します。この条件が正しければ、その後にある{…}の部分を実行します。正しくないときは、elseの後にある{…}の部分を実行します。

ifを使うときは、「正しいときだけ処理を実行させたい」というときもあるでしょう。そのようなときは、else {…}の部分は省略できます。この場合、条件が正しくないと何もしないで次に進みます。

条件って、なに?

使い方はそう難しくはないのですが、最初のうち、誰もが引っかかるのが「条件」でしょう。条件っていったい何だ？　そう思った人も多いはずですね。

これは、「真偽値として得られるもの」です。真偽値というのは「true」「false」の2つしか値がない型でしたね。これは「正しいか、そうでないか」といった、二者択一の状態を表すのに使うものでした。

ifでは、この真偽値が入った変数や、結果が真偽値になっている式など、「真偽値として得られる何か」であれば、どんなものでも条件に設定できます。

比較演算子について

そうはいっても、「真偽値の式とかって、いったいどういうものなんだ？」と悩んでしまうかもしれません。真偽値というのは日常生活ではまず使わない、コンピュータの世界だけで利用される値です。どんなものを用意すればいいか思い浮かばないのも無理はありません。

そこで当面の間、条件は「比較演算の式」を使う、と考えてください。比較演算の式というのは、比較演算子（2つの値を比較する演算子）を使った式です。以下のようなものになります。

AとBには、値・変数・定数・式などさまざまなものが当てはまります。ここで使った演算子（==とか!=といったもの）を使い、2つの値を比較すればいいのです。

比較演算子の式

A == B	AとBは等しい
A != B	AとBは等しくない
A > B	AはBより大きい
A >= B	AはBと等しいか大きい
A < B	AはBより小さい
A <= B	AはBと等しいか小さい

数字が偶数か奇数か調べる

では、簡単なサンプルを作ってみましょう。数字を入力したら、その値が偶数か奇数か調べるコードを考えてみましょう。

▼リスト2-5

```
show("数値を入力して下さい。")
let input = ask("値")
let num = Int(input) ?? 0
if num % 2 == 0 {
  show(String(num) + "は、偶数です。")
} else {
  show(String(num) + "は、奇数です。")
}
```

実行したら、整数の値を入力してください。送信すると、その値が偶数か奇数かを調べて結果を表示します。

図2-6：数値を入力すると、偶数か奇数か調べて表示する。

偶数奇数は2で割った余りを調べる

「偶数か奇数か、どうやって調べるんだ？」と思った人。偶数というのはどういう値でしょうか。それは「2で割り切れる値」でしたね。そして奇数は「2で割ると1余る値」でした。ということは、2で割った余りがいくつかわかれば、偶数か奇数かわかることになります。

```
if num % 2 == 0 {……
```

ここでは、このようにifの条件を設定しています。%というのは割り算した余りを計算する演算子でしたね。num % 2は、numを2で割った余りを計算するものです。これが0と等しいかどうか(つまり、ゼロかどうか)を調べ、その結果が正しければ（つまりゼロならば）値は偶数、そうでなければ奇数と判断できるわけです。

こんな具合に、ifはさまざまな値を比べて、「同じかどうか」「どっちが大きいか、小さいか」といったことをチェックし、その結果に応じて処理を実行します。

多項分岐の「switch」文

ifは、条件が正しいかどうかをチェックして処理を分岐します。つまり、「二者択一」の分岐処理と言えます。しかし、時には3つ以上に分岐したいこともあるでしょう。このような場合に利用されるのが、「switch」という構文です。

switchは変数や式などを条件として用意し、その値がいくつかによって分岐を行います。ifのように真偽値の値だけでなく、数値やテキストなども条件に使うことができます。

▼switch文の基本形

```
switch 条件 {
case 値1:
  条件が値１のときの処理
case 値2:
  条件が値２のときの処理

……必要なだけcaseを用意……

default:
  どれにも当てはまらないときの処理
}
```

switchの後に、チェックする変数や式などを条件として指定します。コードが実行されると、この条件の値をチェックし、その後の{……}内にあるcaseの値を調べていきます。そして、値が合致するcaseが見つかったら、そこにある処理を実行します。

もしcaseが見つからなかった場合は、最後にあるdefaultの処理を実行します。これはオプションなので、不要ならば省略できます。その場合、caseが見つからないときは何もしません。

月の値から季節を表示する

switchを使ったサンプルを作ってみましょう。今回は1 ～ 12の月の値を入力すると、その季節を表示する、というものを考えてみます。

▼リスト2-6

```
show("月の値を入力して下さい。")
let input = ask("1 ~ 12 の整数")
let m = Int(input) ?? 1
switch m {
case 1...2:
  show(String(m) + "は、冬です。")
case 3...5:
```

```
    show(String(m) + "は、春です。")
case 6...8:
    show(String(m) + "は、夏です。")
case 9...11:
    show(String(m) + "は、秋です。")
case 12:
    show(String(m) + "は、冬です。")
default:
    show("よくわかりません。")
}
```

実行すると、月の値を入力するフィールドが現れます。ここに1 ~ 12の整数を記入して送信すると、季節が表示されます。

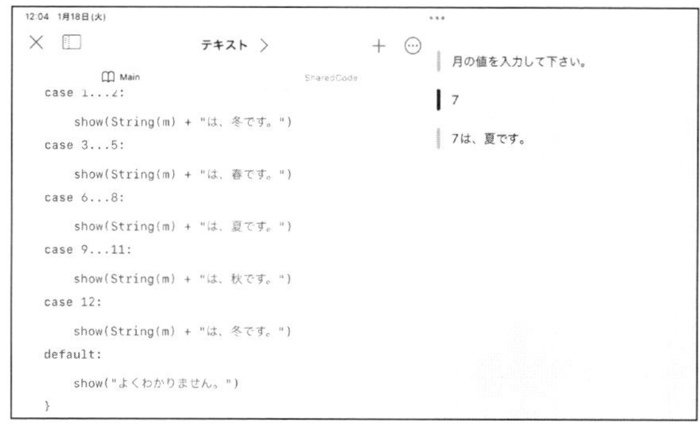

図2-7：月の値を整数で入力すると、その月の季節が表示される。

ここでは、以下のようにして入力された値をInt変数に取り出しています。

```
let m = Int(input) ?? 1
```

値の型変換をしてInt値にしているんでしたね。このmの値を使ってswitch文を用意し、caseで分岐をしているわけです。caseを複数用意することで、いくらでも分岐を作れることがわかりますね。

C　O　L　U　M　N

「1...2」ってなに？

ところで、この分岐のcaseに用意されている値は、ちょっと変わった形をしていますね。こうなっています。

```
switch m {
case 1...2:
    ……略……
case 3...5:
    ……略……
```

この「1...2」とか「3...5」というのはいったい何でしょう？　これは「数の範囲」を表わす特殊な値なのです。「1...2」というように書くと、1から2までのすべての整数を表わす値が作れます。3...5なら、3～5のすべての整数を表せるのですね。便利な値なので、ここで覚えておきましょう。

テキストへの値の埋め込み

ところで今回のswitch文では、それぞれのcaseで実行するshowコマンドで変数mの値を以下のような形で出力しています。

```
show(String(m) + "は、冬です。")
```

テキストと他の値を1つのテキストとしてつなげるためには、すべての値をテキストに型変換しないといけません。そこで、String(m) + ～というようにしているわけですね。やっていることはわかりますが、毎回、テキストを使って値をまとめようとするたびにString(…)と書かないといけないのは正直、かなり面倒でしょう。

Swiftでは、コードに直接記述するテキストの値（「リテラル」と言います。テキストの値なら「テキストリテラル」です）では、他の値をリテラルの中に直接埋め込むことができるようになっています。以下のような形で記述します。

```
"……\(変数など)……"
```

\()という記号を使い()内に変数を埋め込めば、その変数の値がそこに書き出されます。例えば、String(m) + "は、冬です。"といった記述は、"\(m)は、冬です。"というように書くことができます。このほうが、ずっとシンプルでわかりやすいですね。

先ほどのサンプル（リスト2-6）を、このやり方で書き直してみましょう。するとこうなります。

▼リスト2-7

```
show("月の値を入力して下さい。")
let input = ask("1 ~ 12 の整数")
let m = Int(input) ?? 1
switch m {
case 1...2:
  show("\(m)は、冬です。")
case 3...5:
  show("\(m)は、春です。")
case 6...8:
  show("\(m)は、夏です。")
case 9...11:
  show("\(m)は、秋です。")
case 12:
  show("\(m)は、冬です。")
default:
  show("よくわかりません。")
}
```

先ほどのコードよりもだいぶすっきりしたのがわかるでしょう。この「テキストリテラルへの値の埋め込み」は、使いこなせばさまざまな値を簡単に1つのテキストにまとめられるようになります。ぜひ、ここで覚えておきましょう。

条件で繰り返す「while」文

続いて、繰り返しの構文に進みましょう。繰り返し構文も複数のものが用意されています。

もっとも簡単なのは、「while」というものです。これはifと同じように真偽値の条件を用意しておき、その値が正しい間、繰り返しを行うというものです。

▼while文の基本形

```
while 条件 {
  ……繰り返す処理……
}
```

条件には、ifと同様に比較演算子（==など）を使った式を使う、と考えておきましょう。この条件が正しい（trueになっている）間、{…}の部分にある処理を繰り返していきます。

「trueの間、繰り返す」ということですから、設定する条件は、繰り返すごとに値が変化するようなものでないといけません。

繰り返してもまったく変化しない式を設定してしまうと、whileから抜け出せずに永遠に繰り返し続けることになってしまいます（「無限ループ」と言います）ので注意しましょう。

合計を計算する

whileを使った例を作ってみましょう。数字（整数）を入力すると、ゼロからその値までの合計を計算する処理を考えてみます。

▼リスト2-8

```
show("数値を入力して下さい。")
let input = ask("整数")
let max = Int(input) ?? 1
var total = 0
var count = 0
while count <= max {
  total += count
  count += 1
}
show("\(max)までの合計は、\(total)です。")
```

実行したら数値を尋ねてくるので、適当な数字を記入し送信しましょう。すると、「○○までの合計は、××です。」と結果が表示されます。

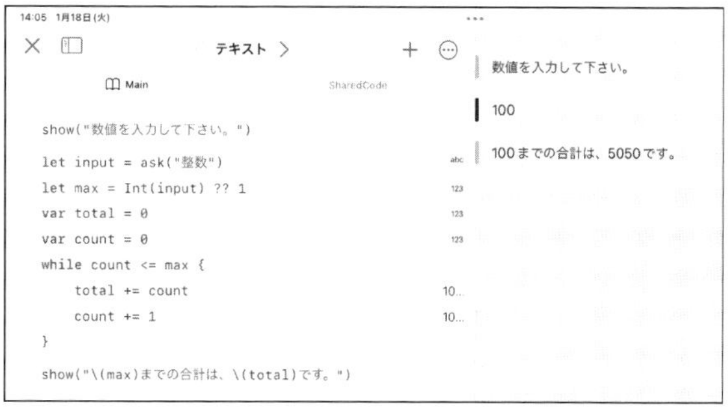

図2-8：数値を入力すると、ゼロからその数までの合計を計算する。

ここではまず入力した値と、数字を足していくのに使う変数を用意します。

```
let max = Int(input) ?? 1
var total = 0
var count = 0
```

maxは入力した整数値ですね。totalは数を足していく変数で、countはゼロからmaxまで1ずつ増えていく変数です。

これらを使って、whileの構文でtotalに数字を足していきます。

```
while count <= max {
  total += count
  count += 1
}
```

whileの条件には、count <= maxとしていますね。これでcountの値がmaxより小さいか等しいかチェックして、countの値がmaxより大きくなったら繰り返しを抜けるようにしています。

そして繰り返しの処理では、totalにcountの値を足し、countを1増やすようにしています。こうすると、繰り返すごとにcountの値が1, 2, 3…と増えていき、maxまでtotalに足されるわけです。

代入演算子について

ここでは、totalとcountの値を変更するのに見たことのない記号を使っていますね。「total += count」の「+=」です。これは「代入演算子」というもので、演算と代入（値を変数に設定すること）をまとめて行うものです。

この代入演算子には以下のようなものがあります。

代入演算子

A += B	AにBを加算する（A = A + B と同じ）
A -= B	AからBを減算する（A = A - B と同じ）
A *= B	AにBを乗算する（A = A * B と同じ）
A /= B	AをBで除算する（A = A / B と同じ）
A %= B	AをBで割った剰余を得る（A = A % B と同じ）

左辺にある変数の値そのものを書き換える演算子なので、利用の際は注意しましょう。この演算子は、知らないとSwiftが使えないというものではありません。普通の四則演算子を使った式に書き換えられるものなので、無理に覚える必要はありませんよ。「知らなくても問題ないけど覚えておいたほうが便利」というものなんですね。

一定の範囲を繰り返す「for」文

もう1つある繰り返し構文が、「for」です。「コーディングを始めよう」の中にチャプタとして用意されていましたから、真面目に学習を進めていた人はもうどんなものかわかっていることでしょう。

このforは、変数に一定範囲の値を順に代入しながら繰り返しを行うものです。

▼for構文の基本形

```
for 変数 in 範囲 {
  ……繰り返す処理……
}
```

「範囲」というのは、先に登場した「1...2」といった書き方を使います。例えば「for n in 1...10」とすると、1から10まで順に値を取り出して変数nに代入しながら繰り返しを行います。

whileと違って、指定した範囲の値をすべて取り出し終えると自動的に繰り返しを抜けて次に進むので、無限ループになることはありません。

合計の計算をforで書き直す

では、先ほどwhileを使って作成した合計の計算コードをforで書き直してみることにしましょう。すると、こうなります。

▼リスト2-9

```
show("数値を入力して下さい。")
let input = ask("整数")
let max = Int(input) ?? 1
var total = 0
for n in 1...max {
  total += n
}
show("\(max)までの合計は、\(total)です。")
```

動作はまったく同じです。実行し数字を入力して送信すると、合計を計算し表示します。

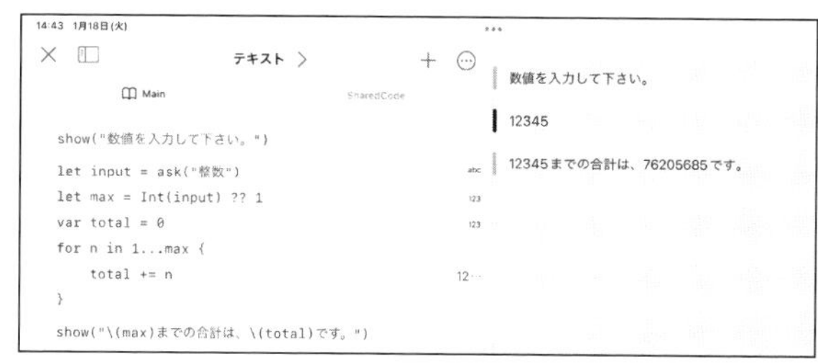

図2-9：数字を入力すると合計を計算する。

ここでは、入力した値と合計を加算していく変数を最初に用意しています。

```
let max = Int(input) ?? 1
var total = 0
```

後は、forを使って1からmaxまでの数字を順に取り出して加算するだけです。

```
for n in 1...max {
  total += n
}
```

forは構文の中に変数を持っているため、別途変数を用意する必要がありません。このため、whileよりもすっきりとした感じにまとめることができます。

ただし、forはあらかじめ繰り返す数の範囲を指定する必要がありますが、whileは条件次第でいくらでも繰り返しを行わせることができ、より柔軟な利用が可能です。

2つはそれぞれ向き不向きがありますから、どういった場合にwhileが向いていて、どういう場合にforが向いているのか、それぞれで考えながら利用していきましょう。

関数について

制御構文とは少し違いますが、コードを必要に応じて呼び出すための重要な構文として「関数」についてもここで説明しておきましょう。

関数とは、あるまとまった処理をメインのコードから切り離し、いつでも実行できるようにしたものです。「コーディングを始めよう」にもチャプタがありますから、「やって覚えてる」という人もいることでしょう。

プログラムを作成していくと、同じ処理を何度も実行しなければいけないことがあります。こんなとき、まったく同じ処理をひたすらコピペしていくのは時間と労力の無駄です。

その処理を関数として定義すれば、いつでもどこからでも好きなだけ呼び出して実行させることができるようになります。この関数の基本的な書き方は以下のようになります。

▼関数の基本形

```
func 関数名 ( 引数 ) -> 戻り値 {
  ……実行する処理……
}
```

この関数は、これまで説明したどの構文よりも複雑な形をしています。関数の定義では、「関数名」「引数」「戻り値」といったものが記述されます。これらは以下のような役割を果たします。

関数名	作成した関数に割り当てられる名前です。定義した関数は、この関数名を使って呼び出します。
引数	「パラメータ」とも呼ばれます。関数の処理を実行するために必要な値を受け渡すためのものです。
戻り値	処理を実行した後で、関数を呼び出した側に結果を返すためのものです。

関数名はわかるでしょうが、引数や戻り値は説明を読んでもピンとこないかもしれません。これらは実際に使いながら覚えていくので、今はよくわからなくても心配は無用です。

こうして定義した関数は、このようにして呼び出すことができます。

```
関数名 ( 引数 )
```

関数の名前の後に()を付け、その中に引数を用意します。これで、指定した引数の値が関数に渡され利用できるようになります。また戻り値は、呼び出す際に書く必要はありません。戻り値が設定されている場合、関数を呼び出す際に、

```
変数 = 関数 ( …)
```

このように、関数を変数などに代入するようにしておきます。こうすることで、関数の戻り値の値がそのまま変数に代入できます。

簡単な関数を作る

簡単な関数を作って利用してみることにしましょう。ここで作るのは、引数や戻り値といった難しそうな機能を一切使わない関数です。もっとも単純な関数の形をこれで理解しておきましょう。

▼リスト2-10

```
Hello()
Hello()
Hello()

func Hello() {
  show("Hello!")
}
```

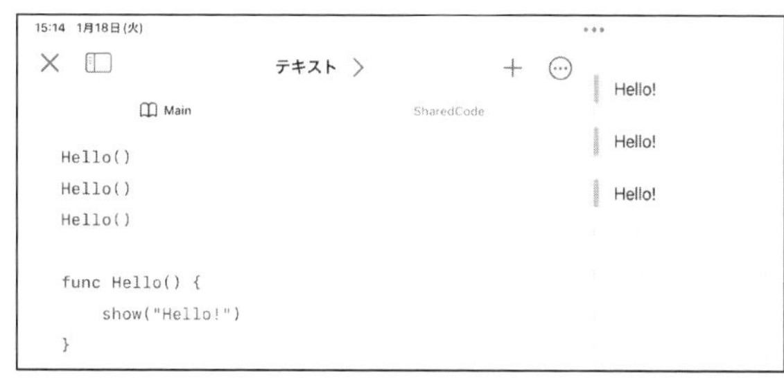

図2-10：実行すると「Hello!」と3回表示される。

実行すると、「Hello!」「Hello!」「Hello!」と3回、メッセージが表示されます。このメッセージを表示している処理部分が関数です。

ここで作った関数を見てみましょう。

```
func Hello() {
  show("Hello!")
}
```

関数名は「Hello」ですね。その後の引数を指定する()は空っぽになっています。これは今回、引数を利用しないためです。また、その後の「->戻り値」も省略されています。これも今回は戻り値など使わないので省略できます。引数も戻り値もないと、関数はこんなにシンプルな形になるんですね。

作成した関数は、「Hello()」という形で呼び出しています。関数の呼び出しは「関数名()」というように、関数の名前の後に()を付けて記述します。このとき、引数があれば()部分にその値を用意するのですが、今回は引数はないので、ただ()というようにカッコを付けるだけで済みます。

引数を使おう

関数の呼び出しはこれでわかりました。しかし、サンプルのようにただ「Hello!」と表示するだけの関数は、あまり実用性がありません。もう少し役に立つ関数を考えたいところですね。

そこで、引数に名前を指定して呼び出すと、「Hello ○○!」とその名前を使ってメッセージを表示するようにしてみましょう。

▼リスト2-11

```
Hello(name: "Taro")
Hello(name: "Hanako")
Hello(name: "Sachiko")

func Hello(name: String) {
  show("Hello, \(name)!!")
}
```

実行すると、「Hello, Taro!!」「Hello, Hanako!!」「Hello, Sachiko!!」というように、名前を付けたメッセージが表示されるようになります。

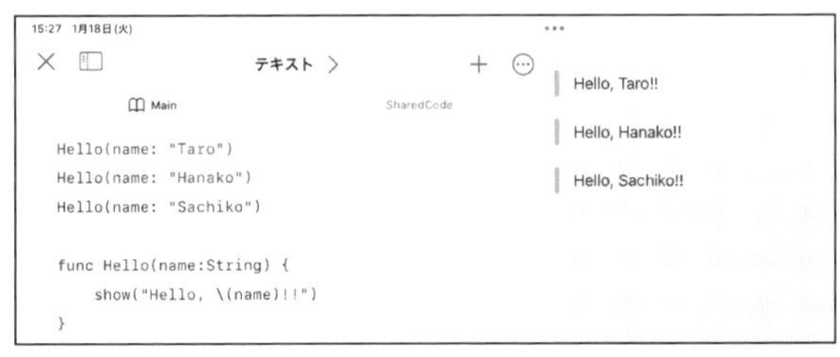

図2-11：実行すると、名前が異なるメッセージが3つ書き出される。

引数の使い方を確認する

作成したコードを見てみましょう。ここではHello関数を以下のような形で定義していますね。

```
func Hello(name: String) {……
```

()の部分に「name: String」という記述があります。これが「引数」です。引数は、このように「変数名: 型」という形で記述します。これで、指定した型の値を渡せる変数が引数として用意されます。

今回はname: Stringということで、「nameという名前のString型の引数」が用意されたわけですね。このnameの部分は引数の「ラベル」と呼ばれます。

では、この関数を呼び出している部分を見てみましょう。

```
Hello(name: "Taro")
```

()の引数部分に「name: "Taro"」と記述されています。これで、nameというラベルの引数に"Taro"という値が渡されるようになります。

引数を持つ関数は、このように「ラベル: 値」という形で引数の値を指定します。

複数の引数は?

今回のサンプルでは引数は1つだけですが、複数の引数を用意することもできます。この場合、それぞれの引数の記述をカンマで区切って記述をします。例えばこんな形です。

```
Hello(name: String, age: Int, gender: Bool)
```

これで3つの引数が用意できますね。こんな具合に引数を使えば、関数で必要な値をいくつでも渡すことができます。

戻り値を使う

もう1つの要素である「戻り値」も使ってみましょう。これは、関数の実行結果を呼び出した側に返すためのものです。「呼び出し側？　返す？　どういうこと？」とよくわからない人もいるかもしれませんね。

では実際にコードを書いてみて、動かしながら説明しましょう。

▼リスト2-12

```
let taro = Hello(name: "Taro")
let hanako = Hello(name: "Hanako")
let sachiko = Hello(name: "Sachiko")
show("\(taro) \(hanako) \(sachiko)")

func Hello(name: String)->String {
  return "Hello, \(name)!!"
}
```

実行すると、「Hello, Taro!! Hello, Hanako!! Hello, Sachiko!!」とメッセージが表示されます。Hello関数のメッセージを1つのテキストにまとめて表示しているのですね。

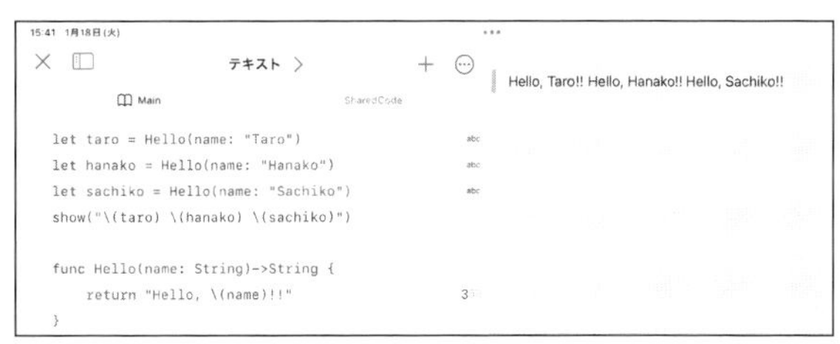

図2-12：Hello関数の結果をテキストにまとめて表示する。

今回のHello関数は、以下のような形になっています。

```
func Hello(name: String)->String {……
```

引数の()の後に、「->String」というようにして戻り値が指定されています。これで、この関数がString値を返すことがわかります。

では、この関数を呼び出している部分を見てみましょう。

```
let taro = Hello(name: "Taro")
```

Hello関数をそのまま変数に代入していますね。Hello関数はString値を返します。つまり、これでHelloの実行結果が変数taroに代入されるわけです。

{}部分に書かれているreturn "Hello, \(name)!!"というのが、戻り値として返される値です。関数ではこのように、returnというキーワードの後にある値を戻り値として返します。

戻り値がある関数は、このように「返す値そのもの」のように扱うことができます。このHello関数はString値を返すので、この関数をStringの値と同じ感覚で変数に代入したり、式の中で使ったりすることができるのです。

Chapter 2

2.3. 複雑な値の利用

配列について

基本的な構文が使えるようになったら、再び「値」について戻りましょう。これまではテキストや数値といった単純な値を使ってきましたが、Swiftにはもっと複雑な構造の値がいろいろと用意されています。それらの使い方について説明していきましょう。

まずは「配列」についてです。配列は多数の値をまとめて扱うことのできる値です。これは「Array」型という型として用意されています。配列の値は以下のような形で記述します。

```
[ 値1, 値2, 値3, ……]
```

こんな具合に、[]の中に値をカンマで区切って記述していきます。注意してほしいのは、「用意する値は、すべて同じ型のものでないといけない」という点です。型の異なる値を1つの配列の中にまとめることはできません。

こうして作成した配列は、そのまま変数や定数などに入れて使うことができます。配列を入れた変数・定数では、配列の中の値を[]記号を付けて取り出すことができます。こんな具合ですね。

```
配列 [ 番号 ]
```

例えば、arrという変数に配列を入れた場合を考えてみましょう。配列の最初の値はarr[0]として取り出すことができます。2番目の値はarr[1]、3番目はarr[2]という具合に値を個別に利用できます。

この番号は「インデックス」と呼ばれるものです。インデックスはゼロから順に自動的に割り当てられます。「1から」ではありませんよ。勘違いしないように注意しましょう。

配列を使ってみよう

配列は複雑そうに見えますが、実際に何度か使ってみれば、意外と簡単なことがわかるでしょう。では、実際に簡単なサンプルを動かしてみます。

▼リスト2-13

```
let data = [12, 34, 56]
let total = data[0] + data[1] + data[2]
let ave = total / 3
show("合計は、\(total)、平均は、\(ave)です。")
```

実行すると、「合計は、102、平均は、34です。」とメッセージが表示されます。

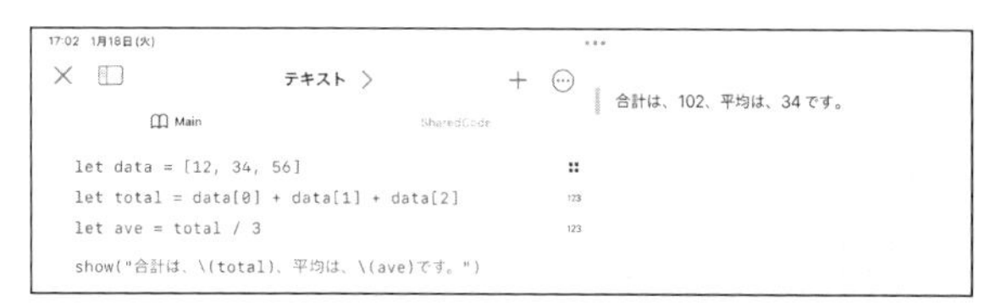

図2-13：実行すると、dataの値を合計し平均を計算する。

まず、dataという定数に配列を代入しています。

```
let data = [12, 34, 56]
```

ここでは整数の配列を用意しました。そして、この配列の中にある値を取り出して合計を計算しています。

```
let total = data[0] + data[1] + data[2]
```

dataには3つの値が用意されていますから、インデックスの0, 1, 2の値を[]で指定して取り出せばいいのですね。こんな具合に、配列の値はインデックスを使って自由に利用できます。

値の変更

なお、今回は定数を使って値を取り出しているだけですが、変数に配列を入れていれば、値を変更することも可能です。例えばこんな具合ですね。

```
data[0] = 100
```

これで、dataの最初の値を100に変更できます。このようにしてデータの値は取り出すだけでなく、変更することもできます。

注意したいのは、「値がないインデックスを指定して変更しようとしない」という点です。例えば、今回のサンプルでこんなコードを記述したとしましょう。

```
data[100] = 100
```

これは、エラーになります。dataには3つしか値がありませんから、保管されている値のインデックスは0～2です。100というインデックスの値はありません。値の変更は配列に用意されているインデックスの範囲内で行う、ということを忘れないようにしましょう。

配列をforで処理する

配列はインデックスを使って1つ1つの値を取り出し利用することもできます。しかし、保管するデータの数が多くなるとかなり大変になります。1万の値が保管されている配列があるとき、その合計を計算するのにdata[0] + data[1] + …… + data[9999]などと記述するのはちょっと無理でしょう。

配列にあるすべての値を利用し処理するようなときは、「for」文が使えます。forは「for 変数 in 範囲」というように使いましたが、この「範囲」のところに配列を設定すると、配列から値を順に取り出して処理することができるのです。

では、実際にやってみましょう。

▼リスト2-14

```
let data = [12, 34, 56, 78, 98, 76, 54]
var total = 0
for n in data {
  total += n
}
show("合計：\(total). 平均：\(total / data.count).")
```

実行するとdataにある値をすべて合計し、その平均を計算して表示します。

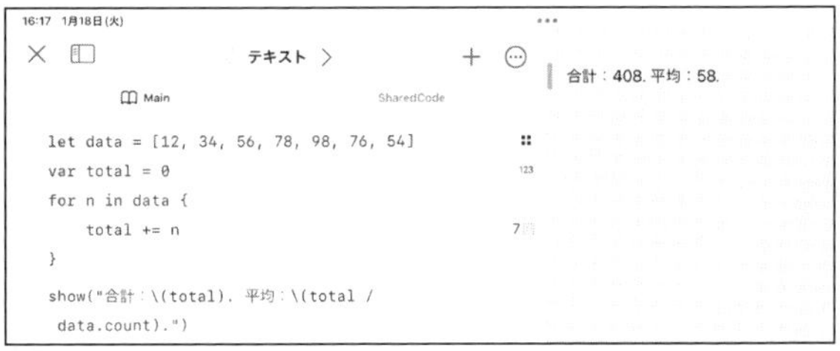

図2-14：実行すると、dataにある値の合計と平均を計算する。

ここでは、こんな具合にして合計を計算していますね。

```
for n in data {
  total += n
}
```

これでdataの値を順に変数nに取り出し、それをtotalに加算していくことができます。配列ではforは多用されますから、基本的な使い方をここで覚えておきましょう。

C　O　L　U　M　N

配列の要素数は「count」で調べる

ここでは平均を計算するのに、total / data.countという式を用意していますね。data.countというのは、data配列の要素の数を調べるものです。配列は、保管している要素の数を「配列.count」というようにして取り出すことができるようになっています。このcountは「プロパティ」というものです。もう少し先に進んで、クラスというものについて学ぶようになるときに詳しく説明をします。

辞書（Dictionary）について

配列は、番号ですべての値を管理します。けれどこのやり方は、「その番号にどんな値が入っているかわからない」という問題を抱えます。

例えば、友達の電話番号をひとまとめにして処理したいと考えたとしましょう。このとき、["111-1111", "222-2222", ……]というように、配列にただ電話番号を並べただけでは、値を取り出しても誰の番号だかわかりません。番号ではなく、それぞれの値に名前を付けて管理できれば、その電話番号が誰のものか一発でわかりますね。

このようなときに使われるのが「辞書」という値で、「Dictionary」型として用意されています。辞書はインデックスの番号の代わりに「キー」と呼ばれるものを使って、保管する値を管理します。

この辞書の値は以下のような形で記述します。

```
[ キー1: 値1, キー2: 値2, ……]
```

キーと、そのキーに設定する値がセットになっているのがわかりますね。キーには通常、テキストを指定します（それ以外の値も使えますが、普通はテキストを使うと考えていいでしょう)。値はどんなものでもかまいませんが、配列と同じく「すべて同じ型の値」でなければいけません。

こうして用意した辞書は、そのまま定数や変数に代入して使います。

辞書の値の操作

辞書の中の値は、配列と同じように[]という記号を使って取り出します。ただし、配列の場合は数字ですが、辞書の場合は「キー」の値を[]に指定します。例えばdicという辞書の変数があり、そこに"a"というキーが用意されていたとします。すると、この値は以下のように利用できます。

```
変数 = dic["a"]
dic["a"] = 値
```

こうして値を取り出したり、別の値に変更することができるのです。扱い方としては、配列と非常に似ていますね。ただ、インデックス番号の代わりにキーを使っているだけです。

名前で電話番号を表示する

では、辞書を使った例を書いてみましょう。

▼リスト2-15

```
let tels = [
  "taro": "090-999-999",
  "hanako": "080-888-888",
  "sachiko": "070-777-777"
]
show("調べたい名前は？")
let name = ask("名前")
let answer = tels[name] ?? "不明"
show("\(name) さんの電話番号は、\(answer) です。")
```

実行すると名前を尋ねてくるので、調べたい名前を書いて送信してください。その名前の電話番号があれば、それを取り出して表示します。

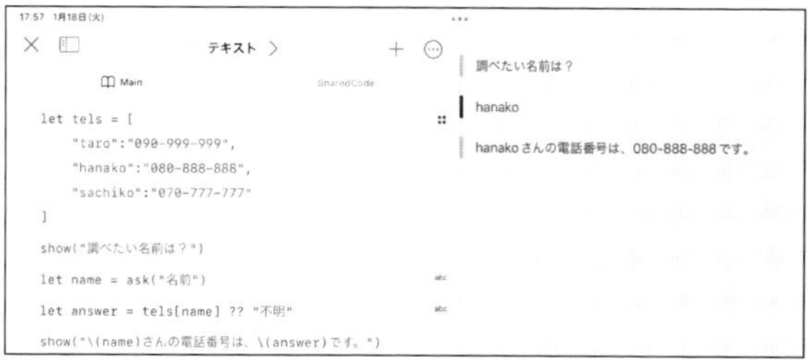

図2-15：名前を入力すると、その人の電話番号を表示する。

ここでは以下のようにして辞書を用意しています。

```
let tels = [
  "taro": "090-999-999",
  "hanako": "080-888-888",
  "sachiko": "070-777-777"
]
```

データ数が多くなると1行にまとめて書くのは大変になるので、このように1つずつ改行して書くとよいでしょう。ここではtaro, hanako, sachikoという3つのキーを用意し、それぞれに電話番号を設定してあります。

後は名前を入力して、その名前を使ってtelsから値を取り出すだけです。

```
let name = ask("名前")
let answer = tels[name] ?? "不明"
```

注意したいのは、「入力した名前のキーが辞書にない場合もある」という点です。そこで??を使い、値が取り出せなければ"不明"という値を渡すようにしてあります。

辞書をforで処理する

辞書も配列と同じように、「保管されている全データを処理する」ということが必要になることもあります。このような場合、辞書でもforを使った繰り返し処理を利用できます。

ただし、注意したいのは「辞書はキーと値の2つの値が保管されている」という点です。この2つの値をそれぞれ取り出すようにして繰り返しを行う必要があります。そこで、辞書の場合は以下のような形でforを実行します。

```
for (キーの変数, 値の変数) in 辞書 {……
```

forの後に()を使って2つの変数を用意します。こうすることで辞書からキーと値をセットで取り出し、2つの変数にそれぞれ保管するようになります。

では、実際にforを使った辞書の処理を行ってみましょう。

▼リスト2-16

```
let data = [
  "国語": 98,
  "数学": 87,
  "理科": 76,
  "社会": 65,
  "英語": 54
]
for (key, value) in data {
  show("\(key)の点数は、\(value)です。")
}
```

実行すると、dataに保管されているデータが教科と点数をセットにして出力されていきます。

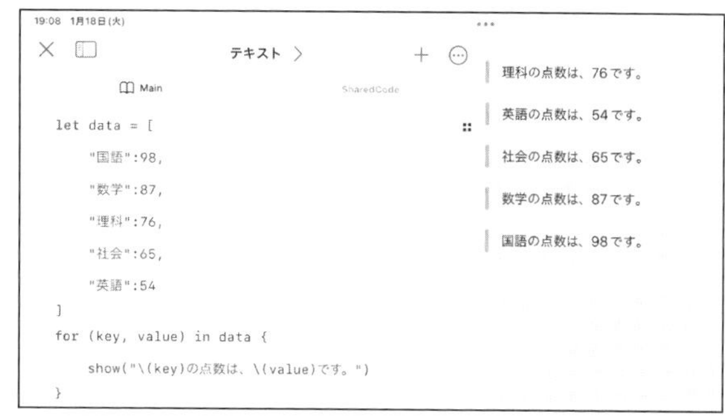

図2-16：dataにある全データが出力される。

今回は以下のような形でforを用意しています。

```
for (key, value) in data {
```

これでdataからキーと値を取り出して、keyとvalueに保管します。後は、この2つの変数をテキストリテラルにまとめて出力するだけです。「辞書でforを使うときはキーと値の2つを変数に取り出す」ということさえわかっていれば、使い方はそれほど難しくはありませんね。

タプルについて

配列や辞書に共通する特徴は、「すべて同じ型の値を保管する」という点です。型の異なる値をひとまとめにして扱うことはできないのです。

では、型の異なる値をひとまとめにして扱うことは絶対にできないのでしょうか？　実は、できます。これには「タプル（Tuple）」と呼ばれる値を使います。

タプルは型の異なる値をひとまとめにするためのもので、以下のような形で記述します。

▼値だけのタプル

```
( 値1, 値2, ……)
```

▼キー付きタプル

```
( キー1: 値1, キー2: 値2, ……)
```

ただ値だけを並べて保管することと、キーを付けて保管することができるのです。配列と辞書の違いのようですね。

注意したいのは、このキーは「テキストではない」という点です。例えば、abcというキーに"Hello"という値を保管する場合、次のようになります。

▼○

```
(abc: "Hello")
```

▼×

```
("abc": "Hello")
```

キーの値(abc)を直接記述します。"abc"ではエラーになりますから間違えないように!

こうして用意されたタプルは、番号またはキーを使って値を取り出せます。

```
タプル . 番号
タプル . キー
```

このような形で値を指定します。例えばdataという変数にタプルを設定し、そこからnameの値を取り出すならば、data.nameというように記述するのです。配列や辞書のように[]は使いません。キーを使わずインデックスで値を取り出すときも、data.0というように記述をします。

タプルを使ってみよう

では、実際にタプルを使って型の異なるデータを扱ってみることにしましょう。今回はテキスト、数値、真偽値をひとまとめにし、そこから値を取り出してみます。

▼リスト2-17

```
let data = (name: "taro", age: 39, gender: false)
show("知りたい情報は?")
let item = ask("name/age/gender")
switch item {
case "name":
  show("名前は、\(data.name)です。")
case "age":
  show("年齢は、\(data.age)です。")
case "gender":
  show("性別は、\(data.gender ? "女" : "男")性です。")
default:
  show("わかりません。")
}
```

実行すると、「知りたい情報は?」と尋ねてきます。name, age, genderのいずれかを入力すると、その情報が表示されます。

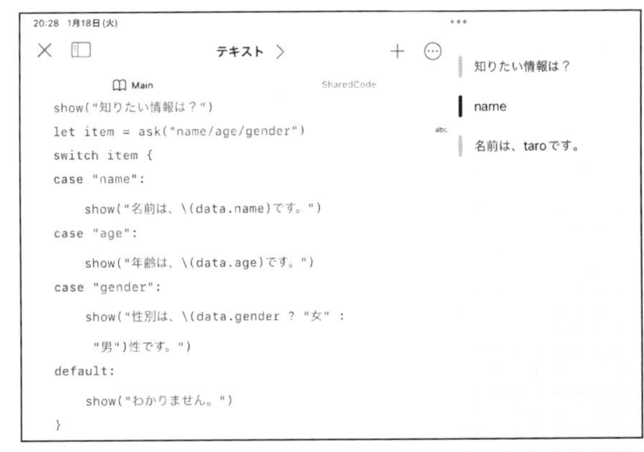

図2-17:name, age, genderのいずれかを入力すると、タプルから必要な値を取り出して表示する。

ここでは以下のような形でタプルを作成しています。

```
let data = (name: "taro", age: 39, gender: false)
```

name, age, genderというキーがあって、それぞれにテキスト、整数、真偽値が設定されていますね。まったく型の異なる値がひとまとめになっていることがわかるでしょう。

知りたい項目名を入力してもらったら、switchを使って分岐処理をします。最初のnameを表示する部分を見てみましょう。

```
switch item {
case "name":
  show("名前は、\(data.name)です。")
```

itemの値が"name"だった場合は、data.nameの値をテキストに埋め込んで表示しています。必要に応じてswitchで分岐をし、タプルから値を取り出しているのがわかりますね。

三項演算子について

ここでちょっと注目してほしいのが、genderの分岐です。ここでは以下のような形でdata.genderの値を表示しています。

```
case "gender":
  show("性別は、\(data.gender ? "女" : "男")性です。")
```

\()の部分を見てみましょう。「data.gender ? "女" : "男"」という値が設定されていますね。これはいったい、何でしょう？

これは「三項演算子」というものなのです。三項演算子はある真偽値の値をチェックし、その結果によって異なる値を返すものです。以下のような形で記述します。

```
真偽値 ? true時の値 : false時の値
```

ここでは真偽値にdata.genderが指定されていますね。これがtrueだった場合は"女"、falseだった場合には"男"というテキストが値として取り出されます。こうすることで、genderの値に応じて女性か男性か表示できるようにしているのですね。

もちろん、三項演算子を知らなくても、すでに習ったif文を使えば同じような処理は作れます。ただ三項演算子は「式」ですから、このようにテキストリテラルの中に埋め込んだり、他の式の中に値として追加することもできます。

「条件に応じて2つの値のどちらかを使う」ということは、意外によくあるのです。三項演算子を知っていれば、わざわざif文を書く必要もなくなります。

タプルを使ってデータを管理

このタプルは1つだけ作って使うこともありますが、決まった形式のタプルを配列などにまとめてデータを管理するのに使うこともよくあります。そうすると、より複雑なデータを扱えるようになります。

実際に簡単なサンプルを見てみましょう。

▼リスト2-18

```
let data = [
  "taro": (name: "たろう",
    mail: "taro@yamada",
    age: 39, gender: false),
  "hanako": (name: "はなこ",
    mail: "hanako@flower",
    age: 28, gender: true),
  "sachiko": (name: "さちこ",
    mail: "sachiko@happy",
    age: 17, gender: true)
]
show("名前は？")
let name = ask("名前")
let value = data[name] ?? (name: "", mail: "", age: 0, gender: true)
show("\(value.name) <\(value.mail)> \(value.age)歳, \(value.gender ? "女" : "男")性.")
```

実行すると、「名前は？」と尋ねてきます。ここで名前を入力し送信すると、その名前のデータを探して表示します。データが見つからないときは、(name: "", mail: "", age: 0, gender: true)というデータが表示されます。

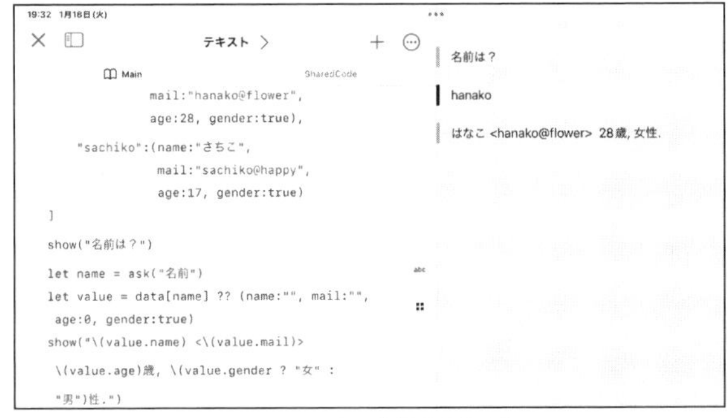

図2-18：名前を入力すると、その人の情報が出力される。

ここではdata変数に以下のような形でデータが格納されています。

```
let data = [
  "taro": (……),
  "hanako": (……),
  "sachiko": (……)
]
```

dataは辞書の値だったのですね。そして、各キーにタプルが保管されています。ここではdataから指定の名前のタプルを取り出し、その内容を表示していたのです。

データの形式を揃える

やっていることはそう難しくはないのですが、データが「辞書の中にタプル」という複雑な構造をしているので、なんだかとても難しそうに見えるかもしれません。

こういう「タプルを配列や辞書でまとめて扱う」という場合、注意しなければならないのが「保管するタプルの形式」です。すべてのタプルが同じ形で値を作成している必要があります。そうすることで、どのデータを取り出してもすべて同じ処理ができるようになります。

Chapter 2

2.4. クラスの利用

クラスとは？

タプルを使ったとき、配列などで多数作成し使用するときは「タプルの形式」を揃えないといけない、と説明しました。しかし現実問題として、これはなかなか難しいものがあります。数個〜数十個ぐらいなら大丈夫でしょうが、数千数万とデータを作成するようになると、その中に1つや2つ書き間違えてしまったデータが出てくるものでしょう。そうしたものが少しでも混じっていると、どこかでエラーになってしまうのですね。

こういうときは「データの構造をきちんと定義して、決まった形に値が作成される」ような仕組みが必要になってきます。そこで登場するのが「クラス」です。

クラスは処理と値を定義したもの

クラスは複雑なデータの構造を定義し、決まった形式で値が作成されるようにします。クラスには、さまざまなものが保管できます。数値やテキストなどの値はもちろん、関数のような処理も保管することができます。

クラスを定義することで、多数のデータと処理によって動くプログラムをひとまとめにして扱えるようになります。例えばアプリでウィンドウを作りたい、と思ったとしましょう。そうしたら、ウィンドウに必要なデータ（位置、大きさなど）と、ウィンドウを操作するための処理（移動、リサイズ、閉じる、開くなど）をすべてまとめたクラスを作ってしまうのです。

そして、そのクラスを使ってウィンドウの値を作成すれば、どのウィンドウもすべて必要なデータと必要な処理を持った形で作成されます。ウィンドウを移動したければ、その中にある移動の処理を呼び出せばいいし、ウィンドウの大きさを知りたければ、その中の値を調べればいい。ウィンドウを扱うのに必要なものは、全部自分自身の中に用意されているわけです。

この、「必要なもの（値や処理など）をすべてひとまとめにして扱える」のがクラスの大きな特徴です。

複雑な構造をいくらでも作れる

クラスとして定義をすると、そのクラスを元にいくらでも値を作ることができます。ウィンドウのクラスを作ったなら、そのクラスの値を作成していくつでもウィンドウを開いて使うことができます。

複雑な構造のデータもクラスとして定義すれば、まったく同じ形式で好きなだけデータを作ることができます。「複雑なものをきっちり定義し、同じものをたくさん作る」ということがクラスでは簡単に行えるようになるのです。

どうです、クラスの便利さがなんとなくわかってきましたか？

クラスの作り方

クラスはどのような形で記述するのでしょうか？　基本的な形を整理すると、このようになります。

```
class クラス名 {
    ……クラスに用意するものを記述……
}
```

もっとも単純なクラスは、classの後にクラスの名前を記述するだけで作れます。その後の{…}部分に、クラスに用意する値や処理などを記述していきます。これは、基本的に「変数・定数」と「関数」として用意します。つまり、クラスというのは「変数・定数と関数をひとまとめにしたもの」なのです。

この「クラスの中にある変数・定数」といった値を、「プロパティ」と呼びます。「クラスの中にある関数」は、「メソッド」と呼びます。クラスの定義は、クラス内にあるプロパティとメソッドを定義することだ、といっていいでしょう。

インスタンスを作る

こうして用意されたクラスは、そのまま使うわけではありません。このクラスの値を作成して利用するのです。値は「インスタンス」と呼ばれます。

インスタンスは以下のように作成します。

```
クラス ( 引数 )
```

クラスの後に()を付けて呼び出せばインスタンスが作られます。後は、これを変数などに代入して利用すればいいのです。()内にはクラスによって必要な値を引数として渡すこともあります。

クラスに用意されている変数（プロパティ）や関数（メソッド）は、作成したインスタンスから呼び出して利用します。インスタンスの入った変数の後にドットを付けて、プロパティやメソッドを記述します。

```
インスタンス . プロパティ
インスタンス . メソッド ( 引数 )
```

これでインスタンス内にあるプロパティの値を取り出したり、メソッドを実行させたりできます。これらの操作の仕方がわかれば、もうクラスは利用できるようになりますよ！

クラスを利用しよう

クラスは中に用意するものによってはシンプルにもなるし、複雑にもなります。これは実際に何度も作って利用してみないと、どんなものかピンとこないかもしれませんね。では、簡単なクラスを作って利用してみることにしましょう。

▼リスト2-19

```
class Hello {
  var message = "Hello!"
  func print() {
```

```
    show(message)
    }
}

let hello = Hello()
hello.print()
```

これを実行すると、「Hello!」と表示されます。非常に単純ですが、クラスを作り、そのメソッドを呼び出すという基本的な作業を行っています。

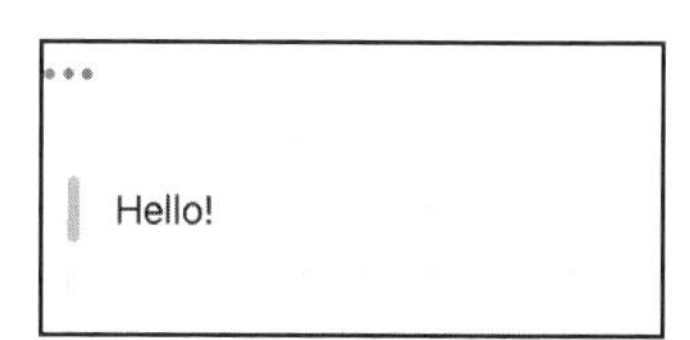

図2-19：実行すると「Hello!」と表示される。

ここでは「Hello」というクラスを作成しています。この中には「message」というプロパティと、「print」というメソッドがあります。それぞれの記述を見てみましょう。まずはmessageプロパティです。

```
var message = "Hello!"
```

この部分だけ見れば、messageという変数を作成している文ですね。こんな具合に、ただクラスの中に変数を宣言する文を書けば、それがプロパティになるのです。

続いてprintメソッドです。

```
func print() {
  show(message)
}
```

こちらもprintという名前の関数を定義しているだけです。この中ではshow(message)というようにして、showでmessageの値を出力しています。クラスにあるmessageプロパティは、こんな具合にprintメソッドの中でも使うことができます。

クラスの初期化を行う

今回のクラスは、ただインスタンスを作ってメソッドを呼び出すだけの単純なものです。こんな単純なものを作って利用することはほとんどないでしょう。実際には、もう少し汎用性のあるクラスを作るはずです。例えば名前のプロパティを用意しておいて、この名前を使ってメッセージを表示するようになっていれば、もっと使えるようになるでしょう。

このように、より汎用性のあるクラスにしようとすると、そのために必要な値も増えてきます。こうした「インスタンスで必要となる値」は、インスタンスを作る際に引数として渡せるようになっています。

このために使われるのが、「初期化メソッド（イニシャライザ）」というものです。これはクラスに用意するメソッドで、以下のような形をしています。

```
init( 引数 ) {
  ……初期化の処理……
}
```

initは他のメソッドと違い、funcがありません。ただ「init」だけでいいのです。そしてクラスに必要な値を引数として用意します。initの中では、受け取った引数をプロパティに設定するなどの処理を行えばいいのです。

Helloクラスに名前を追加する

では、実際にイニシャライザを使ってみましょう。先ほどのHelloクラスを修正し、名前のプロパティを追加して使うことにします。

▼リスト2-20

```
class Hello {
  var message = "Hello"
  var name = "noname"

  init(name: String) {
    self.name = name
  }
  func print() {
    show(message + ", " + name + "!")
  }
}

let taro = Hello(name: "taro")
taro.print()
let hanako = Hello(name: "hanako")
hanako.print()
```

実行すると、「Hello, taro!」「Hello, hanako!」と表示されます。ここでは2つのインスタンスを作り、それぞれprintメソッドで出力しているのですが、名前のプロパティが増えたことで、表示されるメッセージが変わっているのがわかるでしょう。

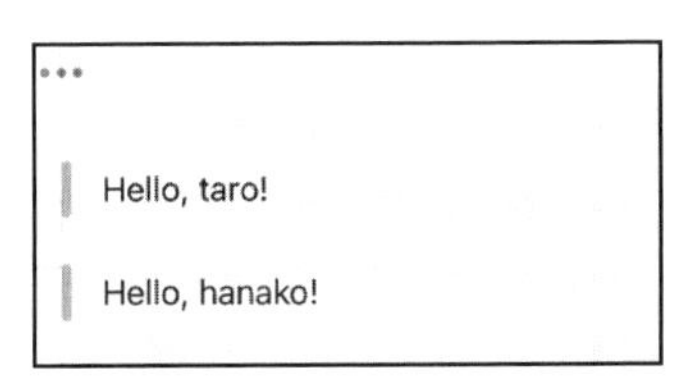

図2-20：実行すると「Hello, taro!」「Hello, hanako!」と表示される。

今回のHelloクラスではvar name = "noname"というように、nameプロパティを追加しておきました。そして、以下のようにイニシャライザを用意しています。

```
init(name: String) {
  self.name = name
}
```

引数に渡されたnameを、そのままnameプロパティに設定しています。よく見ると、プロパティのほうは「self.name」となっていますね？

このselfは「インスタンス自身」を示す特別な値です。initでは引数の値もnameになっていますから、ただnameと記述するとname引数を示すことになってしまいます。そこで、「これはname引数ではなくてプロパティのほうのnameだよ」ということがわかるように、「self.name」としているわけです。

selfはインスタンス自身を示しますから、self.nameは「このインスタンスのnameプロパティ」を示します。インスタンスにあるプロパティやメソッドを呼び出すときにselfはよく利用されますので、ここで覚えておきましょう。

プロパティに処理を設定する

プロパティとメソッドは「プロパティ=値」「メソッド=処理」というように、明確に分かれています。プロパティは変数として値を保管しておくものです。しかし、時と場合によっては「その場で値を作って利用する」というようなこともあるのです。

このような場合、プロパティにメソッドと同様の「処理」を設定することができます。以下のような形で記述します。

▼処理を実行して値を得るプロパティ

```
var 名前 : 型 {
    ……処理……
    return 値
}
```

プロパティ名の後には「: 型」というようにして、そのプロパティの型を指定します。そしてその後に{…}を付けて、必要な処理を用意します。

このとき重要なのは、「この処理部分では、最後に必ず指定された型の値を返す」という点でしょう。これは「return」というキーワードを使って行います。処理の最後に「return ○○」と記述しておけば、その○○という値が返され、プロパティの値として利用されるようになります。

ただし、このやり方ではプロパティの値を取り出すことしかできません。値の設定はできないのです。処理を実行して値を返すのですから、変更できないのは当然ですね。では、「値の変更も処理で行わせる」というときはどうするのでしょうか?

▼処理を実行して値を読み書きするプロパティ

```
var 名前 : 型 {
    get {
        ……処理……
        return 値
    }
    set ( 引数 ) {
        ……処理……
    }
}
```

{}の中に、さらにget{…}とset{…}というものを用意し、これらで値の取得と変更の処理を作成します。

このように、「処理を実行して値を作って返すプロパティ」のことを「Computedプロパティ」と言います。

messageプロパティを修正する

Computedプロパティを使ってみましょう。Helloのmessageプロパティを修正して、Computedにしてみます。

▼リスト2-21

```
class Hello {
  var message: String {
    return "こんにちは、\(name)さん！"
  }
  var name = "noname"

  init(name: String) {
    self.name = name
  }
  func print() {
    show(message)
  }
}

let taro = Hello(name: "taro")
taro.print()
let hanako = Hello(name: "hanako")
hanako.print()
```

動作としては先ほどのサンプルとだいたい同じ（メッセージが日本語になっただけ）ですが、中での仕組みは変わっています。

```
こんにちは、taroさん！
こんにちは、hanakoさん！
```

図2-21：実行すると、日本語のメッセージが表示される。

messageプロパティが以下のような形になっていますね。

```
var message: String {
  return "こんにちは、\(name)さん！"
}
```

message: Stringというように、このmessageの値がString値であることを指定し、その後の{…}で処理を用意しています。ここではテキストリテラルのnameの値を埋め込んだものをreturnしています。

C O L U M N

returnは省略できる

Computedプロパティや戻り値のある関数では、「値をreturnする1文だけしかない」ということがよくあります。こういう場合、returnを省略することもできます。例えば、こんな具合です。

```
var message: String { "こんにちは、\(name)さん！"}
```

このほうがシンプルで見やすいですね。これは「returnする1文だけしかない」ときだけ使えます。複数の文があるときは使えないので注意してください。

このmessageを利用してるprintメソッドを見ると、実行する処理が非常にスッキリしているのがわかるでしょう。

```
show(message)
```

ただmessageの値をshowで表示するだけです。messageですでに出力するメッセージが作られていますから、printで値を作成する必要がなくなったのですね。

クラスの継承について

クラスは「再利用できる部品」として設計されています。作ったクラスはただそのまま使うだけでなく、そのクラスを元に、新しいクラスを作成するのに利用することもあります。

これは「継承」というクラスを使います。継承は、すでにあるクラスの機能（プロパティやメソッド）をまるごと引き継いで新しいクラスを作る機能です。

例えば、ウィンドウのクラスをいくつか作るとしましょう。パネルのような固定のウィンドウ、自由にリサイズできるウィンドウ、ダイアログのように閉じるまで他が操作できないウィンドウなど、いろんなウィンドウがありますね。これらをすべて作ろうとするとかなり大変そうです。

そこで、「ただの四角いウィンドウ」のクラスを作り、これを継承してダイアログウィンドウやリサイズできるウィンドウなどを作っていくのです。ウィンドウの基本的な機能はすべて「ただの四角いウィンドウ」に用意しておけば、継承するすべてのクラスでそれらが使えるようになります。各クラスでは、そのクラスに追加する機能だけを作ればいいわけですね。

継承を使ったクラスの作り方

この継承は、非常に簡単に使うことができます。クラスを作成するとき、以下のような記述をすればいいのです。

```
class クラス : 継承するクラス {……}
```

クラス名の後に、「: 継承するクラス」というようにしてクラスを指定すれば、それだけで指定のクラスの全機能を引き継いだ新しいクラスが作れます。実に便利ですね！

この「継承するクラス」のことを「スーパークラス」と言います。継承して新たに作ったクラスは「サブクラス」と言います。「スーパークラスを継承して、新たにサブクラスを作る」なんて具合に使います。

継承を使ってみる

実際に継承を使ったクラスを作り、利用してみましょう。先ほどのHelloクラスを継承したGreetingというクラスを作り、これを利用してみます。

▼リスト2-22

```
class Hello {
  var message: String {
    return "こんにちは、\(name)さん！"
```

```
  }
  var name = "noname"

  init(name: String) {
    self.name = name
  }
  func print() {
    show(message)
  }
}

class Greeting: Hello {
  override var message: String {
    return prefix + name + suffix
  }
  var prefix = "こんにちは、"
  var suffix = "さん！"
  init(prefix: String, suffix: String, name: String) {
    super.init(name: name)
    self.prefix = prefix
    self.suffix = suffix
  }

  override func print() {
    show("*** \(message) ***")
  }
}

let taro = Hello(name: "taro")
taro.print()
let hanako = Greeting(prefix: "はろー、", suffix: "ちゃん♥", name: "hanako")
hanako.print()
```

これを実行すると、「こんにちは、taroさん！」「*** はろー、hanakoちゃん♥ ***」と表示されます。最初のものがHelloクラスで、2番目のものがGreetingクラスの出力です。

図2-22:HelloとGreetingの2つのクラスを使って出力する。

ここでは、このような形でGreetingクラスを作っていますね。

```
class Greeting: Hello {……
```

これで、Helloクラスの機能をすべて引き継いでGreetingクラスが作成されるのです。Greetingクラスには新たにprefixとsuffixというプロパティを追加していますが、nameプロパティはありません。けれど、ちゃんと出力には名前が表示されています。Helloクラスにnameプロパティがあるので、Greetingになくとも使えるのです。

initとスーパークラス

Greetingの内容について少し説明をしましょう。まず、初期化を行っているイニシャライザです。以下のようになっています。

```
init(prefix: String, suffix: String, name: String) {
  super.init(name: name)
  self.prefix = prefix
  self.suffix = suffix
}
```

最初に目を引くのは、「super.init」という部分でしょう。このsuperというのは、継承したクラス（スーパークラス）のインスタンスを示す特別な値です。

クラスからインスタンスを作るとき、このinitを呼び出して初期化処理がされます。しかし、Greetingクラスにinitが用意されていますから、インスタンスを作るときはこのGreetingのinitが呼び出され、スーパークラスにあるinitは呼び出されなくなります。

スーパークラスであるHelloにあるinitでは、こんな処理がされていましたね。

```
init(name: String) {
  self.name = name
}
```

引数に渡された値をnameプロパティに設定しています。これが呼び出されないということは、nameプロパティに値が設定されない、ということになってしまいます。

そこで、Greetingクラスのintの中で、super.init(name: name)というようにしてスーパークラス（Helloクラス）のinitを呼び出しているのです。これで、nameプロパティにもちゃんと値が設定されるようになります。

このように継承を利用する場合は、initのような「本来、自動的に呼び出されるはずのもの」がスーパークラス側だけ呼び出され、サブクラスで実行されなくなってしまうことがあります。そこでこうしたメソッドでは、最初に必ず「super.○○」というようにしてスーパークラスのメソッドを呼び出すようにしておくのがマナーと言えます。

オーバーライドについて

この他、注目してほしいのは「message」プロパティと「print」メソッドです。いずれもスーパークラスであるHelloクラスにもありました。なぜ、スーパークラスにあるプロパティやメソッドをまたサブクラスに用意するのか？　それは、それらの機能を「上書き」するためです。

先ほどのinitで説明しましたが、スーパークラスにあるメソッドと同じものをサブクラスに用意するとそちらだけが呼び出され、スーパークラス側にあったものが呼び出されなくなります。これが「上書き」です。プログラミングの世界ではもう少しカッコよく、「オーバーライド」と言います。

このオーバーライドされたプロパティとメソッドを見てみましょう。

```
override var message: String {
  return prefix + name + suffix
```

```
}

override func print() {
  show("*** \(message) ***")
}
```

どちらも最初にoverrideというキーワードが付けられていますね。これが、「このプロパティ／メソッドはオーバーライドされていますよ」という印になります。

オーバーライドするということは、スーパークラスにあった機能が使われなくなるということであり、「それまであった機能が変更される」ということです。

したがって、好き勝手にオーバーライドすべきではありません。「これはオーバーライドしていますよ」ということをコードを読む側がわかるようにしているのですね。

静的メンバーについて

クラスというのは、インスタンスを作って利用するのが基本です。しかし、場合によっては「いちいちインスタンスを作らなくてもいい」ということもあります。

例えば、消費税の計算をするクラスを作るとしましょう。用意するのは税率のプロパティと計算するメソッドだけ。これ、インスタンスを作る必要あります？　もちろん、「税率ごとにインスタンスを用意できれば便利だ」ということもあるでしょうが、普通は「いちいちインスタンスを作るより、クラスから直接メソッドを呼び出せたほうが便利だ」と思うでしょう。

Swiftでは、こうした「クラスから直接使えるプロパティやメソッド」を作ることができます。これらは「静的メンバー」と呼ばれ、以下のような形で作成します。

▼静的プロパティ

```
static var 名前 = 値
```

▼静的メソッド

```
static func 名前 ( 引数 ) {……}
```

わかりますか？ プロパティやメソッドを作成する際、冒頭に「static」というキーワードを付けておくと、それは静的なものとして扱われるようになるのです。

こうして静的メンバーとして作成されたプロパティやメソッドは、クラスから直接呼び出せるようになります。

静的メンバーはクラスから直接使うものですから、逆にインスタンスでは使えません。インスタンスメソッドの中から静的メンバーを利用しようとするとエラーになります。

また、当然ですが静的メソッドからは普通のインスタンスプロパティやインスタンスメソッドは利用できません。

Calcクラスを作ろう

では、実際に静的メンバーを利用するクラスを作ってみましょう。消費税の計算をするCalcクラスを作り、これを利用してみることにします。

▼リスト2-23

```
class Calc {
  static var tax = 10
  static func get(price: Int)->Int {
    return Int(Double(price) * (1.0 + Double(tax) / 100.0))
  }
}

show("金額を入力して下さい。")
let input = ask("金額")
let price = Int(input) ?? 0

show("\(price)円の税込金額は、\(Calc.get(price: price))円です。")
Calc.tax = 8
show("\(price)円の軽減税率の税込金額は、\(Calc.get(price: price))円です。")
```

実行すると金額を尋ねてくるので、整数値を入力し送信してください。すると通常の10%の税込価格と、軽減税率の8%の税込価格が表示されます。

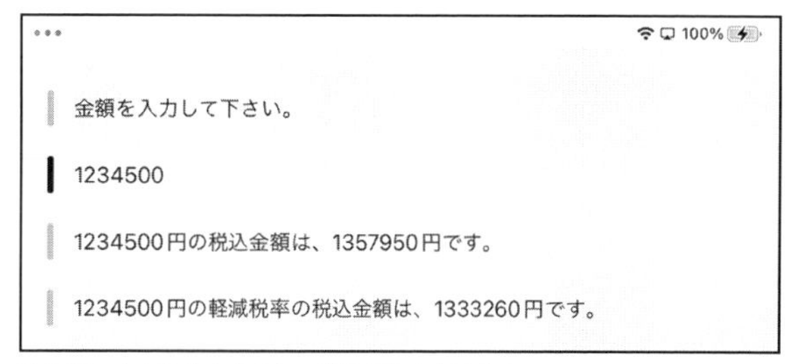

図2-23：金額を入力すると、税込価格を表示する。

Calcクラスで行っていること

このCalcクラスでは、税率を保管するtaxプロパティと、税込金額を得るgetメソッドが用意してあります。taxプロパティはこんなものですね。

```
static var tax = 10
```

税率は小数で0.1なんて設定するより整数値で設定したほうがわかりやすいので、このようにしてあります。ただしその分、計算はちょっとわかりにくくなっています。

```
static func get(price: Int)->Int {
  return Int(Double(price) * (1.0 + Double(tax) / 100.0))
}
```

計算そのものは難しくありません。消費税込みの金額は以下のような形で計算しています。

```
金額 * (1.0 + 税率 / 100.0)
```

1.0に税率を100で割ったものを足して金額にかけています。税率が10なら、金額を1.1倍するわけですね。

ただし、金額も税率も整数値です。1.1倍するんですから、これは実数で計算しないといけません。そこで、こうします。

```
Double(金額) * (1.0 + Double(税率) / 100.0)
```

これで全部実数(Double値)になって計算できます。しかし、こうして計算した結果もDoubleになりますから、今度は計算結果を整数にしておく必要があります。

```
Int(Double(金額) * (1.0 + Double(税率) / 100.0))
```

こうなりました。これをgetメソッドでreturnしていたのですね。整数と実数が入り混じった計算は、こんな具合に「全部、実数に揃える」「結果を整数に戻す」といったやり方をして処理するやり方ができます。

Calcの静的メンバーを使う

Calcを利用している文を見てみましょう。ここでは金額を入力した後、デフォルトの10%の金額を計算し、それから税率を8%に変更してまた計算をしています。

```
show("\(price)円の税込金額は、\(Calc.get(price: price))円です。")
Calc.tax = 8
show("\(price)円の軽減税率の税込金額は、\(Calc.get(price: price))円です。")
```

税額の計算は、テキストの値の中に\(Calc.get(price: price))というようにして埋め込んでいますね。Calc.get(price: price)で、priceの税込金額が得られます。Calc関数から直接getを呼び出していることがわかるでしょう。それからCalc.tax = 8でtaxプロパティの値を変更し、再びCalc.getで金額を計算して表示しています。プロパティもメソッドも、このようにCalc.○○という形でクラスから直接利用していることがわかるでしょう。

その他の要素について

最後に、Swiftに用意されているその他の重要な要素について簡単にまとめておくことにしましょう。作り方や使い方などを今ここできっちり理解する必要はありません。「こういうものもあるんだ」ということだけ頭に入れておけばそれで十分です。

この先、実際にSwiftを使ったプログラムの作成を学んでいくと、ここで取り上げるようなものがけっこう出てくるのです。そのとき、「これ、いったい何だ?」と慌てると困るので、あらかじめ「こういうものがあるんだ」ということだけ頭に入れておいてほしい、というわけです。

構造体

構造体というのは「クラスとそっくりなもの」です。これはクラスのclassというキーワードの代わりに、「struct」というものを付けて作ります。

```
struct 構造体名 {
  var プロパティ……
  funct メソッド……
}
```

こんな具合に、その中にはプロパティとメソッドを作成しておくことができます。初期化にinitを用意できる点も同じです。使用するときはインスタンスを作る点も同じで、以下のようにして変数にインスタンスを代入して利用します。

```
変数 = 構造体 ( 引数 )
```

クラスと構造体は、一応重要な違いがいくつかあるんですが、今はそこまで深く理解しなくても問題ありません。「クラスと構造体は、だいたい同じようなものだ」と覚えておけば十分です。

この先、アプリ作成の学習が始まると、SwiftUIというフレームワークを使うことになります。このSwiftUIでは、さまざまなUI部品が構造体として用意されているのです。ですから、「クラスとだいたい同じようなもの」ということは知っておいてください。クラスと同じようにインスタンスを作り、プロパティやメソッドを操作して使うもの、です。使い方さえ知っていれば、構造体はとりあえずOKです。

プロトコル

プロトコルというのは「中身のないクラス」です。クラスに保管される値や処理などの具体的な内容はなくて、「中身はこうなっている」という定義だけの存在なんです。

プロトコルはこうやって作ります。

```
protocol プロトコル名 {
  var プロパティ……
  funct メソッド……
}
```

クラスや構造体でプロトコルを使うときは、クラス名の後に: を付けてプロトコルを指定します。

```
class ○○ : プロトコル {……}
```

継承を使うときは、スーパークラスとプロトコルをカンマで区切って記述すれば両方使うこともできます。

クラスと同じように、プロトコルにもプロパティやメソッドを用意します。が！ プロパティには値は用意しないし、メソッドには処理は用意しません。つまり、「var x: Int」とか「func abc()」とかいう宣言の部分だけで、具体的な値や処理の内容はいらないのです。

このプロトコルはクラスや構造体を作るときに使います。プロトコルをクラスや構造体に付けて作成すると、そのプロトコルに定義されていたプロパティやメソッドをすべて用意しなければいけません。

つまり、プロトコルを使うことで「必ず○○というプロパティやメソッドがある」ということが保証されるのですね。そうすると、「このクラスには○○というメソッドがかならずあるはずだから、それを呼び出して処理する」というように、プロトコルのメソッドがある前提で処理を作ることができる、という利点があります。

このプロトコルも、SwiftUIというフレームワークでけっこう頻繁に登場します。ただ、自分で作ったりすることはほとんどないので、「なんか難しそうだ」と不安になる必要はありません。「プロトコルがついているものは、必ず○○というメソッドを書かないといけない」という基本だけしっかり頭に入れておきましょう。

列挙体

真偽値はtrueとfalseの2つしか値がありませんが、このように「いくつかの値だけしかない」という特別な値が必要になることはよくあります。例えばジャンケンのプログラムでは、「グー」「チョキ」「パー」の3つの値だけしかない型があれば便利そうですね？

こういうときに使われるのが「列挙体」です。これは、あらかじめ用意したいくつかの値だけしか使えない型です。以下のように作ります。

```
enum 列挙体名 {
    case 値1
    case 値2
    ……必要なだけ用意……
}
```

こうして作られた列挙体は、caseに用意した値だけしか値を持ちません。いくつかある選択肢から1つを選ぶようなときに、この列挙体はよく利用されます。

これより先は、少しずつ覚えていこう!

というわけで、Swiftの基礎文法はこれで終わりです。けっこういろいろ登場したと思うでしょうが、実を言えば、これでもSwift全体のごく一部の機能だけしか取り上げていません。この他にも、Swiftにはたくさんの機能が用意されているのです。

では、それらは覚えなくていいのか？　いえ、もちろん覚えたほうがいいに決まっています。最終的には、ね。けれど、それは「今すぐただちに」ではないでしょう。

ここで覚えたことがだいたい理解できれば、これより先の「アプリの開発」を読み進めることができるでしょう。そして、実際にあれこれコードを書いて動かしていくうちに、基礎文法がしっかりと身についていくはずです。そして同時に、「アプリを作る」ということも少しずつできるようになっていくでしょう。まだ説明していない機能が出てきたときは、そのつど説明をしますから心配はいりませんよ。

そこまで進めば、もうアプリ開発の入門は卒業です。その先は、それぞれで自分なりにしっかりと勉強をしていけばいいのです。本書の目的は「Swiftという言語を完璧に覚えること」ではありません。「自分でアプリを作れるようになること」です。

プログラミングについて完璧に理解できていなくてもアプリは作れますし、だいたい世のアプリ作家の大半は、全然「完璧」になんて理解してないでしょう。自分がアプリを作る上で必要な知識が身についていれば、それで十分なんですから。

というわけで、次からいよいよアプリ作りに進むことにしましょう！

Chapter 3

アプリの構造とビューの基本

いよいよSwiftUIを使ったプログラムの作成に入ります。
ここではアプリとバックグラウンドという2大プロジェクトについてしっかりと理解します。
そして、ビューの基本的な表示の設定について学習していきましょう。

Chapter 3

3.1. Appの作成を始めよう

「Appの作成を始めよう」について

では、いよいよアプリ作りを始めることにしましょう。といっても、いきなり新しいアプリを作るためにゴリゴリとコードを書いていく、というのはさすがに大変です。アプリづくりの基礎から少しずつ覚えていきたいところですね。

iPad版のSwift Playgroundsにはとても便利なサンプルが用意されています。Swift Playgroundsのホーム画面を開いてください。まだ「対話」サンプルを開いている人は、閉じてくださいね。

図3-1：Swift Playgroundsのホーム画面に戻る。

ホーム画面の下には、サンプルが横一列に並んだ表示がありました。個々の右端にある「すべてを見る」をクリックしてください。サンプルが一覧表示されます。

この一番上のところに、「Appの作成を始めよう」という項目があります。これが、今回使うサンプルです。

図3-2：「Appの作成を始めよう」というサンプルを入手する。

「Appの作成を始めよう」の「入手」ボタンをタップして、サンプルをインストールしましょう。これでホーム画面にサンプルが追加されます。

図3-3：サンプルがインストールされた。

macOSの場合

macOSでは、「Appの作成を始めよう」というサンプルは用意されていません。ですから、実際に使いながら学んでいくことができません。けれど、ここでの説明を読んでいくだけでも、アプリ作りの基本的な考え方は理解できます。また、このサンプルを使った説明は最初の導入だけで、先に進めば実際にアプリのコードを書いて学んでいくようになっています。そうなれば、macOSでもプレイグラウンドを利用して、同じように学習を進めることができます。このChapterでは、3-1と3-2でAppベースの説明をしていますが、3-3ではプレイグラウンドの説明を行っています。macOS版を使って学習している人は、3-1と3-2は説明を読んで理解するだけにしておき、3-3でプレイグラウンドを使うようになったら実際にプロジェクトを作って動かせばいいでしょう。

SwiftUIとは?

「Appの学習を始めよう」は、アプリの作成に使われる「SwiftUI」というフレームワークの使い方について説明をしていきます。

SwiftUIは、iOSやmacOSで動くアプリの開発のために用意されているフレームワークです。フレームワークというのは、さまざまな機能をまとめてパッケージ化したようなものです。SwiftUIには、簡単にアプリの画面を作って動かせる機能がたくさん用意されています。

当面の間、「アプリについて学ぶ」というのは「SwiftUIについて学ぶ」ことだと考えてください。SwiftUIが使えるようになれば、アプリの基本的な部分は作れるようになります。

サンプルの開始画面について

では、追加された「Appの作成を始めよう」をタップして起動しましょう。すると、いきなり画面の左側全体にコードが表示されて驚いたかもしれません。これがアプリの基本的なコードです。「いきなり、このコードを覚えないとダメ？」と思ってしまったかもしれませんが、まだ大丈夫です。今は深く考えないでおきましょう。いずれこれぐらいはすべて理解できるようになりますから。

右側には、「Appの作成を始めよう」という表示の下に説明文が表示されているでしょう。そしてその下に「タスク」というものがあり、そこに「ようこそSwiftUIへ」「では、テキストを～」といった項目が並んでいるはずです。

この右側の表示は、先に「コーデイングを始めよう」サンプルの左側にリスト表示されていたチャプタに相当するもので、「ガイド」と呼ばれます。ここにあるタスクを順に実行していくことで、アプリの基本的な作り方がわかっていくようになっています。

図3-4：「Appの作成を始めよう」を開いたところ。

「ようこそSwiftUIへ」タスク

では、右側の「タスク」に見える「ようこそSwiftUIへ」をタップしてください。表示が変わり、新しいガイドが表示されます。

左側のコードエディタの上部には、説明のテキストが以下のように表示されます。

「ようこそSwiftUIへ
SwiftUIファイルでは、コードの出力は自動的に右側のプレビューに表示されます。このファイルのコードでは、"Hello, friend."というテキストが作成されます。」

これが、その下にあるコードで作成されたアプリの画面です。右側のプレビューでは中央付近に「Hello, friend」と表示されているのがわかるでしょう。

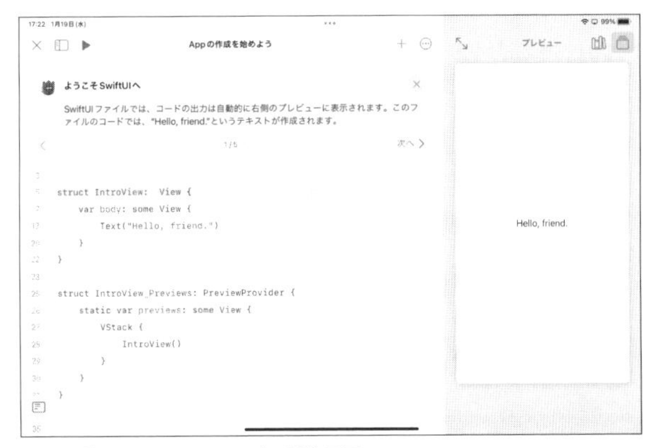

図3-5：「ようこそSwiftUIへ」の開始画面。

ここで説明していること

上部の説明テキストにある「次へ >」をタップして、次々に説明を読んでいきましょう。全部で5ページありますから、しっかり読んでください。ここで説明しているのは以下のような事柄です。

- コードには、プレビューに表示されている「ビュー」というものが書かれています。コードの最初に見える「IntroView」というのが、このビューの名前です。

- IntroViewには「body」というプロパティがあります。ここに記述されているのが、SwiftUIによる表示のためのコードです。
- このサンプルでは、bodyプロパティに「テキスト」というビューが用意されています。これが、画面に「Hello, friend.」と表示していた部品です。
- コードの下半分は、「IntroView_Previews」というものを定義しています。IntroViewの内容をプレビュー表示するためのものです。

これが5ページで説明している内容です。コードエディタに書かれているコードがどういったものかをかいつまんで説明しているのですね。ただし、実際に書かれている1つ1つの単語の意味や働きなどはまったく説明していません。あくまで「こんな感じになっている」という大雑把な構造を説明しているだけです。

ここでの内容がだいたいわかったら、最後のページの説明部分にある「次のタスク」をタップしましょう。

図3-6：最後のページまで読んだら「次のタスク」をタップする。

テキストを変更しよう

新しいタスクが表示され、「Hello, friend」というテキストを変更してみる、という表示が現れます。

先ほどの説明から、プレビューに表示されているテキストは、bodyというところにある「テキスト」というビューによるものだ、ということがだいたいわかってきました。以下の部分です。

▼リスト3-1

```
Text("hello, friend.")
```

Textの()に設定されたテキストが表示されているのがわかりますね。では、この文を書き換えてみましょう。例えばこんな具合です。

▼リスト3-2

```
Text("こんにちは！")
```

書き換えると、右側のプレビューの表示がリアルタイムに変更されるのがわかるでしょう。表示されるテキストを変更できました！

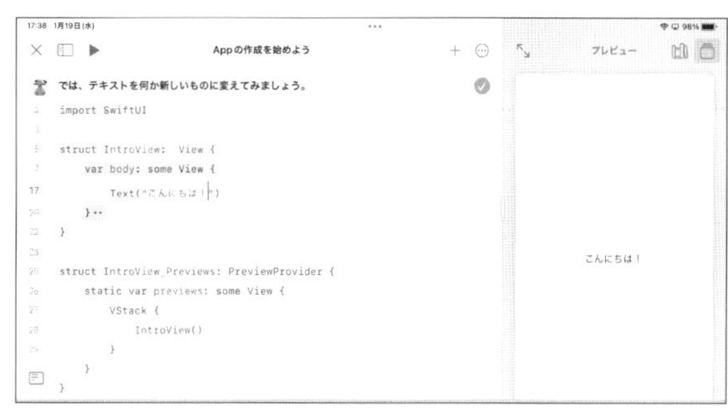

図3-7：Textの引数を書き換えて表示テキストを変更する。

タスクを完了し次に進もう

無事にテキストを変更して表示を変えることができると、コードエディタ上部の説明部分に「完了」というボタンが表示されます。これをタップしてタスクを終了しましょう。

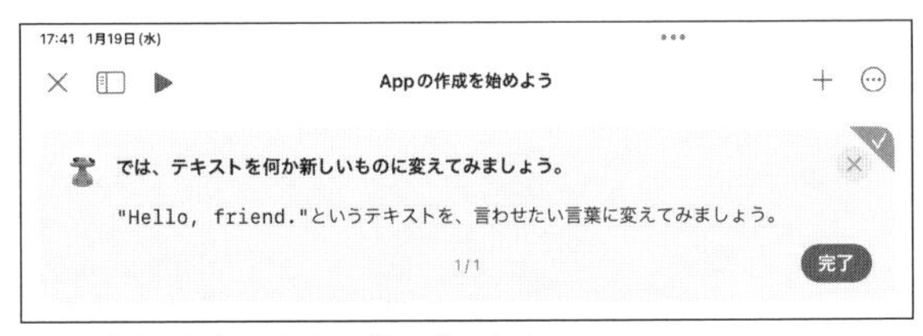

図3-8：「完了」ボタンをタップして終了する。

次のタスクに進む説明が表示されます。そのまま「次へ」ボタンをタップしましょう。

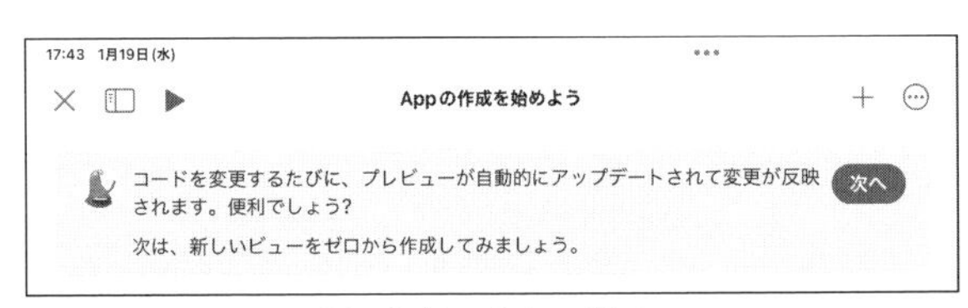

図3-9：説明テキストの「次へ」ボタンをタップする。

新しいSwiftUIビューを作成する

次のガイドとして「新しいSwiftUIビューを作成する」という表示が現れます。右側にページの説明が表示されていますね。これを読みましょう。

ここではSwiftUIのビューについて説明がされています。先ほどTextというものの値を書き換えましたが、このTextはテキストを表示するビューです。この他にもSwiftUIにはボタンを表示するビュー、イメージを表示するビューなど、さまざまなビューが用意されています。これらを実際にコードに書いて使ってみるのが、このページの目的です。

では、右側の説明をスワイプして下まで移動してください。新しいタスク(「IntroViewに新しい～」というもの)があるので、これをタップしてタスクを開始しましょう。

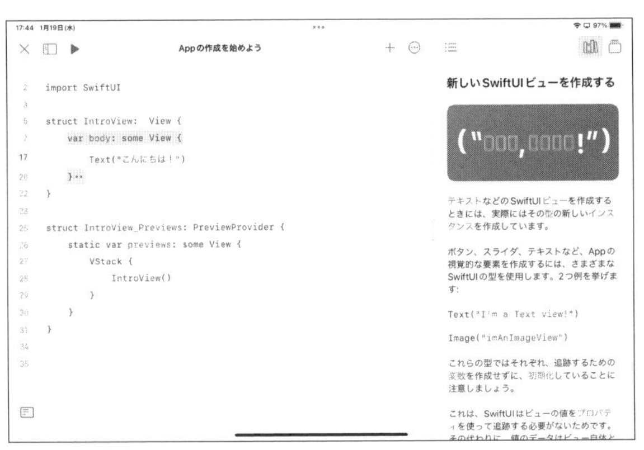

図3-10：新しいページの表示。右側の説明の一番下にタスクがある。

説明を読もう

表示が変わり、左側のコードエディタ上部に説明のテキストが表示されます。ここにある説明を順に読んでいきましょう。

ここでは、bodyに書かれている内容の書き方について説明をしています。「var body: some View {」と「}」の間の部分（Text(…)と書かれている部分）をクリックし、新たにTextビューを追加しましょう、ということですね。

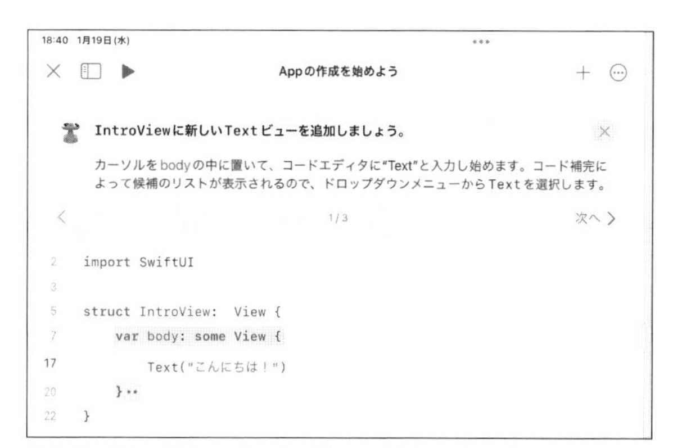

図3-11：新しい説明のテキスト。「次へ >」をタップして読んでいく。

Textを追記する

最後のページまでくると、「解きかたを表示」という表示が出てくるので、これをタップしてみましょう。追記するTextのコードが表示されます。

図3-12：「解きかたを表示」をタップするとコードが出てくる。

このコードの「追加」ボタンをタップしましょう。すると、このコードがコードエディタのbody内に追加されます。同時に、右側のプレビューにテキストが追加表示されます。このように、2つ目のTextを追加することでテキストの表示が追加できることがわかりました。

表示を確認したら、「完了」ボタンをタップしてください。最後に補足説明が出てくるので「次へ」ボタンをタップし、次のガイドに進みましょう。

図3-13：コードが追加され、テキストが2行表示されるようになった。

SwiftUIビューを変更する

新しいガイドが表示されます。ここではビューを変更するというタスクに挑戦をします。右側の説明をよく読んでください。

説明の一番下に「タスク」が表示されます。ここで「Byteのイメージを追加しましょう。」というタスクをタップしてください。

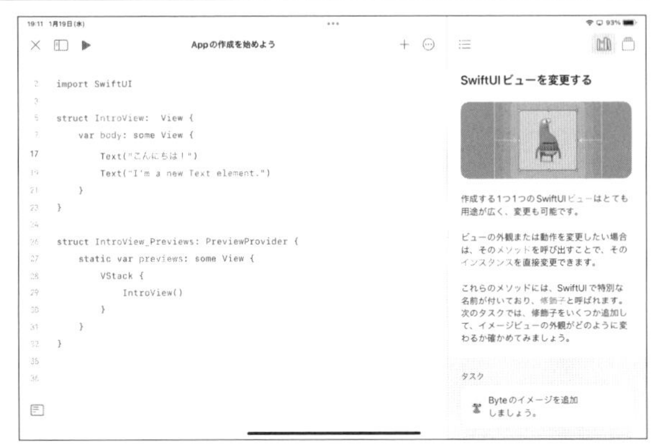

図3-14：新しいガイドに移動する。

Byteのイメージを追加しましょう

コードエディタに説明が表示されます。ここに掲載されているコードを追加すればイメージが表示される、ということですね。用意されているコードは以下のようなものです。

▼リスト3-3

```
Image("FriendAndGem")
  .resizable()
```

このコードをIntroViewのbody内に追記すれば、FriendAndGemというイメージが追加されるようになります。コードの最後に付いている「resizable」というのはImageのメソッドですが、SwiftUIでは「修飾子」と呼ばれる、と説明があります。

図3-15：イメージを表示するコードの説明が表示される。

では、表示されているコードの「追加」ボタンをタップしましょう。するとこのコードがbody内に追記され、プレビューにイメージが表示されるようになります。

表示を確認したら、「次のタスク」をタップしましょう。

図3-16：コードが追加され、イメージが表示された。

Byteが正しく収まるようにしましょう

今のところ、イメージは画面全体に広く拡大されて表示されています。これを、縦横比が保たれたまま画面にピッタリ収まるようにしましょう。

ここでは以下のようなコードが表示されています。

▼リスト3-4

```
.scaledToFit()
```

これが、イメージの大きさを調整してぴったり画面に合うようにする修飾子です。このコードを追加することで、イメージの大きさを調整できるようになります。

図3-17：イメージサイズを調整する修飾子が表示される。

コードにある「追加」ボタンをタップしましょう。コードが追加され、プレビューに表示されるイメージの大きさが調整されます。表示と動作を確認したら、「次のガイド」をタップしましょう。

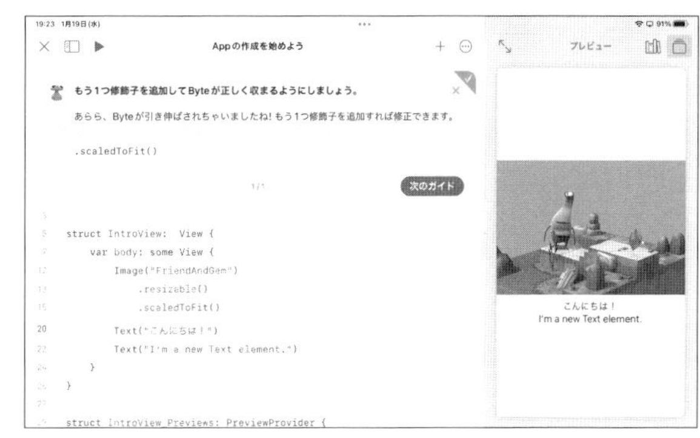

図3-18：イメージのサイズが調整された。

イメージ修飾子

イメージ修飾子の説明が表示されます。「次へ>」でページを移動し、説明を読み進めましょう（全部で4ページあります）。

ここでは修飾子の書き方について説明をしています。修飾子はドットで改行してもいいし、1行に続けて書いてもいい、といったことですね。また、ここで使っている修飾子について簡単に説明をしています。

図3-19：イメージ修飾子の説明が表示される。

resizable	イメージがリサイズできるようにする
scaledToFit	イメージが置かれている場所にフィットするように調整する
scaledToFill	イメージが置かれている場所全体に広げて表示する

scaledToFillを使ってみる

イメージ修飾子の働きを確かめてみましょう。コードに書かれている「scaledToFit」を「scaledToFill」に書き換えてみてください。右側のプレビューに表示されるイメージが全体を覆うように広がります。

表示を確認したら、また「scaledToFit」に戻しておきます。そして「完了」ボタンをタップしましょう。説明文が表示されるので「次へ」ボタンをタップすると、新しいガイドに進みます。

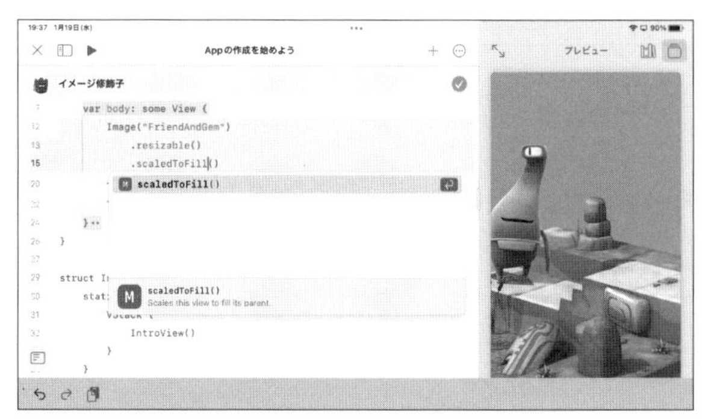

図3-20：scaledToFillに書き換えて表示を確認する。

ガイドの進み具合を確認しよう

この先、最後まで説明を続けてもいいのですが、ここでガイドの進み具合を確認しておきましょう。画面の右側のエリア上部には3つのアイコンが表示されています。左に1つ、右に2つです。これらは以下のような働きをします。

- 左側のアイコン用意されているガイドのリストと進行具合を表示する。
- 右側のアイコン（左）ガイドを表示する。
- 右側のアイコン（右）プレビューを表示する。

ガイドを進めていくと、右側にはガイドとプレビューが交互に切り替わって表示されますが、実は右上にある2つのアイコンをタップすることで表示を切り替えることができるのですね。

そして左側のアイコンで、どのぐらい学習が進んだかを確認できるようになっています。

では、右側エリアの上部に見える3つのアイコンから左側のアイコンをタップしてください。画面にガイドのリストが表示されます。

ここでは学習が完了した項目にチェックマークが表示されます。これを見れば、自分がどこまで進んだかがわかります。また、ここからまだ学習していない項目をタップすれば、そこに移動して学習することができます。

この表示を使って、後はそれぞれで学習を進めていきましょう。

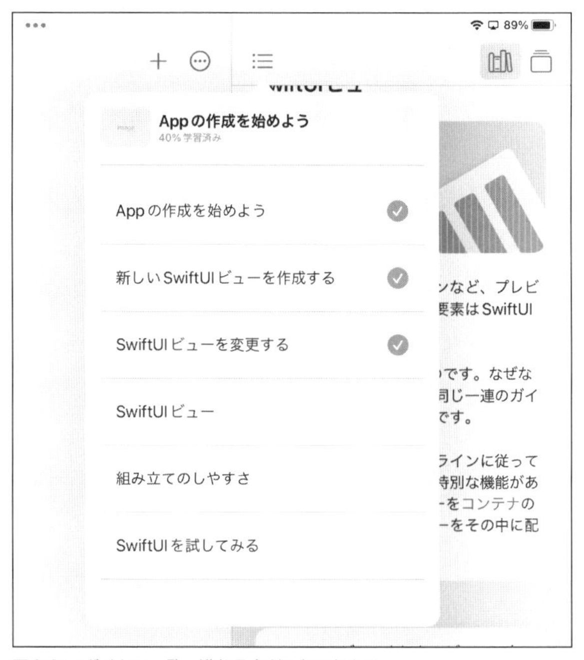

図3-21：ガイドの一覧。進行具合がこれでわかる。

Chapter 3

3.2. アプリの基本コード

「Appの作成を始めよう」の次に進もう

「Appの作成を始めよう」を使って、アプリでどのようにコードを書いて表示を作っていくかを少しだけ体験してみました。いかがでしたか？

「アプリにテキストを表示したり、イメージを表示したりすることがコードを書き換えてできるのはわかった。でも、コード全体の意味や働きを把握できてないから、自分が何をやっているのかよくわからない」

このように感じた人も多いでしょう。「Appの作成を始めよう」は、実際にコードを修正しながら簡単なアプリの表示を作成していきます。これで、「コードを書くと表示が変わる」ことはわかったでしょう。けれど、SwiftUIのコードを体系的に学習しているわけではないので、「教えられてないことは何もできない」ということになります。

例えば、テキストの表示は変えられましたが、ではテキストを大きくするには？　画面の上に表示させるのは？　赤い文字で表示するには？　そんな疑問が出てきても、答えは見つかりません。ただ「テキストを表示するビューを追加するとテキストが表示される」ということしか知らないのですから。

とりあえず、「アプリってこんな感じでコードを書いて動いているんだな」ということを体験できましたから、それで良しとしましょう。では、実際のアプリ開発についてもう少しきちんと学んでいくことにしましょう。

新しいアプリを作る

「Appの作成を始めよう」を閉じてホーム画面に戻ってください。そして下部にあるサンプルのリストから、「App」という項目をタップしましょう（「+」と表示されている正方形のものです）。

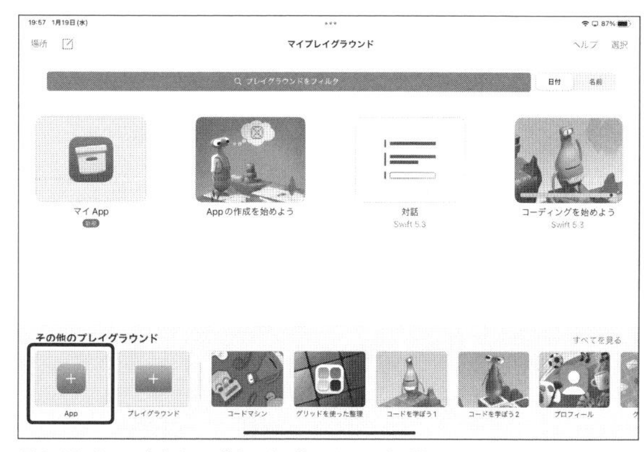

図3-22：「App」をタップすると、「マイ App」が作成される。

マイプレイグラウンドに、[マイApp]という項目が追加されます。これがアプリを作るためのものです(ここでは「プロジェクト」と呼ぶことにします)。この「App」をタップするだけで、アプリ開発のためのプロジェクトが用意できるのですね。

では、作成された「マイ App」をタップして開きましょう。

> **macOSの場合**
>
> macOS版のSwift Playgroundsでは、残念ながらアプリのプロジェクトは作れません。この先の3-3で、「プレイグラウンド」というものを作って学習するようになります。こちらはmacOSでも作ることができます。実際にプレイグラウンドを作ったら、再びここに戻って掲載されているコードを書いて動かしましょう。

アプリ作成のプロジェクトについて

「マイ App」が開かれると、いきなりコードが表示されます。これが、デフォルトでプロジェクトに用意されるコードです。先ほどの「Appの作成を始めよう」でも、似たようなコードが書かれていましたね。

20:12 1月19日(水)

マイ App

```
import SwiftUI

struct ContentView: View {
    var body: some View {
        VStack {
            Image(systemName: "globe")
                .imageScale(.large)
                .foregroundColor(.accentColor)
            Text("Hello, world!")
        }
    }
}

```

図3-23:「マイ App」を開くと、デフォルトのコードが表示される。

このアプリ作成画面は、ソースコードを編集するエディタ以外にも重要な表示があります。まず、画面の上部にあるアイコンを見てください。左側と右側にいくつかのアイコンが並んでいますね。最初にこれらの役割を覚えておきましょう。

図3-24:左上にある3つのアイコン。左から順に、プロジェクトを閉じてホームに戻る。/プロジェクトの内容を表示する。/プログラムを実行する。

図3-25:右上にある3つのアイコン。右から順に、プレビューを表示する。/プロジェクトのヘルプや設定などのメニューを呼び出す。/コードを追加する。

プレビューを表示する

これらの中でもっとも重要になるのが、「プレビュー」と「プロジェクトの内容」の表示です。まず、プレビューから呼び出しましょう。

上部の一番右端にある⋯アイコンをタップしてください。画面の右側にプレビューが現れます。ここで、作成したアプリの表示を確認することができます。

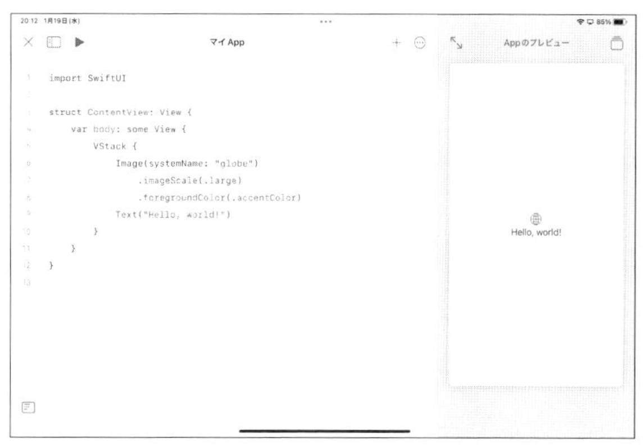

図3-26：右上のアイコンでプレビューが表示される。

プロジェクトの内容を表示する

続いて、左上にあるアイコン3つの中から真ん中の□をタップしましょう。画面の左側に、プロジェクトの内容をリスト表示するエリアが現れます。

このエリアでは一番上に「マイ App」という表示があり、これをタップするとアプリの設定画面が現れるようになっています。その下には「コード」という表示があり、そこに以下の2つの項目が表示されます。

ContentView	画面に表示するビューを記述するもの。
MyApp	アプリの起動時に実行されるもの。

実は、アプリというのは2つのコードで構成されていたのですね。MyAppには、アプリを起動した際に実行される処理が書かれています。

そしてContentViewには、実際に画面に表示されるビューの内容が書かれています。この2つを組み合わせてアプリができていたのです。

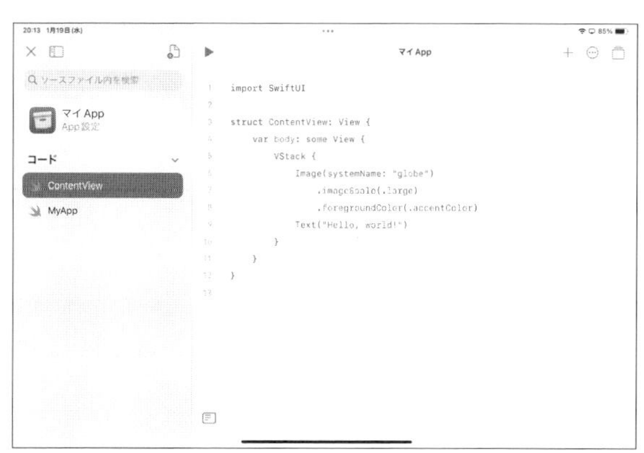

図3-27：プロジェクトの内容を表示する。

ContentViewの内容を理解しよう

では、記述されたコードの内容を理解していきましょう。まずは「ContentView」です。プロジェクトを開くと、まずこのコードが表示されました。このコードは、おそらく「Appの作成を始めよう」で見たものに非常に似ています。

▼リスト3-5

```
import SwiftUI

struct ContentView: View {
  var body: some View {
    VStack {
      Image(systemName: "globe")
        .imageScale(.large)
        .foregroundColor(.accentColor)
      Text("Hello, world!")
    }
  }
}
```

このコードはどういうものなのか、ものすごく内容を整理してしまうと、以下のようになっていることがわかります。

```
import SwiftUI

struct ContentView: View {
  ……ビューの内容……
}
```

この基本形がどういうものかわかれば、ビューの構造がわかってくるでしょう。

importについて

最初にある「import SwiftUI」というのは、コードで使うフレームワークの機能を追加するためのものです。フレームワークというのは、プログラムで利用できるさまざまな機能をまとめたものでしたね。ここでは、「SwiftUI」というフレームワークの機能を追加しています。これで、SwiftUIの機能がこのファイルで使えるようになります。

このimportで追加される機能は「モジュール」と呼ばれます。import SwiftUIで「SwiftUIフレームワークのモジュールを読み込んで使えるようにした」のです。アプリでは、必要に応じてさまざまなフレームワークを利用します。そのときは、必ずimportでモジュールを読み込むようにします。

ContentView構造体について

次の「struct ContentView: View」というものは、ContentViewというものを定義するためのものです。「なんだ、クラスか」と思った人。いいえ、最初の単語を見てください。「class」ではなくて「struct」と書かれていますよ？

この「struct」で始まるクラスのようなものは、「構造体」と呼ばれるものでした。Chapter 2でちょっとだけ触れておきましたが、覚えていますか?

構造体はクラスとほぼ同じようなものです。SwiftUIではクラスではなく、この構造体というものを利用することが多いのです。

bodyプロパティについて

このContentView構造体には、「body」というプロパティが1つだけ用意されています。これは、こんな具合に値が書かれています。

```
var body: some View {……}
```

これは「body」という変数を用意するものですね。この文は構造体の中にあります。ということは、これは普通の変数ではなくて、構造体の「プロパティ」を作成しているのだ、ということがわかります。構造体はクラスと同じで、内部にプロパティとメソッドを持つことができます。

ここで、いくつか疑問が湧いてくるでしょう。「変数を作ってるっていうけど、これ、何がどうなっているの?」と思ったかもしれません。実はこれ、変数のこういう書き方と同じなんです。

```
var 変数名: 型
```

そうは見えないかもしれませんが、これと同じです。ただ、おそらく変数の型の部分が予想外の形をしているので、そうは見えないだけなんですね。

- 変数名……body
- 型…………some View

つまり、これは「some Viewという型の値を設定するbodyプロパティ」を定義するものだった、というわけです。

some Viewとは?

では、このsome Viewって、いったい何でしょう?

まず、「some」というのは「何か」を表わすキーワードです。some Viewっていうのは、「Viewである何か」という意味です。

このViewというのは、クラスや構造体とは少し違って「プロトコル」と呼ばれるものです。プロトコルというのは「実態のない、定義だけのクラス/構造体」みたいなもの、でしたね。つまり、具体的に値や処理が入っているわけではなくて、「これは、こういう内容になっているよ」という定義だけの存在でした。

プロトコルは、さまざまなクラスや構造体で採用されます。ViewというプロトコルはViewだけでなく、「Viewを採用したさまざまなUI部品」としても存在するのですね。Viewは画面に表示するさまざまなUI部品のベースとなるものなので、これを採用したUI部品は多数存在します。

もう、わかったでしょう。つまり「some View」というのは、「Viewを元にして作った、いろんな部品のどれか」を表わすものだった、というわけです。

bodyはComputedプロパティ

では、その後にある{…}という部分はいったい何でしょう？

実はこれ、前に登場しました。「Computedプロパティ」というものですが、覚えていますか？　プロパティなんだけど、処理を実行して値を作成するもの、でした。覚えてない人は、Chapter 2の「プロパティに処理を設定する」(P.071)を読み返しましょう。

これで、bodyプロパティがどういうものかわかりました。「Viewを元にして作ったUI部品のどれかが設定されるもので、{…}のところで作成した値が設定される」というようになっていたのですね。

Viewで使われているUI部品

では、このViewの{}内にある値はどういうものなのか見てみましょう。ここでは以下のような値が作成されています。

```
VStack {
  Image(…).……
  Text(……)
}
```

「VStack」というもの(これも構造体です)が作成されていて、その{…}の中にImageとTextというものが用意されている、ということが何となくわかるでしょう。これらはViewで使われる、もっとも基本的なUI部品の構造体です。

VStackについて

VStackは、「{}内に記述した部品を縦に一列に整理して表示するもの」です。SwiftUIには、このように「中にUI部品を組み込んでレイアウトするための部品」というものがいくつかあります。これらは「コンテナ」と呼ばれます。

VStackは、部品を縦に整列表示するコンテナだったのですね。以下のように使います。

```
VStack {
  ……表示するUI部品を並べて記述……
}
```

この中では、「Image」と「Text」というUI部品を使っています。これらは先に「Appの作成を始めよう」で学習したときに出てきましたね。いずれも構造体で、イメージの表示とテキストの表示を行います。

▼イメージを表示する

```
Image( イメージ名 )
Image( systemName: システムのイメージ名 )
```

▼テキストを表示する

```
Text( 表するテキスト )
```

ImageのsystemNameというのは、システムに用意されているイメージを表示するときに使うものです(システムシンボルイメージというものです)。これは普通の画像ではなくて、アイコンなどで使われる単色のイラストのようなものです。

これも「Appの作成を始めよう」で出てきましたが、Imageは修飾子というのを付けて、作成するイメージの性質を設定できました。

ここで使っているのが以下のような修飾子(メソッド)です。

▼表示サイズを指定する

```
《Image》.imageScale( スケールの指定 )
```

▼表示色を指定する

```
《Image》.foregroundColor( 色の指定 )
```

これらは今回、systemNameを指定して、システムのイメージを表示しているために用意しています。systemNameを指定して表示するシステムシンボルイメージは、表示する大きさと、表示で使う色を設定する必要があります。

これらを指定しているのが、これらの修飾子です。systemNameでシステムシンボルイメージを使うときは、この2つの修飾子をセットで指定する、と覚えておきましょう。

VStackの不思議

ここではVStack構造体のインスタンスを作ってbodyに設定していますが、どこか不思議な書き方をしていますね。

普通に考えれば、インスタンスの作成はVStack(…)というように書くはずです。それが、VStack {…}となっています。何が違うんでしょう？

実は、VStackのインスタンスの作り方は、正しくは以下のようになるんです。

```
VStack(content: {……})
```

contentという引数に関数を設定しているのです。この関数は普通の関数ではなくて、「クロージャ」と呼ばれる機能を使ったちょっと特殊な書き方をする関数です。Swiftではこのように、関数を値として引数や戻り値に設定することができるんです。

引数が1つだけでそれに関数を使う場合、インスタンスの作成はこのように書き換えることができます。

```
VStack(content: {……}) → VStack {……}
```

というわけで、VStackは()を使わず{…}を付けてインスタンスを作るようになっていたのでした。こういう「普通はこうだけど、こういうときはこう書ける」という例外的な書き方がいろいろできるようになっているのです。

ぱっと見た目には「見たことない書き方で何をやってるのかわからない」と思ってしまいますけど、慣れれば非常に効率的にかける工夫になっていることがわかります。

MyAppもチェックしよう

これで、ContentViewのコードはだいたいわかりました。では、もう1つある「MyApp」というファイルのコードはどうなっているんでしょうか？　ざっと見てみましょう。

▼リスト3-6

```
import SwiftUI

@main
struct MyApp: App {
  var body: some Scene {
    WindowGroup {
      ContentView()
    }
  }
}
```

importでSwifUIを使えるようにしており、その後にMyApp構造体を作成しています。基本的な形はContentViewとそっくりですね。ただし、いくつか違いがあります。

> macOSの場合
>
> macOSではプレイグラウンドしか作れません。プレイグラウンドでは、このMyAppのコードは必要ありません。ですから、プレイグラウンドで学習をしている人は、この部分は無視してかまいません。

@main属性

まず、MyApp構造体の前に「@main」というものが付けられていますね。この@で始まるものは「カスタム属性」と呼ばれるものです。

属性は、クラスや構造体、メソッドなどで使われるもので、その対象に特定の性質を付け加える働きをします。

ちょっと抽象的ですが、例えば@abcという属性が付いていたら、「これはabcという性質を持ったものですよ」ということを知らせているのですね。

@mainはメインプログラムであることを示す属性です。構造体に付けられると、このMyAppがメインプログラムとして最初に作成されるものであることが指定されます。要するに、「@mainが付いていたら、これが起動用のアプリの構造体ってこと」だと考えてください。

Appプロトコル

MyAppは「App」というものを継承（？）しています。これはプロトコルです。プロトコルをクラスや構造体で使うときも、継承と同じように「:」を付けて記述するんですね。

Appはアプリの構造と動作を定義するプロトコルです。これを採用することで、MyAppはアプリとしての基本的な機能（メソッド）を用意するようになるのです。要するに、「アプリの構造体は全部Appを付けておけ」ってことですね。

Sceneプロトコル

bodyでは、「some Scene」というものが型に指定されています。Sceneは「アプリに表示される画面（シーン）」の部品だと考えてください。このシーンに、実際に画面に表示するウィンドウがはめ込まれ、その中に表示されるコンテンツのビューなどが組み込まれます。

WindowGroup構造体

Sceneに用意されているのは「WindowGroup」というものです。これは、ウィンドウとして用意される部品をまとめるためのものです。この中に、アプリで使う表示を必要なだけ作ってまとめておきます。

今回は、ここにContentViewが用意されています。これがそのままシーンにはめ込まれ、画面に表示されるようになっていたんですね。

さあ、これでようやくアプリの基本的なコードの内容がわかりました。ざっと説明しただけなので、読んでいるうちに「なんだかよくわからなくなった」という人も多いでしょう。

この部分はアプリのもっとも基本となるものなので、しっかりと内容を押さえておきたいところです。「なんとなくわかったような、わからないような……」という人は、先に進む前にもう一度コードの説明を読み返しておきましょう。

Chapter 3

3.3. プレイグラウンドの作成

プレイグラウンドってなに？

Swift Playgroundsでは、アプリだけしか作れないわけではありません。もう1つ、「プレイグラウンド」というものも作ることができます。プレイグラウンドというのは、Swiftのコードをいきなり実行できるようにした環境です。アプリと同じようにコードを書いて動かすことができますし、基本的なコードの書き方はだいたい同じなのですが、アプリとは異なる点も多々あります。

では、プレイグラウンドというのはどういうものなのか、アプリと何が違うのか、簡単にまとめておきましょう。

アプリにはならない

プレイグランドはアプリにはなりません。プレイグラウンドをそのままApp Storeに申請することもできませんし、独立したアプリとしてiPhoneにインストールして使ったすることもできません。あくまでプレイグラウンドが動く環境（Swift Playgroundsのこと）の中でのみ動かせるプログラムなのです。

macOSでも作れる

プレイグラウンドはmacOS版のSwift Playgroundsでも作ることができます。iPad版と同じフォーマットになっているので、例えばiPadで作ったプレイグラウンドをmacOSに持ってきて動かす、なんてこともできます。

Xcodeでも作れる

実はプレイグラウンドは、Swift Playgroundsにしかないわけではありません。macOS/iOSの開発環境であるアップルの「Xcode」という開発ツールにもプレイグラウンドが用意されており、同じようにSwiftUIのコードを書いて動かすことができます。

Xcodeのプレイグラウンドは Swift Playgroundsのそれと同じフォーマットではないのですが、コードはまったく同じものが動きます。ですからXcodeで書いたコードをコピーして、Swift Playgroundsでペーストして使う、といったこともできます。

SwiftUIが使える

プレイグラウンドはSwiftのコードを動かすためのものですが、ちゃんとアプリで使うSwiftUIフレームワークにも対応しています。その場で動かして表示させたりすることもできるのです。

プレイグラウンドがそのままアプリにはなりませんが、これでアプリ作成の学習を進めることは十分可能です。プレイグラウンドでいろいろとSwiftUIの使い方を勉強して、十分実力がついたらアプリの開発に移行すればいいのですね。

プレイグラウンドを作ろう

では、実際にプレイグラウンドを作ってみましょう。Swift Playgroundsで開いている「マイApp」プロジェクトを閉じ、ホーム画面に戻ってください。そして下部のサンプルのリスト表示部分から、「プレイグラウンド」という項目(「+」と表示されている長方形のもの)をタップします。

これで新しく「マイプレイグラウンド」というプロジェクトが作成され、マイプレイグラウンドに追加されます(自分のプロジェクトを一覧表示するマイプレイグラウンドと同じ名前でプロジェクトが作られるので混乱しますが、わかりますね?)。

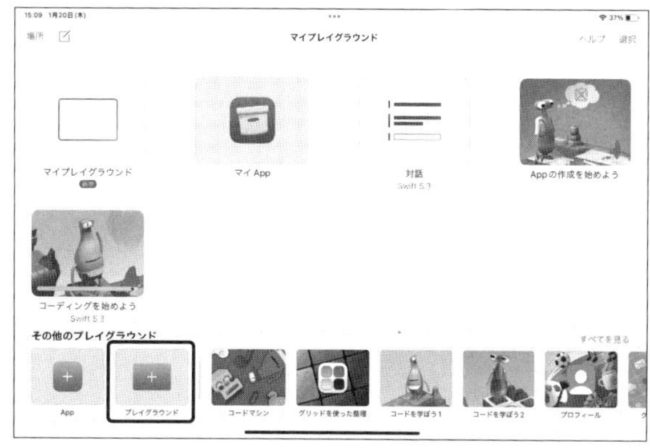

図3-28:「プレイグラウンド」をタップして、新しいプレイグラウンドを作成する。

macOSの場合

macOS版のSwift Playgroundsにも「プレイグラウンド」はちゃんと用意されています。同じようにこれをクリックしてプロジェクトを作成しましょう。

「マイプレイグラウンド」を開く

では、作成された「マイプレイグラウンド」プロジェクトをタップして開きましょう。何も書かれていないコードエディタが開かれます。

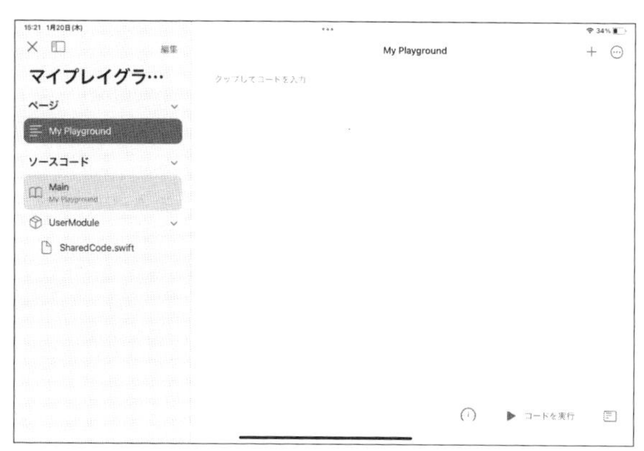

図3-29:「マイプレイグラウンド」プロジェクトの画面。

これでは何だかわからないので、左上の3つのアイコンから中央のものをタップして、左側にプロジェクトの内容を表示させましょう。すると、以下のようなものが用意されていることがわかります。

ページ	プレイグラウンドのページのリストです。デフォルトでは「My Playground」というページが1つだけ用意されています（ページについては改めて説明します）。
ソースコード	Swiftのソースコードファイルです。デフォルトでは「Main」という項目が用意されています。
UserModule	ユーザーモジュールというものです。すべてのページで共有して使えるソースコードを用意するためのものです。デフォルトで「SharedCode.swift」というファイルが用意されています。

ContentViewを作ろう

プライグラウンドでは、デフォルトで何のコードも用意されていません。真っ白なコードエディタを見て、途方に暮れた人もいることでしょう。「いったい、何を書けばいいんだ？」と。

何を書けばいいのか？　それは、「アプリと同じもの」を書けばいいのです。アプリではContentViewという構造体を作って表示を作成しましたね？　あれと同じものをMainに記述すればいいんですよ。

ではやってみましょう。マイプレイグラウンドの「Main」（デフォルトで開かれているものです）に、以下のコードを記述してください。

▼リスト3-7

```
import SwiftUI

struct ContentView: View {
  var body: some View {
    VStack {
      Text("Hello, world!")
    }
  }
}
```

今回はVStackの中にTextだけ用意しておきました。非常に単純ですが、「Hello, world!」とテキストを表示するサンプルになります。アプリに書いてあったものとほとんど同じですから、だいたいの内容はわかりますね？

では、これを記述したら「コードを実行」をタップしてみましょう。すると――あれ？　予想した通りにはなりませんね。何も画面に表示されないのです。

PlaygroundSupportを利用する

実を言えば、アプリのプロジェクトではMyAppでアプリを作成したら、それをプレビューするための仕組みが最初から組み込まれていたのです。このため、その場でリアルタイムに表示がされました。けれどプレイグラウンドにはそうした仕組みが用意されていないのです。

では、どうすればいいのか。プレイグラウンドのサポートを行ってくれる機能を使って、その場で表示がされるようにしてやります。まず、最初にある「import SwifUI」の下に以下の文を追記してください。

▼リスト3-8

```
import PlaygroundSupport
```

この「PlaygroundSupport」というモジュールは、名前の通りプレイグラウンドのサポートを行うための機能が用意されているものです。この中にある機能を使って、その場でプログラムを実行し表示するための処理を追記します。

ライブビューにContentViewを表示する

作成したContentViewを画面に表示するためのコードを記述しましょう。Mainのコードの一番下に、以下の文を追記してください。

▼リスト3-9

```
PlaygroundPage.current.liveView = UIHostingController(rootView: ContentView())
```

内容は後で説明するとして、記述したら「コードを実行」をタップして動かしてみましょう。画面に右側に表示エリアが現れ、そこに「Hello, world!」とテキストが表示されます。

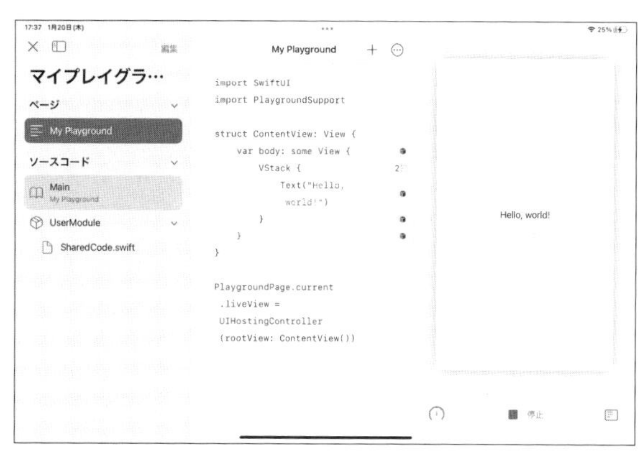

図3-30：実行するとContentViewが表示される。

これはプレビューとはちょっと違うもので、「ライブビュー」と呼ばれるものです。プログラムを実行すると、その場でプログラムの内容が表示されるようになっています。

とりあえず、これでプレイグラウンドに書いたコードを実行し表示させることができるようになりました！

ライブビュー表示のコード

ここで追記した文は、今まで見たことのないものでした。まぁ、今その内容を理解する必要はありませんが、「何をしているのかわからないと気持ちが悪い」という人のために簡単に説明しておきましょう。

追記した文では、以下のようなものに値を代入していました。

```
PlaygroundPage.current.liveView
```

これはいったいどういうものなのか。簡単に整理するとこうなります。

PlaygroundPage	プレイグラウンドのページ（構造体）
current	現在のページ（プロパティ）
liveView	ライブビュー（プロパティ）

PlaygroundPageにあるcurrentというプロパティに、現在のページのオブジェクトが設定されています。そのliveViewプロパティに値を設定すれば、ライブビューに表示がされるようになるのですね。
では、設定しているのはどんな値でしょうか。

```
UIHostingController(rootView: ContentView())
```

UIHostingControllerというのは、SwiftUIのビューを管理する「コントローラー」と呼ばれるクラスです。これにrootViewという引数で表示するビューを指定してインスタンスを作成し、liveViewに設定すれば、設定したビューがライブビューに表示されるようになる、というわけです。
とりあえず、これでライブビューを使った表示はできるようになりました。ライブビュー利用のコードは、別に理解する必要はありません。ただ、「これを書けば、ライブビューで表示ができる」ということだけわかっていれば、今はそれで十分ですよ。

UserModuleについて

Mainに書いたコードはこれでわかりましたので、その他のものについても説明しておきましょう。まずは「UserModule」です。
「UserModule」は、「共有するコード」を書いておくためのものです。ここにコードを書いておけば、それがプロジェクトにあるさまざまなところで使えるようになります。
デフォルトでは「SharedCode.swift」というファイルが用意されていますね。これを開いて、関数や構造体などのコードを書いておけば、それがどこでも使えるようになります。
実際に試してみましょう。SharedCode.swiftをタップして開いてください。そこに以下のコードを記述しましょう。

▼リスト3-10

```
public struct MyData {
  private var name: String

  public var msg: String {
    "こんにちは、\(name)さん。"
  }

  public init(name: String) {
    self.name = name
  }
}
```

ここではnameとmsgという2つのプロパティを持った構造体を用意しました。
なお、冒頭に「// Code inside modules ……」といった文が書かれていますが、これはコメント文です。Swiftはコードの中に説明などを書いておきたいときにコメントを使います。コメントは、文の冒頭に//を付けるか、あるいは文の前後を/*と*/で挟んで書きます。
コメントはコードではないので、不要ならば削除してもかまいません。

publicとprivate

今回のMyDataでは、MyData構造体と中にあるプロパティなどに「public」とか「private」といったものが付けられています。

これらは「アクセス修飾子」と呼ばれるもので、その要素がどの範囲で利用できるかを示すものです。ここで使っている2つはそれぞれ以下のような役割を果たします。

public	どこからでも使えるようにする。
private	その構造体・クラスの中でのみ使えるようにする。

UserModuleに用意するコードは他のところで利用するためのものですから、どこからでも使えるようになっていなければいけません。それで、このようにpublicが付けられていたのですね。nameについては、インスタンスを作った後で勝手に変更されないようにprivateにしておきました。

C O L U M N

構造体の init は、実は不要?

ここでは、MyData 構造体の初期化処理に init を用意しています。が、実を言えば、構造体というのは init がなくとも使えます。init がなくとも、プロパティの値を引数に指定してインスタンスを作れば、そのまま値をプロパティに代入してくれるのです。ただし、init が必要となる場合もあります。1 つは、プロパティにアクセスできないとき。今回の例ではプロパティを private にしているため、これに相当します。もう 1 つは、引数をプロパティに代入する以外の初期化処理が必要な場合です。こうしたときは、init を用意して処理を行う必要があります。

UserModuleを利用しよう

では、Userodule を使ってみましょう。SharedCode.swiftに記述したMyData構造体を利用する形にMainのコードを書き換えてみます。なお、import文とライブビューの設定コードは変更ないので省略してあります。

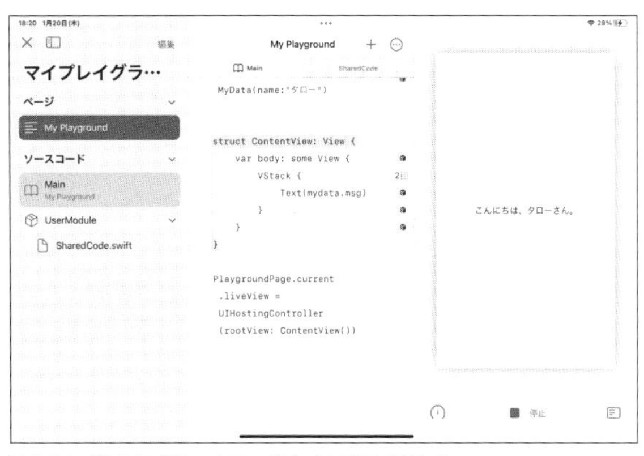

図3-31:「こんにちは、タローさん。」と表示が変わる。

▼リスト3-11

```
// import は省略
let mydata = MyData(name: "タロー")

struct ContentView: View {
  var body: some View {
    VStack {
      Text(mydata.msg)
    }
  }
}
// ライブビューの設定は省略
```

修正できたらコードを再実行しましょう（「停止」ボタンをタップし、再度「コードを実行」をタップしてください）。今度は「こんにちは、タローさん。」とテキストが変わります。

ここではまず、最初にMyDataインスタンスを以下のように作成しています。

```
let mydata = MyData(name: "タロー")
```

SharedCode.swiftに用意したMyData構造体が問題なく使えているのがわかりますね。そしてVStack内の表示は以下のように修正してあります。

```
Text(mydata.msg)
```

これでMyDataインスタンスのmsgプロパティが画面に表示されるようになります。UserModuleに用意したコードが、Mainでも問題なく使えることが確認できました。

ページについて

もう1つ、プレイグラウンドに特有の機能として「ページ」というものもあります。デフォルトでは「My Playground」というページが1つだけ用意されていましたね。

ページはプレイグラウンドで表示・実行されるコードやライブビュー、コンテンツなどをまとめて提供するものです。

デフォルトでは、マイプレイグラウンドには「My Playground」というページが1つだけ用意されていました。ここまでMainにコードを書いて動かしていましたが、それもすべて「My Playground」というページの中で行っていたのですね。

ページを新しく用意すると、現在のページとは別に、コードなどのコンテンツを作成できるようになります。

例えば複数のページを用意することで、まったく異なるコードを1つのプレイグラウンド内に作成し、必要に応じて切り替えて実行したりできるようになります。

実を言えばこの「ページ」という機能は、すでに使ったことがあります。「Appの作成を始めよう」でいくつかのチャプタを実行しましたよね？　そこでは、説明や掲載コードや右側のプログラムの表示などがチャプタごとに変わりました。あれは、各チャプタをそれぞれ別のページとして用意していたのです。あんな具合に、まったく違うコンテンツをいくつも作ることができるのです。

ページを作ろう

では、実際にページを作ってみましょう。左側のプロジェクトの内容が表示されているエリアの上部に見える「編集」というリンクをクリックしてください。

表示されているページとソースコードファイルの右側に「＋」マークが表示されます。ページとソースコードファイルには「…」というマークが表示されます。この「＋」をクリックすることで、ページやソースコードファイルを新たに作成できます。また、各ページとソースコードファイルの「…」をクリックし現れたメニューを選ぶことで、名前を変更したり削除したりできます。

図3-32:「編集」をタップすると、ページとソースコードの編集が行えるようになる。

では、「ページ」の右端にある「＋」をタップしてください。「ページ」の下に新しいページが追加されます。そのまま名前を「My Page」と入力して[Enter]キーを押すか、他の場所をタップして入力を確定しましょう。

ページができたら、上部の「完了」をタップして編集を終えてください。2つのページが使えるようになっています。

図3-33:新しいページを作り「My Page」と名前を付ける。

ページを切り替えて使う

作成したページがどのように働くのか確認しましょう。現在は「My Playground」が選択されていますね。Mainソースコードには先ほどまで入力したコードが書かれています。これが、今まで使っていた「My Playground」のページです。

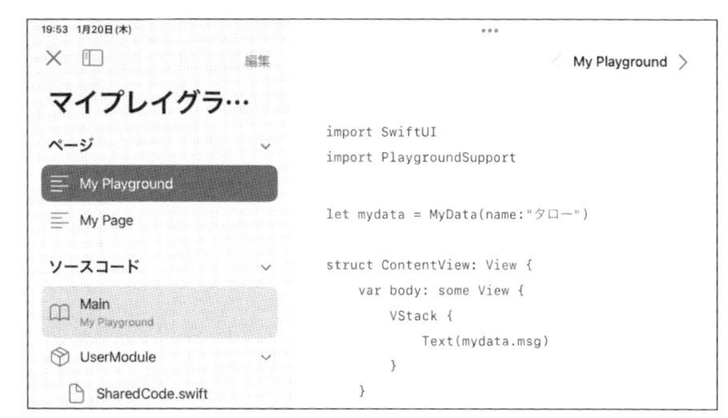

図3-34:「My Playground」のページ。

では、左側の「ページ」にある「My Page」ページをタップしましょう。すると、「Main」のコードエディタが空の状態になります。

「Main」に書いたコードが消えたわけではありません。新しいページに切り替えたことで、コードもすべて新しくなったのです。ここに、また新たにコードを書いてプログラムを動かすことができます。

そのまま「My Playground」ページをタップして表示を切り替えると、元の状態に戻ります。2つのページを切り替えて、Mainの表示が切り替わることを確認しましょう。

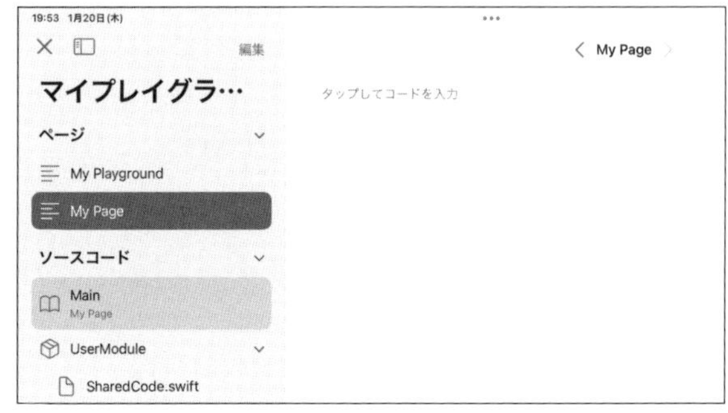

図3-35：「My Page」ページに切り替えると、コードが消えて新たに書けるようになる。

UserModuleは切り替わらない

このようにページを作成し切り替えることで、まったく新しいコードが書けるようになります。ページを作成すれば、いくらでも新しいコードを書いて動かせるのです。

ただし、ページを新しく作っても切り替わらないものもあります。それは「UserModule」のコードです。ここにあるソースコードファイル(ShareCode.swift)に書かれたコードは、どのページでもすべて同じものが表示されます。これがUserModuleの大きな特徴です。

ページを削除する

ページの動作がわかったら、ページを削除しましょう。プロジェクトの内容エリア上部にある「編集」をタップして編集モードにしてください。

作成した「My Page」の「…」をタップすると、以下のような選択メニューが現れます。

名前を変更	ページの名前を変更します。
複製	このページを複製します。
削除	このページを削除します。

図3-36：ページの「…」をタップするとメニューが現れる。

ページを削除する場合は、ここから「削除」をタップします。画面に削除するか確認するダイアログが現れるので、「削除」を選択してください。「My Page」ページが削除されます。

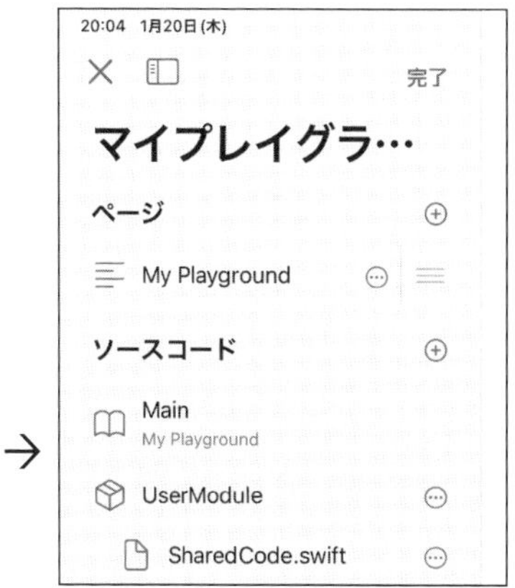

図3-37：ダイアログで「削除」を選ぶと、ページが削除される。

プレイグラウンドでSwiftUIを学習するには？

以上、プレイグラウンドの基本的な使い方について説明をしました。

皆さんの中にはiPadでSwift Playgroundsを使っている人もいれば、macOS版を利用している人もいるでしょう。本書はアプリ作成について学んでいく入門書ですが、これは基本的にiPad版でアプリのプロジェクトを作る形で説明をします。

では、macOSでは勉強できないのか？ いいえ、そうではありません。ここまで説明したように、macOS版でもプレイグラウンドは作ることができます。これから先の説明はすべてプレイグラウンドを使ってコードを書き、動かしていけばいいのです。

アプリ作成の説明は、基本的に「ContentViewを作成する」という形で行います。ContentViewは、アプリでもプレイグラウンドでも同じように作成し動かせます。ですから、どちらを使ってもまったく同じように学習できるのです。

ただし、プレイグラウンドを利用する場合は以下の２点について注意してください。

1 冒頭にimport PlaygroundSupportを追加するのを忘れない。
2 コードの最後に以下の文を追記しておく。

```
PlaygroundPage.current.liveView = UIHostingController(rootView: ContentView())
```

これで、プレイグラウンドでSwiftUIを学べます。macOS版を使っているならば、Swift Playgroundsだけでなく Xcodeも利用できます。いつの日かXcodeも使えるようになったら、作ったコードをXcodeのプロジェクトに移植して利用できるようになるでしょう。

プレイグラウンドを使う利点

皆さんがmacOSでSwift Playgroundsを利用しているなら、否応なしにプレイグラウンドを使って学習を進めることになるでしょう。が、実はiPad版を使っている場合でも、アプリではなくプレイグラウンドで学習を進めたほうがいい点もあります。なぜ、アプリではなくプレイグラウンドを使ったほうがいいのか。その理由について簡単にまとめましょう。

コードを記録していける

最大の理由は、これです。この先、SwiftUIの学習を進めていくと、コードを何度も書き換えたり修正したりしながら働きを学んでいくことになります。アプリを使う場合、「すでにあるコードを書き換えて使う」ということになります。つまり、アプリのプロジェクトには常に「最新のコード」しか残りません。

プレイグラウンドではページを作成することで、それまでのコードを残したまま、まったく新しくコードを記述できます。ページは新しく作るだけでなく複製することもできるので、今使っているページを複製すれば、まったく同じコードを持つページが作れます。それを書き換えて使えばいいのです。

こうして「ページを複製しては書き換える」という形で学習を進めていけば、それまで書いたコードをすべて記録したまま学習を進めていけます。

MacでもiPadでも使える

プレイグラウンドはmacOS版でもiPad版でも使えますから、「自宅でiPadでコードを書いて、それを会社や学校のMacに共有して続きをやる」といったこともできます。

iPadしか持ってないならアプリで学習をすればいいでしょうが、複数の環境でプロジェクトを共有しながら学習を進めるような場合は、どこでも動くプレイグラウンドを利用したほうが有利です。

学習するなら、どっちも問題なし!

以上のように学習の段階では、アプリでもプレイグラウンドでも実質的にはほとんど違いはありません。どちらにも利点がありますから、それぞれの環境や学習の仕方にあったほうを選べばいいのです。

自分にはどちらが向いているかをよく考えて、自分に適したプロジェクトで学習を進めていきましょう。

Chapter 3

3.4. ビューの基本操作

テキストの表示

SwiftUIでアプリやプレイグラウンドを作成する場合、実際に表示されるのはContentViewというビュー部分だ、ということはすでに説明しましたね。このContentViewをいかに作成するかが、アプリやプレイグラウンド作成の最大のポイントと言っていいでしょう。ではビューの表示について、基本的な設定から順に説明をしていきましょう。まずはテキストの表示に関するものからです。

テキストの表示は、スタイルの設定とフォントの設定があります。これらはTextの修飾子（Textインスタンスのあとに付けて呼び出されるメソッドですね）として用意されています。まずはスタイル関係から。

▼テキストをボールドにする

```
《Text》.bold()
```

▼テキストをイタリックにする

```
《Text》.italic()
```

これらは非常に簡単ですね。ただ呼び出すだけでボールドやイタリックにできます。ちょっとわかりにくいのがフォントの設定です。

▼フォントを設定する

```
《Text》.font(《Font》)
```

フォントの設定はfontメソッドを使って設定します。引数にはFont構造体のインスタンスを指定します。Font構造体は内部に汎用フォントの値を設定したプロパティを多数持っています。通常は、このプロパティを使ってフォント指定をします。

用意されている主なプロパティを右表にまとめておきましょう。

Fontの主なプロパティ

largeTitle	タイトル用フォント
title	タイトル用フォント2
headline	見出し用フォント
subheadline	小見出し用フォント
body	本文用フォント
callout	吹き出し用フォント
caption	キャプション用フォント
footnote	フッター用フォント

この他、システムフォントのインスタンスを作成する「system」というメソッドも用意されています。以下のように使います。

▼システムフォントを作成する

```
Font.system(size: サイズ)
```

引数のsizeにフォントサイズを示す実数値を指定すると、そのサイズのシステムフォントのインスタンスが作成されます。この他、システムに用意されているフォントファミリーを指定してインスタンスを作る「font」というメソッドもあります。

▼指定したフォントファミリーのフォントを作る

```
Font.custom(フォントファミリー名, size: サイズ)
```

フォントファミリー名は、使用するプラットフォームによって変わってきます。SwiftUIはiOS用というわけではなくmacOSなどでも利用できるので、プログラムを実行する環境にどんなフォントファミリーがあるかを確認して名前を指定するようにしましょう。

フォントを変更する

利用例を見てみましょう。コードエディタに書かれているContentView構造体を以下のように書き換えてください。それ以外の部分はそのままにしておきます。

※この先、特に必要がない限りはContentView構造体を書き換える形で学習を進めていきます。アプリでもバックグラウンドでも、記述してあるContentViewを書き換えていけば同じように動きます。

▼リスト3-12

```
struct ContentView: View {
  var body: some View {
    VStack {
      Text("Hello, world!")
        .bold()
        .italic()
        .font(.system(size: 36))
    }
  }
}
```

これを実行すると、画面の中央にやや大きなサイズでボールド・イタリックのスタイルのテキストが表示されます。スタイルとフォントサイズが変更されているのがわかるでしょう。

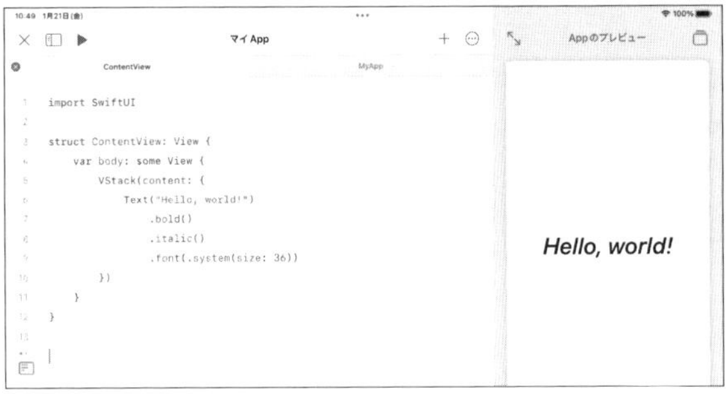

図3-38：フォントサイズとスタイルを設定してテキストを表示する。

ここではTextの作成を以下のように行っています。

```
Text("Hello, world!")
   .bold()
   .italic()
   .font(.system(size: 36))
```

見ればわかるように、修飾子となるメソッドが連続して呼び出されていますね。ビューの設定を行う修飾子のメソッドは、このように必要なだけ続けて呼び出していくことができます。これはTextに限らず、ほぼすべてのビューの修飾子で共通しています。

C O L U M N

なんで.systemなの？

ここでは、システムフォントを設定するfontメソッドの引数に「.system(…)」と値を設定しています。これ、本来は「Font.system(…)」と書くはずのものです。このfontの引数には、Fontインスタンスが指定されます。このため、ここにメソッドを書いて値を設定する場合は、自動的に「Fontにあるメソッドだろう」と判断してくれるのです。このように、引数に指定される値が特定のクラスや構造体に決まっているなら、その中にあるメソッドやプロパティを指定する場合はクラス・構造体名を省略できます。

テキストと背景のカラー

続いて、色の指定についてです。ビューでは「前景色」と「背景色」の2つの色の情報を持っています。Textの場合、テキストの表示が前景色で、そして背景の何も表示されない部分が背景色で設定されます。これらは以下のようなメソッドで設定します。

▼前景色の設定

```
《View》.foregroundColor(《Color》)
```

▼背景色の設定

```
《View》.background(《Color》など)
```

前景色と背景色は、実は微妙に働きが異なっているのですが、当分は「どっちもColorで色を設定するものだ」と考えて問題ないでしょう。

引数で使われているColorは色を表す構造体です。これもColorの中に主な色の値がプロパティとして用意されています。このようなものですね。

▼Colorに用意される色のプロパティ

```
black white gray red green blue orange yellow pink purple brown cyan indigo mint teal
```

この他、RGBの輝度を指定してColorインスタンスを作ることもできます。これは以下のようにしてインスタンスを作成します。

```
Color(red: 値, green: 値, blue: 値)
```

こうして作成したColorインスタンスをforegroundColorやbackgroundの引数に指定すれば、その色にビューの表示が設定されます。

テキストの色を指定する

では、実際にTextの色を変更してみましょう。ContentViewを以下のように書き換えてください。

▼リスト3-13

```
struct ContentView: View {
  var body: some View {
    VStack {
      Text("Hello, world!")
        .font(.system(size: 36))
        .padding(25)
        .foregroundColor(.blue)
        .background(Color(red: 0.8, green: 1.0, blue: 1.0))
    }
  }
}
```

実行すると、「Hello world!」のテキストカラーと背景色が設定されて表示されます。ここではColorのblueでテキストを青に指定し、Colorインスタンスを作って背景に設定しています。

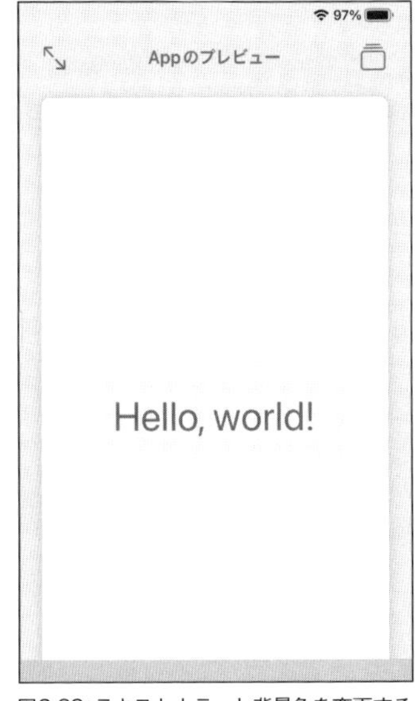

図3-39:テキストカラーと背景色を変更する。

paddingによる余白の指定

このサンプルの表示を、ちょっと意外に感じた人もいたかもしれません。「背景色って、画面全部の色が変わるわけじゃないんだ」と。

背景色の設定は、「そのビューの背景色」を設定するものです。ここではContentViewに組み込んだ「Text」の背景色を設定していますが、このTextは画面全体に表示されているわけではありません。テキストを表示するにちょうどいい大きさで組み込まれ表示されているのですね。今までは背景に色がついてないのでTextの大きさがわからなかっただけなのです。

Textの大きさは、Textがちょうど表示できる大きさになっていますが、そのままだとテキストの周囲に余白がまったくなくて、見た目のバランスが悪いでしょう。そこで、ここでは周囲に余白を設定しています。これは以下のメソッドを使います。

▼周囲の余白を指定する

```
《Text》.padding(数値)
```

引数の数値は省略することもできます。これで、テキストの周囲に指定の幅で余白をとったサイズでTextの大きさが設定されます。今はまだ1つのTextを表示しているだけですが、複数のビューを表示するようになると、paddingによる余白の調整は非常に重要になります。ここで覚えておきましょう。

輪郭（ボーダー）の表示

Textのようなビューは、ただテキストが表示されているだけなので、背景色などを設定していないとどこからどこまでがビューなのかよくわかりません。例えばボタンなどはボタンのテキストだけでなく、輪郭線も表示されるものがあります。

こうしたビューの輪郭は「ボーダー」と呼ばれます。ボーダーは「border」というメソッドで表示させることができます。

▼ボーダーを設定する

```
《View》.border(《Color》, width: 値)
```

borderメソッドではColorで表示する色を指定します。またwidthに値を指定することで、輪郭線の幅（太さ）も設定できます。

ボーダーを表示する

では、実際にボーダーを表示させてみましょう。ContentViewを以下のように修正してください。

▼リスト3-14

```
struct ContentView: View {
  var body: some View {
    VStack {
      Text("Hello, world!")
        .font(.system(size: 36))
        .padding(25)
        .border(.red, width: 10)
    }
  }
}
```

ここでは赤い太めの輪郭線が表示されます。.border(.red, width: 10)として、太さ10の赤いボーダーを表示しているのがわかるでしょう。なお、.redというのは、Color.redを省略したものです。

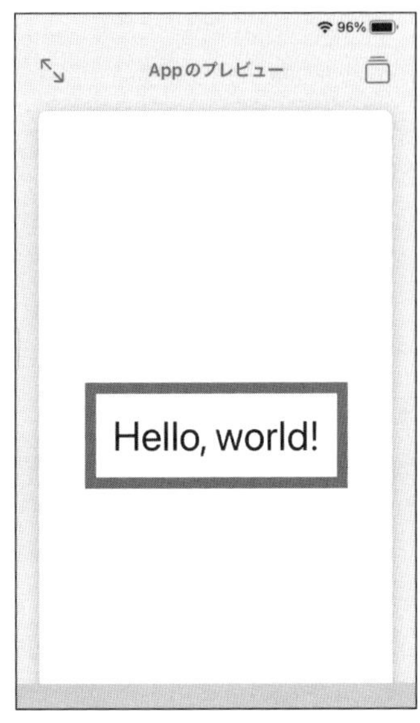

図3-40：テキストの回りを赤い枠線が表示される。

修飾子は前から順に実行される

ここで、ちょっとおもしろい実験をしてみましょう。余白を変更して複数回、ボーダーを描かせてみるのです。

▼リスト3-15

```
struct ContentView: View {
  var body: some View {
    VStack {
      Text("Hello, world!")
        .font(.system(size: 36))
        .padding(25)
        .border(.red, width: 10)
        .padding(50)
        .border(.blue, width: 5)
    }
  }
}
```

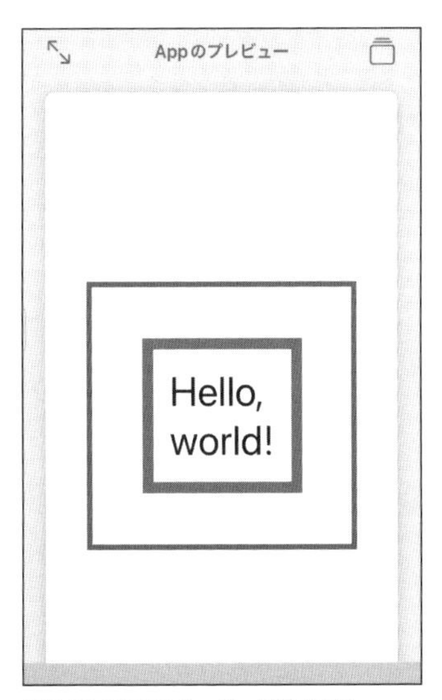

図3-41：2つのボーダーが描かれる。

実行すると、赤いボーダーと青いボーダーが表示されます。Textという1つのビューに2つのボーダー？

呼び出しているメソッドを見てみると、padding(25)で余白を設定してからborderを呼び出し、さらにpadding(50)で余白を広げてからまたborderを呼び出しています。こうすることで、余白25で赤いボーダー、余白50で青いボーダーが描かれたのですね。

ボーダーは、ただ描くだけ

このことでわかるのは、「修飾子で連続して書かれているメソッドは、手前にあるものから順に実行される」ということ。そしてもう1つ、「メソッドによるボーダーの表示は、ただ画面に描いているだけ」ということです。

Textというビューがどのように状態が変更されても瞬時に更新され、最新の状態が表示されるようになっていたなら、こういうことはできません(paddingで余白を変更した段階で、新たに設定されたボーダーだけの表示になるでしょう)。「ただ画面に描くだけ」なので、こんな具合に「連続してメソッドを呼び出したら次々描かれる」ということになるんですね。

大きさと位置

ここまでpaddingで余白を設定することでTextの大きさを変更することはありましたが、これはあくまで「自動調整」されるものです。そうではなくて、大きさや表示する位置を明確に指定して表示させたいこともあるでしょう。

そのような場合、以下のメソッドを利用することができます。

▼大きさを調整する

```
《View》.frame(width: 横幅, height: 高さ)
```

▼位置を調整する

```
《View》.position(x: 横位置, y: 縦位置)
```

注意してほしいのは、「位置」です。これは画面全体の中の位置を示すものではありません。このビューの中の、コンテンツの表示位置です。positionで、ビューそのものを画面の好きな場所に配置するわけではないのです(ビューの配置についてはもう少し後で説明します)。

Textの大きさと位置を設定する

では、大きさと位置を設定してみましょう。ContentViewを以下のように書き換えてください。

▼リスト3-16

```
struct ContentView: View {
  var body: some View {
    VStack {
      Text("Hello, world!")
        .font(.system(size: 36))
        .position(x: 0, y: 0)
        .frame(width: 100, height: 100)
        .background(Color(red: 0.9, green: 0.9, blue: 1))
    }
  }
}
```

ここではまず.position(x: 0, y: 0)で縦横の位置をゼロにし、それから.frame(width: 100, height: 100)で大きさを縦横100にしています。これで実行してみると、おそらく予想とはかなり違うものが表示されるでしょう。

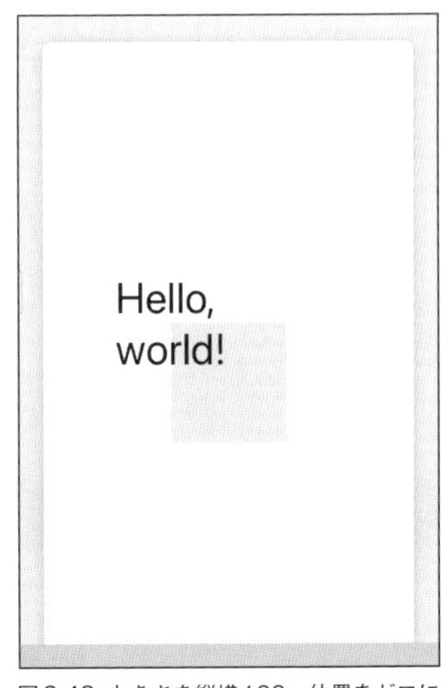

図3-42：大きさを縦横100、位置をゼロにしたところ。

画面の中央に、縦横100の淡いブルーの四角形が表示されています。これが、frameによって大きさを設定されたTextビューなのです。そして、その左上のあたりに「Hello, world!」のテキストが表示されています。

positionは、そのビューの中の位置を指定するものです。ビューの位置は左上をゼロ地点として、右および下に進むほど値が大きくなっていきます。そしてテキストの位置は、表示するテキストの中心になります。つまり、.position(x: 0, y: 0)としたことで、表示するビューの左上にテキストの中心がくるようになったのですね。

このようにpositionはビュー内の位置を調整するものだ、ということを忘れないでください。

C O L U M N

位置を変更すると大きさも変わる

ここでは、まずpositionで位置を変更してからframeで大きさを変更しています。これは、逆ではうまくいきません。frameを先に実行してからpositionを実行すると、画面全体を覆うようにビューが表示されます。positionを変更すると、ビューはそれがはめ込まれている場所（ContentView）全体にリサイズされるのです。ですから、positionとframeを変更するときは、必ずpositionを実行してからframeを実行するようにしましょう。

独自のビューを作って利用する

ここまで、Textから修飾子となるメソッドを呼び出すことで表示をいろいろとカスタマイズする方法を学びました。確かに便利ですが、Textを配置するたびに、毎回これらのメソッド呼び出しを書かなければいけないのはけっこう面倒ですね。

例えば、「すべてのテキストで、フォントサイズを○○に、色を○○に、背景色を○○に……」というように表示する形式が決まっているのであれば、そのように表示するビューを作成し、利用したほうがはるかに簡単です。

「ビューを作る？」と驚いたかもしれませんが、これまでコードを書いてきたContentViewだって「ビューを作る」ものです。ContentViewが作れるんですから、同じようにTextを表示するビューを作ることはできます。そうして独自ビューを作成し、それをContentViewに組み込めば、同じ表示を行う部品をいくらでも追加することができます。

MyTextビューを作る

では、実際に試してみましょう。コードエディタで、ContentViewの前に以下のコードを追記してください。

▼リスト3-17

```
struct MyText: View {
  var msg: String = ""
  var body: some View {
    Text(msg)
      .font(.system(size: 25))
      .padding(20)
      .background(Color(red: 1, green: 0.9, blue: 0.9))
      .border(.red, width: 3)
  }
}
```

ここではMyTextという構造体を作っています。ContentViewと同じく、Viewプロトコルを採用して作ります。body: some ViewのComputedプロパティを必ず用意する点も同じですね。

MyTextではその他に表示メッセージを保管する「msg」というプロパティと、Textを表示するbodyプロパティを用意しました。これで、「MyText(msg: ○○)」というようにして表示メッセージを指定してインスタンスを作ることができます。こうすると、msgプロパティに引数の値が設定されるのですね。

MyTextを利用する

では、作ったMyTextをContentViewの中で使ってみましょう。ContentViewのコードを以下のように修正してください。

▼リスト3-18

```
struct ContentView: View {
  var body: some View {
    VStack {
      MyText(msg: "Hello!")
      MyText(msg: "こんにちは。")
    }
  }
}
```

ここでは「Hello!」と「こんにちは。」という2つのテキストを表示しています。

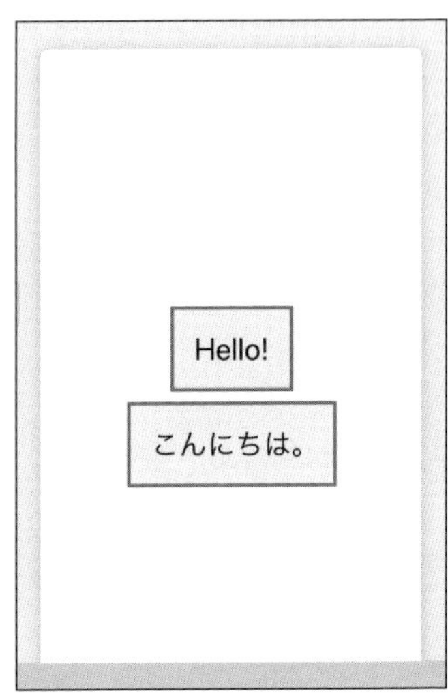

図3-43：MyTextを複数配置する。

本来なら、それぞれのTextごとにフォントや背景色、ボーダーなどを設定しなければいけないはずですが、ここでは以下のように書くだけで済んでいます。

```
MyText(msg: "Hello!")
MyText(msg: "こんにちは。")
```

表示の設定はMyText側でやってくれますから、ContentViewではただテキストを引数にして呼び出すだけで済みます。

表示がカスタマイズされたUI部品を多数作るときは、このようにまずカスタマイズされた部品のビューを作成し、それを利用するようにしましょう。そのほうが遥かに効率的ですよ。

Chapter 3

3.5. ビューの配置

VStackとHStack

ビューの基本的な使い方がわかってきたら、次は「ビューの配置」について考えてみることにしましょう。

アプリの画面では、1つの部品しか表示しないことは稀です。たいていは複数の部品を表示することでしょう。このとき、どのように部品を配置するか、考える必要があります。

これまで、ContentViewのbodyには「VStack」というコンテナが使われていました。これは部品を縦に並べるものでしたね。これと同じようなものに、「HStack」というコンテナもあります。これは「横一列」に並べるものです。

このVStackとHStackという2つのコンテナが、レイアウトのもっとも基本となるものと言えます。VStackはこれまで散々使ってきましたから、HStackの利用例も挙げておきましょう。

ContentViewを以下のように書き換えてください。なお、先に作成したMyTextはここでも使うので、消さずにそのまま残しておいてください。

▼リスト3-19

```
struct ContentView: View {
  var body: some View {
    HStack {
      MyText(msg: "Hello!")
      MyText(msg: "こんにちは")
    }
  }
}
```

ここでは2つのMyTextが横に並んで表示されます。HStackを使うと、このようにビューを横に並べることができます。

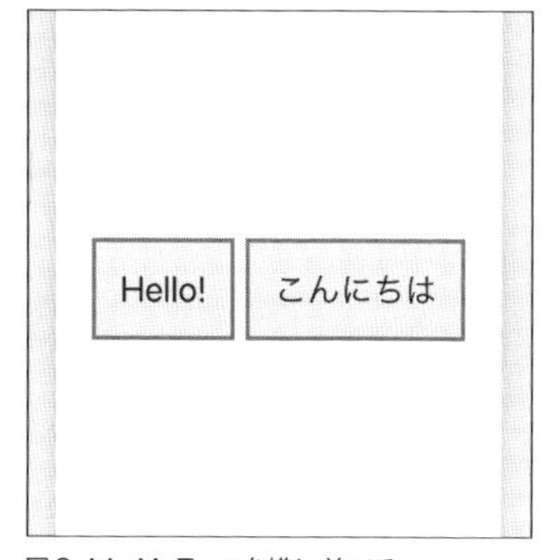

図3-44：MyTextを横に並べる。

MyTextをアップグレード

先に進む前に、MyTextを少し修正することにしましょう。MyTextは、表示するテキストによって大きさなどが変わってきます。レイアウトの特徴をよく理解するには、すべて同じ大きさで表示されるような部品があると便利ですね。そこで、MyTextを少しパワーアップしておきます。

では、MyText構造体を以下のように書き換えてください。見ればわかりますが、今回はMyTextだけでなく、MySizeとMyColorというものも追加されています。これまであったMyText構造体を削除して、そこに以下のリストの内容を改めて記述しましょう。

▼リスト3-20

```
enum MySize {
  case big
  case mid
  case small
}
enum MyColor {
  case red
  case green
  case blue
}

struct MyText: View {
  var msg: String = ""
  var tsize = 10.0
  var vsize = 20.0
  var bcolor = Color.white
  var fcolor = Color.white

  var body: some View {
    Text(msg)
      .font(.system(size: tsize))
      .frame(width: vsize, height: vsize)
      .padding(10)
      .background(bcolor)
      .border(fcolor, width: 3)
  }

  init(msg: String, size: MySize, color: MyColor) {
    self.msg = msg
    switch size {
      case .small:
      tsize = 12.0
      vsize = 30.0
      case .mid:
      tsize = 16.0
      vsize = 50.0
      case .big:
      tsize = 20
      vsize = 75
    }
    switch color {
      case .red:
```

```
        bcolor = Color(red: 1.0,green: 0.9,blue: 0.9)
        fcolor = Color.red
        case .green:
        bcolor = Color(red: 0.9,green: 1.0,blue: 0.9)
        fcolor = Color.green
        case .blue:
        bcolor = Color(red: 0.9,green: 0.9,blue: 1.0)
        fcolor = Color.blue
      }
    }
  }
```

列挙体について

MySizeとMyColorというものが追加されていますね。これは「列挙体」というものです。Chapter 2でちらっと説明しましたが、いくつかの選択肢から1つだけを選ぶようなときに使われるものです。列挙体はこんな形で定義します。

▼列挙体の定義

```
enum 名前 {
  case 値A
  case 値B
  ……
}
```

こうして作成した列挙体は「列挙体名.値」というようにして値を指定し、利用することができます。

MySizeとMyColor

ここでは大きさを示すMySizeに「big」「mid」「small」、色を示すMyColorに「red」「green」「blue」といった値の列挙体を用意しています。こうすることで、それ以外の値は使えないようにしているのですね。

MyTextのイニシャライザを見るとこうなっています。

```
init(msg: String, size: MySize, color: MyColor) {……
```

メッセージのテキストと、MySize、MyColorを指定するように修正してあります。これらの値を元に、色や大きさのプロパティの値を設定し、そのプロパティを元に表示を作成するようにしていた、というわけです。

MyTextのコードはちょっと長いですが、そう難しいことはしていません。興味のある人は、どうなっているのかコードを調べてみましょう。

縦横に並べるには？

では、レイアウトの説明に戻りましょう。横一列と縦一列はわかりましたが、部品を縦横に並べたいときはどうするのでしょうか？

これは簡単です。縦横に整列するコンテナはありませんが、VStackとHStackを組み合わせれば同じことができます。やってみましょう。

ContentViewのコードを以下のように書き換えてください。なお、先ほど追記したMySize、MyColor、MyTextといったコードは削除しないように注意しましょう。

▼リスト3-21

```
struct ContentView: View {
  var body: some View {
    VStack {
      HStack(content: {
        MyText(msg: "ABC",size: .mid,color: .blue)
        MyText(msg: "DEF",size: .mid,color: .blue)
        MyText(msg: "GHI",size: .mid,color: .blue)
      }
      HStack {
        MyText(msg: "JKL",size: .mid,color: .blue)
        MyText(msg: "MNO",size: .mid,color: .blue)
        MyText(msg: "PQR",size: .mid,color: .blue)
      }
      HStack {
        MyText(msg: "STU",size: .mid,color: .blue)
        MyText(msg: "VWX",size: .mid,color: .blue)
        MyText(msg: "YZ!",size: .mid,color: .blue)
      }
    })
  }
}
```

実行すると、9個のMyTextが3×3に配置されます。コードを見ると、bodyのViewにはまずVStackが用意され、その中に3つのHStackが作成されています。そして、各HStackの中にそれぞれ3つずつのMyTextが配置されているのです。

コンテナは、コンテナの中にさらにコンテナを入れることもできます。こうして縦横に並べるレイアウトを作成することができるのです。

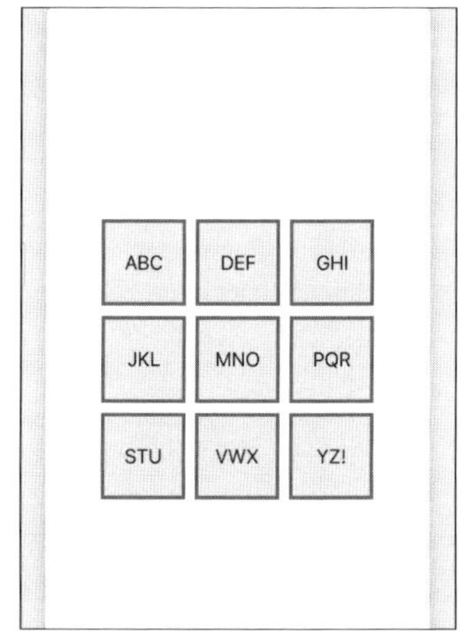

図3-45：9個のMyTextが3×3に並べられる。

DividerとSpacer

部品を配置するとき、覚えておきたいのが「区切り線」と「スペース」の表示です。いくつか部品が並んでいるとき、途中で区切り線を表示させたり、スペースを開けたりしたいことはあるでしょう。そのようなときに以下のような構造体が利用できます。

▼区切り線の表示

```
Divider()
```

▼スペースの表示

```
Spacer()
```

SpacerはただSpacer()として追加するだけで、部品と部品の間にスペースを表示してくれます。またminLengthを指定すれば、最低でも指定の幅が空けられるようになります。

スペースと仕切り線を使う

仕切り線とスペースを追加した例を見てみましょう。ContentViewを以下のように修正してください。なお、その他の列挙体や構造体は削除せずそのままにしておいてください。

▼リスト3-22

```
struct ContentView: View {
  var body: some View {
    VStack {
      Spacer()
      MyText(msg: "ABC",size: .big, color: .blue)
      Divider()
      Spacer()
      MyText(msg: "ABC",size: .big, color: .blue)
      Spacer()
      Divider()
      MyText(msg: "ABC",size: .big, color: .blue)
      Spacer()
    }
  }
}
```

これを実行すると、3つのMyTextの間と上下にスペースが取られるようになります。また1つ目の下、3つ目の上に仕切り線が表示されます。

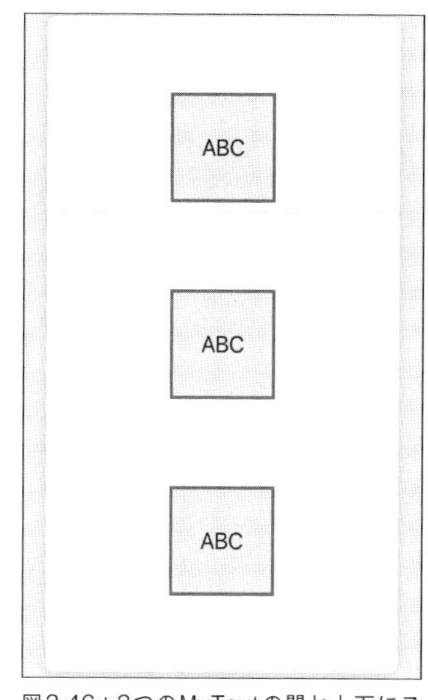

図3-46：3つのMyTextの間と上下にスペースと仕切り線が追加されている。

デフォルトでは中央に部品が集まりますが、Spacerでスペースを開けることで、画面全体に配置されるようにできます。ここでは各MyTextの間にもSpacerを用意しましたが、例えば一番下に1つだけSpacerを置けば、上に揃えられるようになります。逆に一番上に1つだけSpacerを置くと、すべて下に揃えて配置されます。Specerの置き方でいろいろと配置が調整できるのです。

fixedSizeで固定幅にする

Spacerは、基本的に「等間隔でスペースを取る」ように配置します。例えば一番上と一番下にSpacerを置くと、上下に等間隔にスペースが取られます。

しかし、時には「決まった幅だけスペースを空けたい」ということもあるでしょう。このような場合は、Spacerの「fixedSize」というメソッドを使います。

```
《Spacer》.fixedSize()
```

引数などは不要です。このメソッドはスペースを最適なサイズで固定するものです。そのままだと、わずかにスペースが空けられた程度に固定されます。決まった幅で表示したい場合は、Spacerインスタンスを作成する際に「minLength」という引数を用意し、最小幅を設定します。こうすることで、それより狭くなることはなくなります。

では、実際の利用例を挙げておきましょう。

▼リスト3-23

```
struct ContentView: View {
  var body: some View {
    VStack {
      Spacer(minLength: 20).fixedSize()
      MyText(msg: "ABC",size: .big, color: .blue)
      Divider()
      Spacer(minLength: 20).fixedSize()
      MyText(msg: "ABC",size: .big, color: .blue)
      Divider()
      Spacer(minLength: 20).fixedSize()
      MyText(msg: "ABC",size: .big, color: .blue)
      Spacer()
    }
  }
}
```

これで最上部と各MyTextの間に適度なスペースを開けるようになります。各SpacerのminLengthの値をいろいろと変更して表示を確認してみましょう。

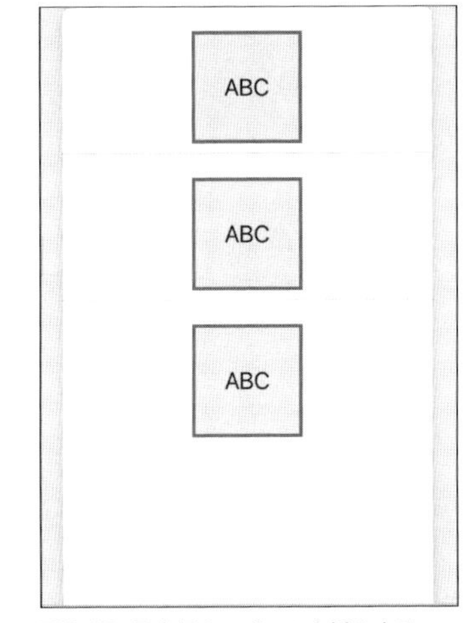

図3-47：固定幅のスペースを挿入する。

SwiftUIのレイアウト機能は非常にシンプルです。VStackとHStack、そしてSpacerによるスペース調整ができれば、基本的なレイアウトはだいたい作れるようになります。基本がわかったら、実際にこれらのコンテナを使っていろいろとレイアウトを作成してみると、基本的な配置の仕方がつかめてきますよ。

Chapter 3

3.6. 開発のためのその他の知識

コードを素早く入力するには?

実際に直接コードを入力するようになり、iPad版を利用している多くの人は「入力の大変さ」を実感していることでしょう。特にSwiftUIでボタンなどのUIを使うようになると、次第に込み入った記述が要求されるようになります。そこで、本格的にSwiftUIのコード入力を開始する前に、コード入力を支援してくれる機能の使い方を覚えておきましょう。

コードエディタの上部右側にはいくつかのアイコンが見えますね。そこから「+」アイコンをタップしてください。下にパネルのようなものがポップアップして現れます。これは、アプリで使用するさまざまな定型文をまとめたものです。ここから使いたい部品をタップするだけで、そのコードがエディタに書き出されます。

上部には部品の検索フィールドがあり、その下に4つの切り替えボタンが表示されています。これらを使って、さまざまな部品のリストを切り替え表示できます。

では、各ボタンで表示される内容を簡単に整理しておきましょう。

ビューの作成(コントロール/レイアウト/ペイント)

デフォルトでは、一番左側のボタンが選択されています。これは、SwiftUIで使われるさまざまなUI部品を作成するコードです。

一番上には、「コントロール」という項目が並んでいます。これは、ボタンやテキストなどのように画面に配置して表示されるビューのことです。その下の「レイアウト」には、ビューのレイアウトに関するものが並んでいます。また「ペイント」には、イメージやシェイプと呼ばれる図形作成の機能などが用意されています。

図3-48:ビューを作成するためのリスト。

ビューの設定（コントロール／エフェクト／レイアウト／テキスト／イメージ／リスト／ナビゲーションバー／スタイル／アクセシビリティ／イベント／ジェスチャ／図形）

左から2番目のボタンは、作成したビューの設定を行うためのコードがまとめられています。コントロール類の表示や機能を設定したり、テキストのフォントなどの表示を設定したり、といったものが一通り用意されています。

SwiftUIではビューを作成すると、そこからメソッドを呼び出してさまざまな設定を行います。このメソッドの部分がここにまとめられていると考えればいいでしょう。

図3-49：ビューの設定を行うメソッド類のリスト。

システムシンボルイメージの作成

左から3番目（右から2番目）のボタンは、システムシンボルイメージ（システムに用意されているアイコンのイメージ）を作成するコードです。iOSには多数のシステムシンボルイメージが用意されています。それらがここに一覧表示されており、使いたいイメージをタップするだけで、そのイメージを表示するコード（Imageビューの生成コード）が書き出されます。

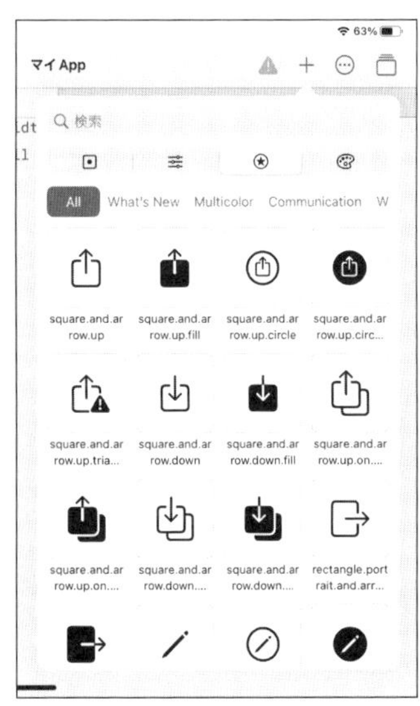

図3-50：システムシンボルイメージの一覧リスト。

カラーの値

一番右側のボタンは、カラーの値を指定するためのものです。グラフィックなどを扱うようになると、カラーの指定は頻繁に使うことになります。ここからよく使われる色を選択すれば、その色の値がその場で書き出されます。

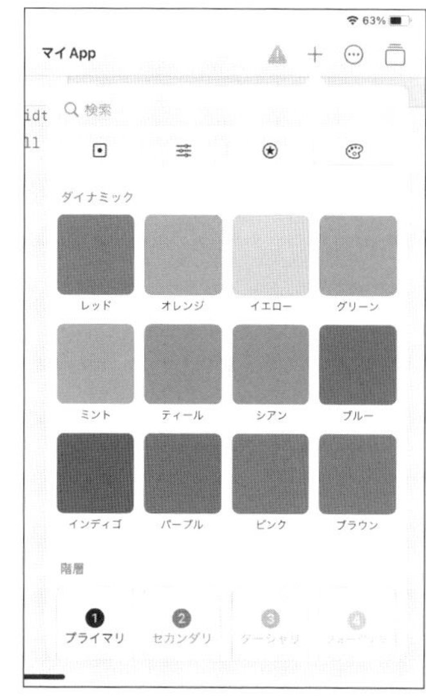

図3-51：カラーの選択リスト。

アプリの設定について

Swift Playgroundsでは、「プレイグラウンド」と「アプリ」のプロジェクトが作成できました。この2つの最大の違いは、「アプリとして申請公開できるか」でしょう。「アプリ」では、そのための仕組みが用意されています。

アプリのプロジェクトでは、左側に表示されるプロジェクトのファイル類のリスト表示部分に、アプリ名の項目（「App設定」と表示されているもの）が用意されます。これをタップすると、そのアプリの設定パネルが現れます。

図3-52：アプリのプロジェクトには、App設定という表示がある。

アプリの基本設定

「App設定」というパネルには、アプリの基本的な設定が用意されています。上から順に説明しておきましょう。

●「名前」

アプリの名前ですね。タップすると名前を変更することができます。

●「アクセントカラー」

アイコンなどを何色で表示するかを指定します。ここで色を選択すると、その下のプレースホルダというところのアイコンカラーが変わるのがわかるでしょう。

●「アイコン」

アプリのアイコンを指定します。デフォルトでは「プレースホルダ」というものが選択されています。これはいわば「仮のアイコン」です。下にアイコンがズラッと並んでおり、ここで選んだものがアプリのアイコンとして使われます。

このアイコンは、Swift Playgrounds内にプロジェクトとして表示される際に使われます。ただし、アプリとして公開したい場合はきちんとアイコンを作る必要があります。

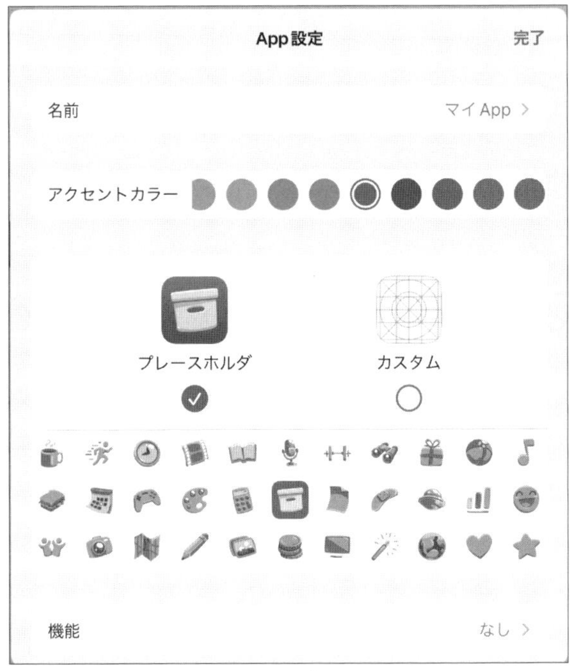

図3-53：「App設定」にある基本的なアプリの設定。

カスタムアイコンについて

アイコンのところにある「カスタム」をタップして選択すると、オリジナルのアイコンを設定することができます。ここでは以下の項目が用意されています。

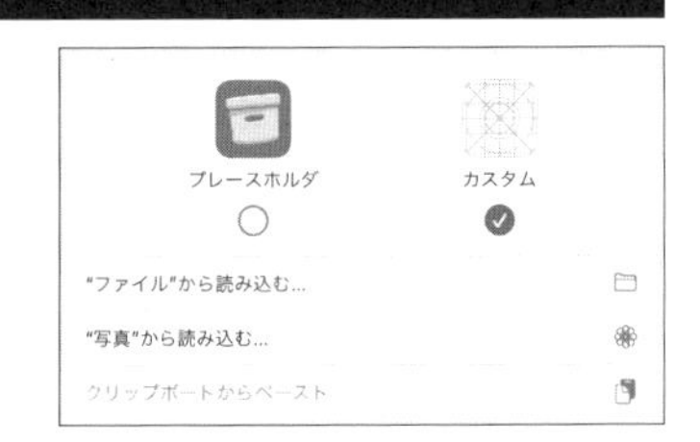

図3-54：「カスタム」を選ぶとオリジナルの

"ファイル"から読み込む	あらかじめ用意しておいたイメージファイルを読み込みます。タップすると、ファイルを選択するブラウザパネルが現れます。
"写真"から読み込む	撮影した写真からアイコンを選びます。タップすると、写真とアルバムを選択するパネルが現れます。
クリップボードからペースト	アイコンのイメージをコピーしている場合は、これをタップするだけでアイコンとしてペーストされます。

機能を追加

「機能」は、アプリでデバイスやOSにある機能を利用したいときに使うものです。これをタップすると「機能」というパネルが現れ、ここに使用する機能の一覧が表示されます（デフォルトでは何も項目はありません）。

ここにある「機能を追加」をタップすれば、さまざまな機能のリストが現れ、そこから使いたい機能を選択しアプリに組み込めます。例えばカメラやBluetooth、Face IDなどの機能をアプリから利用したいときは、ここで機能を追加できます。

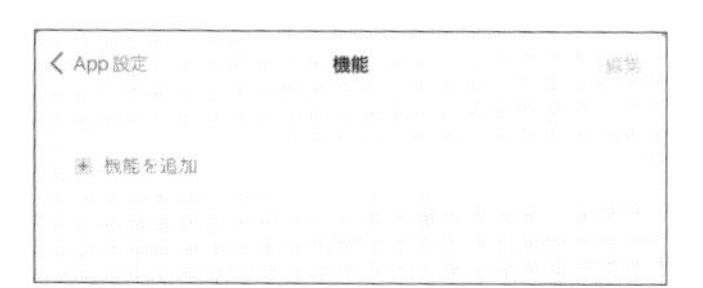

図3-55:「機能」をタップすると、機能の管理パネルが現れる。「機能を追加」をタップして、機能の一覧リストから使いたいものを選ぶ。

アプリ公開のための機能

アプリを公開したいとき、必ず行っておかなければならない作業があります。それはアイコンの設定と「チーム・バンドルID」「バージョン番号」の設定です。「App設定」の下の方ほうには、これらの設定のための項目が用意されています。

チームおよびバンドルID

これはチームとバンドルIDをそれぞれ設定するものです。「チーム」とは開発を行っていrグループに割り当てるIDです。アプリの開発は企業や個人などさまざまな形で行われますが、アプリにはそのグループが作ったことがわかるようにIDを指定しておく必要があります。それが「チーム」の設定です。

そして「バンドルID」は、そのアプリに割り当てられるIDです。アプリ名と同じものでもかまいません。

アプリは、このチームとバンドルIDの組み合わせによって識別されます。ですから、公開した後でこれらを変更したりすると、別のアプリとして認識されてしまいます。アプリの公開を考えている人は、事前によく考えて付けておきましょう。

※チームの設定には、App Store Connectの登録が必要です。

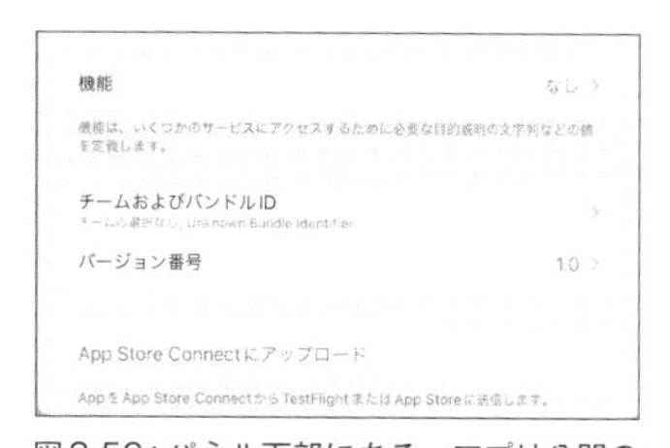

図3-56：パネル下部にある、アプリ公開のための設定項目。

App Store Connectにアップロード

一番下にある「App Store Connectにアップロード」というリンクは、アプリを公開するためのものです。これをタップするだけで、アプリの公開や管理などを行うApp Store Connectというサービスにアプリがアップロードされます。

ただしこれを利用するためには、あらかじめApp Store Connectに登録が必要です。

Apple Developer Programについて

アプリの公開などを行うには、App Store Connectというサービスが使えるようになっている必要があります。これは、登録すればすぐに使えるといったものではありません。「Apple Developer Program」で開発者として登録されている人だけが利用できるサービスなのです。

このApple Developer Programは、アップルの開発者向けのサービスです。無料のものと有料のものがありまが、アプリの開発者として登録するためには、有料サービス(年間12800円)に登録する必要があります。

Apple Developer Programへの登録は以下のサイトから行えます。

https: //developer.apple.com/jp/programs/

図3-57:Apple Developer Programのサイト。ここから登録できる。

このページの右上にある「登録」ボタンをクリックして登録を行えます。登録の際には、以下のものが必要です。

- Apple ID。Apple Developer Programの登録は、Apple IDを使って行います。このApple IDは2ファクタ認証がONになっている信頼できるIDでなければいけません。
- 携帯電話。登録者の身元確認として信頼できる携帯電話の番号が使われます。自分の携帯電話が必要です。
- クレジットカード。サービスの料金支払いはクレジットカードを使います。自分の名義のカードが必要です。

また、登録は未成年者は行えないので注意してください。未成年の場合は保護者に登録してもらうなどしてください。

登録はよく考えて慎重に!

Apple Developer Programの登録には1万円以上の費用がかかります。これはそのときだけでなく、登録している限り毎年支払う必要があります。万が一アプリが公開できた場合、そのアプリがある限り、ずっと支払い続けなければいけません。

また、「登録したらすぐアプリを公開できる」わけではありません。ただ「申請できる」ようになるだけです。さらにアプリは、申請したら公開できるわけではありません。アップルに申請後、審査を通過して初めて公開となります。

アップルの審査では違法な行為、問題のあるプログラムなどといったものだけでなく、「アプリの品質」についても厳しくチェックされます。そして「公開する水準に満たない」と判断されると却下され、アプリの公開は行えません。

この審査はかなり厳しく、アマチュアレベルのものがそのまま審査を通過することは期待できないでしょう。製品として流通しているものと同じクオリティのアプリを作らなければ公開はできないと考えてください。Apple Developer Programに登録しても、費用が無駄になる確率はけっこう高いのです。

こうしたことを考えたなら、Apple Developer Programへの登録は今すぐ行うべきではないでしょう。あなたがやるべきことは、まず「アプリの開発について学ぶこと」です。しっかりと開発について学び、高品質のアプリを作れるようになることです。

Apple Developer Programへの登録は、実際に「これならいける！」と自信をもって言える作品が完成してから考えても遅くはありませんよ。

Xcodeに移植するには？

さて、最後に「macOS版で利用している」という人のために、macOSでアプリ作成をする手順について説明しておきましょう。

macOS版のSwift Playgroundsの場合、アプリのプロジェクトは作れません。作成できるのはプレイグラウンドのプロジェクトだけです。ですから、これを使って開発をすることになります。

ただし、プレイグラウンドにはSwift Playgroundsのものの他に「Xcodeプレイグラウンド」というものも用意されています。これを使えば、作成したプレイグラウンドのプロジェクトをそのままXcodeで開くことができます。

「Xcodeプレイグラウンドで作れば、そのままXcodeでアプリにできるのか」と思った人。いいえ、できません。あくまで「Xcodeでプレイグラウンドを動かせる」というものです。したがって、Xcodeプレイグラウンドも「学習用のプロジェクト」と考えてください。

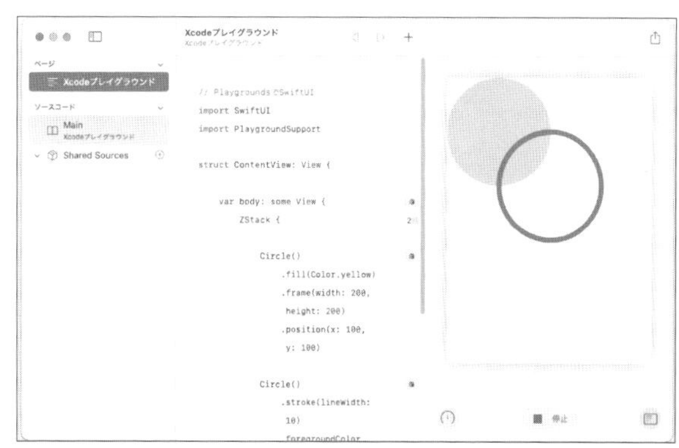

図3-58：Xcodeプレイグラウンドのプロジェクト、使い勝手は普通のプレイグラウンドと同じだ。

SwiftUIアプリのプロジェクト

では、Swift Playgroundsで作ったアプリをXcodeでアプリ化したいときはどうすればいいのか。これは、実は非常に単純です。新しいプロジェクトを作成し、コードをコピペすればいいのです。

XcodeにはSwifrtUIでアプリ開発をするための専用プロジェクトが用意されていますので、これを利用すればいいのです。では、作成手順を簡単に説明しましょう。

[1] Xcodeを起動し、Welcomeウィンドウから「Create a new Xcode project」という項目をクリックします。これで新しいプロジェクトが作成されます。

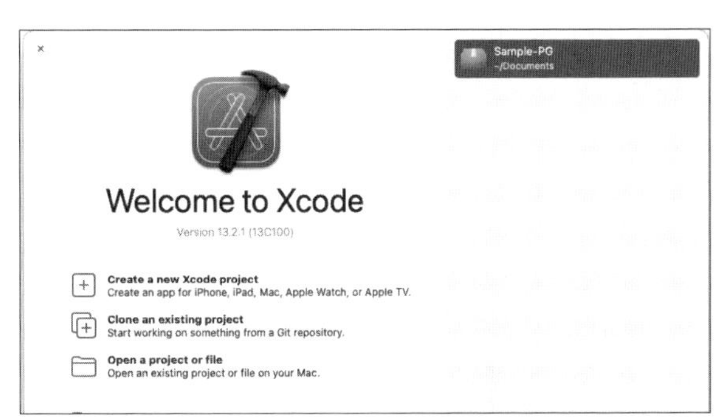

図3-59：「Create a new Xcode project」を選択する。

[2]プロジェクトのテンプレートを選択するウインドウが現れます。「iOS」というカテゴリを選択し、「Application」というエリアにある「App」を選択します。これがiOSアプリのテンプレートです。これを選んで次に進みます。

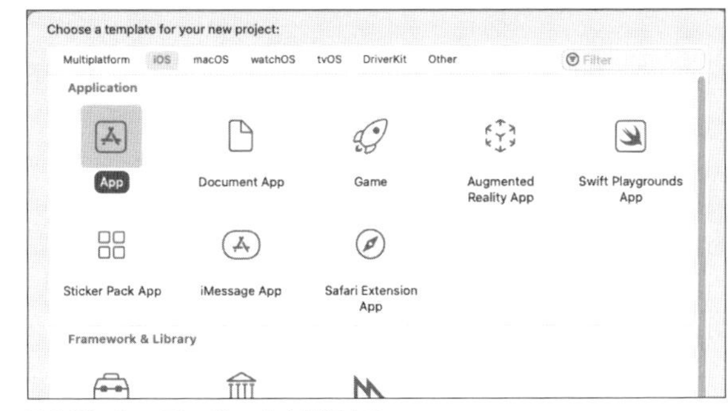

図3-60：Appテンプレートを選択する。

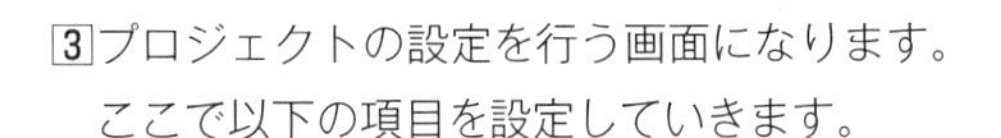

[3]プロジェクトの設定を行う画面になります。ここで以下の項目を設定していきます。

図3-61：プロジェクトの設定を行う。

Project Name	プロジェクト名を入力します。
Team	共同で作業するチームがあればそれを追加します。
Organization Identifier	開発する団体のID名を記入します。
Bundle Identifier	アプリに割り当てられるIDを確認します。
Interface	ここで「SwiftUI」を選びます。
Language	「Swift」を選択します。
Use Core Data	コアデータというものを使うためのものです。OFFのままでOKです。
Include Test	テストを追加します。ONのままでOKです。

Project NameとOrganization Identifierはそれぞれで考えて入力してください。重要なのは「Interface」です。「SwiftUI」を選べば、Swift Playgroundsのアプリ開発で使われているのと同じSwiftUIフレームワークが選択されます。

4ファイルの保存場所を選択するダイアログが現れるので、適当な場所を選択します。これでプロジェクトが作成されます。

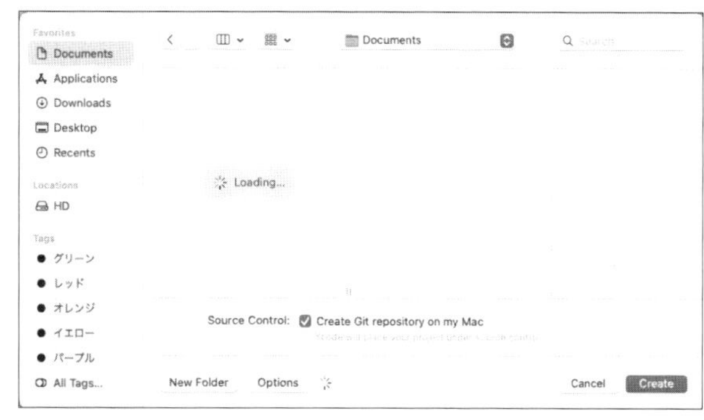

図3-62：ファイルを保存する。

ContentViewにコードを記述する

プロジェクトには多数のフォルダとファイルが作成されます。その中にプロジェクト名と同じ名前のフォルダがあり、さらにその中にプロジェクト名のファイルと「ContentView」ファイルが用意されています。このContentViewが、画面に表示される内容を作成するものになります。

このContentViewには初期状態で以下のようなコードが書かれています。

▼リスト3-24

```
import SwiftUI

struct ContentView: View {
    var body: some View {
        Text("Hello, world!")
            .padding()
    }
}

struct ContentView_Previews: PreviewProvider {
    static var previews: some View {
        ContentView()
    }
}
```

import SwiftUIがあり、その下にContentView構造体が作成されています。おなじみのものですね。Swift Playgroundsで作成したContentViewと同じものが用意されています。ということは、Swift Playgroundsで記述したコードをコピーし、このContentViewファイルにペーストすれば、それがそのまま動くのです。SwiftUIのコードは、このようにSwift PlaygroundsでもXcodeでもまったく同じです。コピペするだけでXcodeのアプリプロジェクトに移植することができるのです。

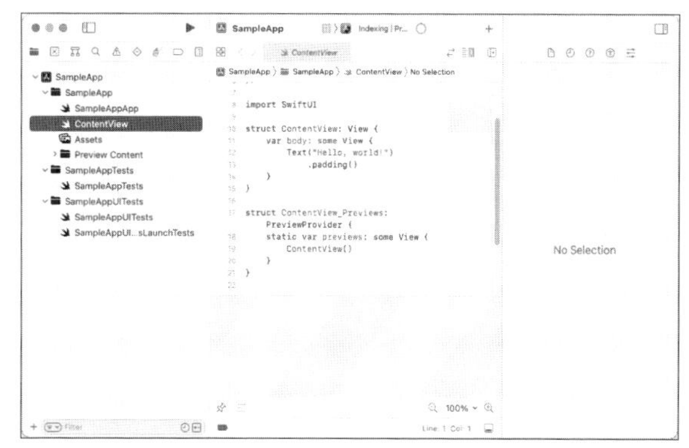

図3-63：作成されたプロジェクト。ContentViewというファイルが開かれ、そこにSwiftUIのコードが記述されている。

PreviewProviderについて

ただし、XcodeのSwiftUIプロジェクトでは、1つだけSwift Playgroundsと異なる部分があります。それは、ContentViewの下に書かれている「ContentView_Previews」という構造体です（これ、実は皆さん、すでに見たことがあります。「Appの作成を始めよう」のサンプルで学習をしたとき、「IntroView_Previews」という構造体のコードが書かれていたのを覚えている人もいるかもしれません。あれと同じものなのです）。

この構造体は、「PreviewProvider」というプロトコルを採用して作られています。PreviewProviderは、Xcodeのプレビューに表示を行うためのものです。

この構造体には、「previews」という静的なComputedプロパティが1つだけ用意されています。このプロパティに用意された処理の中で、表示するビュー（ここではContentView）インスタンスを値として返すようになっています。これがプレビューとして画面に表示されます。

プレビュー用のコードなので、開発にはまったく何の影響もありません。削除してしまっても問題ないのです。ただし、開発中はその場でアプリを表示できるプレビュー機能は非常に重宝しますから、なるべく残しておいたほうがいいでしょう。

学習はSwift Playgroundsで！

以上、Xcodeでのアプリプロジェクトの作成について簡単に説明しました。プロジェクトを作成し、ContentViewにコードをペーストすればアプリになるのですから、Swift PlaygroundsからXcodeへの移植は思った以上に簡単なことがわかるでしょう。

この他、アプリ内でイメージなどのファイルを使うような場合は、それらもXcodeプロジェクトに追加しないといけないこともありますが、いずれにしてもそう大変な手間ではありません。

「それなら、Macを使ってるなら、いちいちmacOS版のSwift Playgroundsを使うより、最初からXcodeで作ったほうが楽じゃない？」

そう思った人も多いかもしれません。けれど実際に使い比べてみれば、Swift Playgroundsのほうがスピーディに開発が行えることに気づくでしょう。

XcodeはmacOSとiOSの開発全般を行うものであり、本職の開発者が使うことを前提に作られているため非常に高機能であり、複雑です。アマチュアが「ちょっとアプリ作りを試してみたい」というにはあまりに強力すぎるのです。

アプリ作成の学習を行うなら、Swift Playgroundsのほうが圧倒的に向いています。アプリ開発についても、初歩の段階ではXcodeよりSwift Playgroundsで書いたほうが遥かに楽なはずです。

Swift Playgroundsで作成したコードをXcodeのプロジェクトに移植するのは非常に簡単なのですから、わざわざ最初から使いこなすのが大変なXcodeを利用する必要はありません。まずはSwift Playgroundsでしっかり学習。自分でアプリを作れるレベルになったら、少しずつXcodeへの移行を考える、ぐらいにみておけばいいでしょう。

Chapter 4

UI部品を使おう

SwiftUIにはさまざまなUI部品が用意されています。
ここで、その基本的な部品の使い方を覚えていきましょう。
またUIの部品から利用することの多い、
アラートやシートといった表示についても説明しましょう。

Chapter 4

4.1. テキスト入力とボタン

Buttonによるボタンの表示

Chapter 3ではTextを使ってビューの基本的な利用について説明をしました。ビューの基本操作がだいたいわかってきたら、Text以外のさまざまなボタンの利用について見ていくことにしましょう。

まずは「ボタン」からです。ボタンは「Button」という構造体として用意されています。以下のような形でインスタンスを作成します。

▼Buttonの作成

```
Button(action: {……}, label: {……})
Button( ラベル ) {……}
```

action	タップしたときに実行する処理を用意する。
label	ボタンに表示するビューを用意する。

Buttonはただ表示するだけでなく、タップしたら何らかの処理を実行するために用意するものです。ですから表示を行うlabelの他に、タップ時の処理をactionで用意する必要があります。

これらは関数を値として設定するようになっており、{…}の部分に実行する処理を用意します。labelの場合は表示するUI部品(Textなど)を用意すればいいですし、actionはここに処理を記述していきます。

Buttonの場合、actionに記述する処理が長くなるでしょう。そこで2番目のような書き方をすることもできます。引数にはボタンに表示するテキストを指定し、その後の{…}内にactionで指定する処理を記述するのです。この書き方はラベルにただテキストを指定するだけなので、表示されるテキストをカスタマイズすることはできませんが、手早くボタンを配置したいときに便利ですね。

Buttonを使ってみよう

実際にButtonを使ってみましょう。Chapter 3まで使ったプロジェクトを引き続き利用します。コードエディタから、ContentView構造体の内容を以下のように書き換えてください。

▼リスト4-1

```
struct ContentView: View {
  var body: some View {
    VStack {
      Spacer().fixedSize()
```

```
        Button(action: {
          print("Button tapped!")
        },label: {
          Text("action")
            .font(.title)
        })
        Spacer()
      }
    }
  }
```

実行すると、画面の上部に「action」と表示されたボタンが現れますので、タップしてみましょう。すると画面の左下に「Button tapped!」とバルーンのような表示が現れます。これは、コンソールに出力されたテキストがポップアップして表示されているものです。

図4-1：画面の左下に「Button tapped!」とバルーンが表示される。

コンソールとprint関数

バルーンの左側にアイコンが表示されていますね？　これをタップしてください。すると、エディタの下部にテキスト出力が表示されるエリアが現れます。ここに「Button tapped!」と出力されているでしょう。

これは「コンソール」と呼ばれるもので、プログラム内からさまざまな情報を出力するのに使われます。コンソールの表示は実際のアプリ画面には表示されないため、主にデバッグ用に用いられます。

このコンソールへの出力は以下のような関数を利用します。

```
print( 値 )
```

ここでもactionに設定された関数で、このprintを使っています。printはちょっとしたデバッグ作業などでも多用されるので、覚えておきましょう。

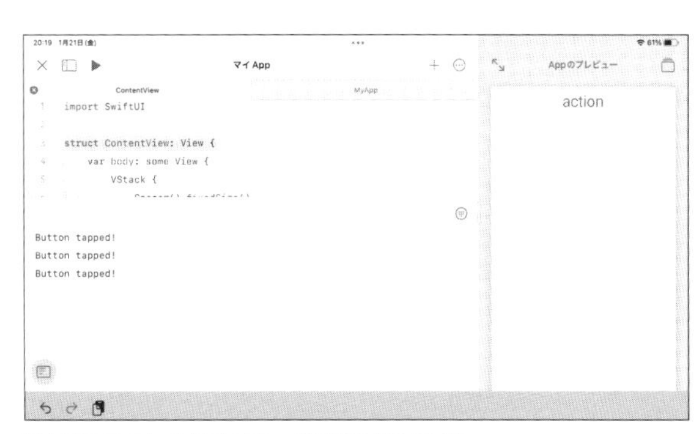

図4-2：コンソールにメッセージが出力されている。

状態管理と@State

Buttonのアクション設定がわかったら、ボタンをタップして他のUI部品の表示を操作してみることにしましょう。簡単なところから、Textで表示したテキストを変更する、ということを行ってみます。

一般的なアプローチを考えるなら、Textインスタンスを変数などに保管しておいて、ボタンをタップしたらTextのテキストを変更する、といったことをすればよさそうに思いますね。けれどSwiftUIでは、もっとシンプルかつパワフルな仕組みが用意されています。

SwiftUIではビューの構造体に、そのビューの状態を示す値を管理するプロパティを用意することができます。これは「@State」というものを使って作成します。

```
@State var 変数 = 値
```

このように、varの前に@Stateというものを付けると、このプロパティは状態を扱うものとして認識されます。この@Stateプロパティは内容が変更されると、それが内部で使われているビューをすべて更新し、最新の状態に変更します。例えば、@Stateプロパティを引数に指定してTextを作成したなら、プロパティを変更するだけで、そのTextの表示も変更することができるのです。

この@Stateは「カスタム属性」と呼ばれるものです。Chapter 3でアプリの名プログラムを示すのに「@main」というものが出てきましたね？　あれもカスタム属性でした。@の後に名前が付けられた形のものは、すべてカスタム属性です。

ボタンタップでテキストを変更する

では、@Stateプロパティを使って表示を変更してみましょう。ContentViewを以下のように書き換えてください。

▼リスト4-2

```
struct ContentView: View {
  @State var msg: String = "Hello."
  var body: some View {
    VStack {
      Spacer().fixedSize()
      Text(msg).font(.largeTitle)
      Spacer().fixedSize()
      Button(action: {
        msg = "Button tapped!"
      },label: {
        Text("action")
          .font(.title)
      })
      Spacer()
    }
  }
}
```

このサンプルでは「Hello.」というテキストの下にボタンが表示されます。これをタップすると、テキストの表示が「Button tapped!」に変わります。ごく単純なものですが、ボタンタップで表示が変更されているのがわかるでしょう。

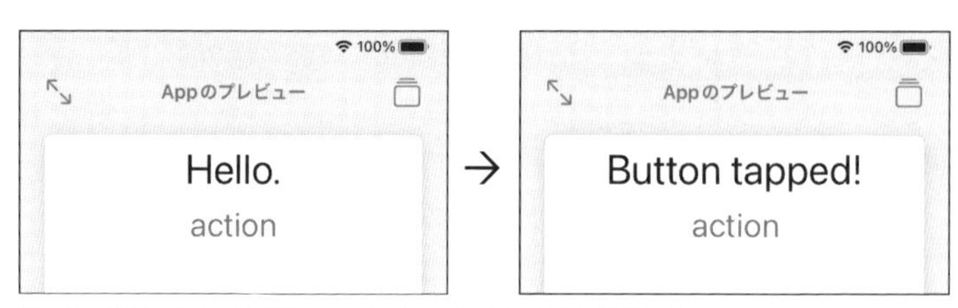

図4-3：ボタンをタップすると、表示されているテキストが変わる。

ここではContentViewの中に、以下のようなプロパティが追加されています。

```
@State var msg: String = "Hello."
```

これで、msgという@Stateプロパティが作成されます。そしてTextを作成する際にText(msg)というようにしてmsgを引数に指定し表示します。Buttonのactionではmsgの値を変更しているだけですね。これだけでmsgが表示されているTextが更新され、表示が変わります。

Textの表示テキストに@Stateプロパティを使っていますが、他の表示を行うのに利用しても同様に表示を更新することができます。

入力フィールドを利用する

次は、ユーザーからの入力を行ってみましょう。入力には「TextField」というビューを使います。これはテキストの入力を行えるようにするビューです。インスタンスは以下のようにして作成します。

▼入力フィールドのインスタンス作成

```
TextField( ラベル , text: 表示テキスト )
```

第1引数にはテキストを指定します。これはプレースホルダ（フィールドに初期状態で表示されるテキスト）として使われます。次のtext引数に、表示するテキストの値を用意します。これは先ほどの@Stateプロパティを利用します。ただし、少しだけ書き方が変わります。

```
$変数
```

このように、変数（プロパティ）の前に$記号を付けて記述する、というのを忘れないでください。これで、@Stateプロパティに入力したテキストが保管されるようになります。

このTextFieldも、入力するテキストのフォントは「font」メソッドで設定することができます。デフォルトでは少しテキストが小さいので、適当な大きさに調整して使うとよいでしょう。

C O L U M N

プロパティの「$」ってなに？

TextFieldでは、text引数に変数を指定するとき「$」という記号を付けることになっています。この$って、何でしょうか？　これは、変数の「参照」を示す記号です。参照というのは、変数の保管場所（住所みたいなもの）を示す値と考えてください。普通、関数の引数というのは、指定した値のコピーが渡されます。例えばTextFieldインスタンスを作るとき、引数にtext: aとすると、aプロパティそのものではなく、aプロパティのコピーが渡されるんです。ということは、この値を変更しても、元のaプロパティの値は変わりません。だって、コピーなんだから。textに変数を指定するときは、コピーではなく、元のプロパティそのものが渡されるようにしないといけません。そこで$が登場するのです。text: $aとすると、aのコピーではなく、「aが保管されている住所」が渡されます。TextFieldは、渡された保管場所に値を保存します（つまり、そこにある元のaプロパティの値が変更されます）。こんな具合に、「元のプロパティそのものを引数で渡したいとき」に参照は使われます。

TextFieldに入力したテキストを利用

では、実際にTextFieldを使った例を挙げましょう。ContentViewの内容を以下のように書き換えてください。

▼リスト4-3

```
struct ContentView: View {
  @State var msg: String = "Hello."
  @State var input: String = ""
  var body: some View {
    VStack {
      Spacer().fixedSize()
      Text(msg).font(.largeTitle)
      Spacer().fixedSize()
      TextField("your name", text: $input)
        .padding(10)
        .font(.title2)
        .textFieldStyle(RoundedBorderTextFieldStyle())
      Button(action: {
        msg = "Hello, \(input)!"
      },label: {
        Text("action")
          .font(.title)
      })
      Spacer()
    }
  }
}
```

実行すると、テキストの下に入力フィールドとボタンが表示されます。フィールドをタップして名前を記入し、ボタンをタップすると、「Hello, ○○!」とメッセージが表示されます。記入した名前を取得し利用しているのがわかるでしょう。

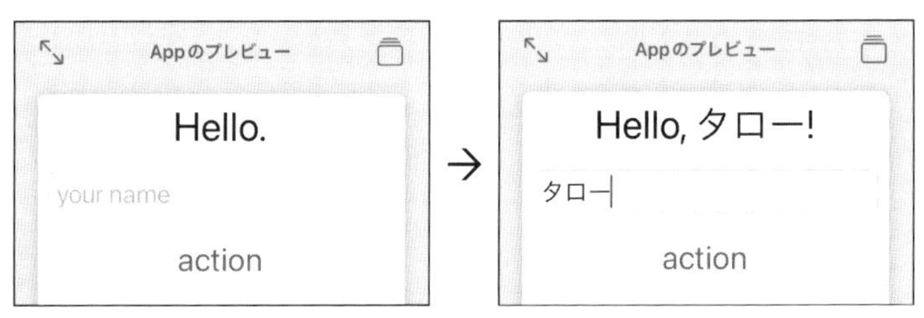

図4-4:入力フィールドに名前を書いてボタンをタップすると、「Hello, ○○!」とメッセージを表示する。

今回は、ContentViewに以下の2つの@Stateプロパティを用意しておきました。

```
@State var msg: String = "Hello."
@State var input: String = ""
```

msgは、表示するメッセージのテキストです。そしてinputが、フィールドに入力した値を保管するものになります。ここでは以下のようにTextFieldを用意しているのがわかるでしょう。

```
TextField("your name", text: $input)
```

これで、入力したテキストがinputプロパティに設定されるようになります。後は、このinputを利用したメッセージをmsgプロパティに設定すれば、それがTextに表示されます。

textFieldStyleについて

今回TextFieldでは、paddingとfontの他に「textFieldStyle」というメソッドも使っていますね。これはTextFieldの表示スタイルを設定するものです。

TextFieldはいくつかの表示スタイルを持っており、textFieldStyleでどんな値を設定するかによって表示スタイルが変わります。用意されている表示スタイルの値には以下のようなものがあります。

DefaultTextFieldStyle	デフォルトのスタイル
PlainTextFieldStyle	テキストだけしか表示されない
SquareBorderTextFieldStyle	四角形の輪郭が表示されたスタイル
RoundedBorderTextFieldStyle	角の丸い四角形の輪郭が表示されたスタイル

いずれも構造体として用意されています。textFieldStyleに設定する際は、DefaultTextFieldStyle()というようにインスタンスを作成して設定してください。

タップとロングタップ

ボタンのタップによる操作は、actionを使って簡単に作成できます。では、それ以外のビューはどうでしょうか。

例えばTextは、ただテキストを表示するだけのUI部品です。しかし、Textをタップして何かを実行させるようなこともあるでしょう。このような場合のために、タップ時の処理を設定するメソッドというのも用意されています。

▼タップしたときの処理を設定する

```
《View》.onTapGesture {……}
```

▼ロングタップしたときの処理を設定する

```
《View》.onLongPressGesture(minimumDuration: 秒数, perform: {……})
```

普通にタップして何かの処理を実行させたいなら、onTapGestureメソッドで処理を設定すればいいでしょう。これにより、TextをButtonと同じように利用できるようになります。

onLongPressGestureはロングタップの設定メソッドで、実行する処理を設定するperformと、ロングタップまでの秒数を指定するminimumDurationが用意されています。

なお、minimumDurationのほうは省略できます。省略すると、システムによって設定されたデフォルトの時間がそのまま使われます。

タップとロングタップを使う

では、実際にタップとロングタップの処理を行ってみましょう。ContentViewを次のように書き換えてください。

▼リスト4-4

```
struct ContentView: View {
  @State var msg: String = "Hello."
  @State var input: String = ""
  var body: some View {
    VStack {
      Spacer().fixedSize()
      Text(msg).font(.largeTitle)
        .onTapGesture {
          msg = "Bye, \(input)."
        }
        .onLongPressGesture(perform: {
          msg = "Hello."
        })
      Spacer().fixedSize()
      TextField("your name", text: $input)
        .padding(10)
        .font(.title2)
        .textFieldStyle(RoundedBorderTextFieldStyle())
      Button(action: {
        msg = "Hello, \(input)!"
      },label: {
        Text("action")
          .font(.title)
      })
      Spacer()
    }
  }
}
```

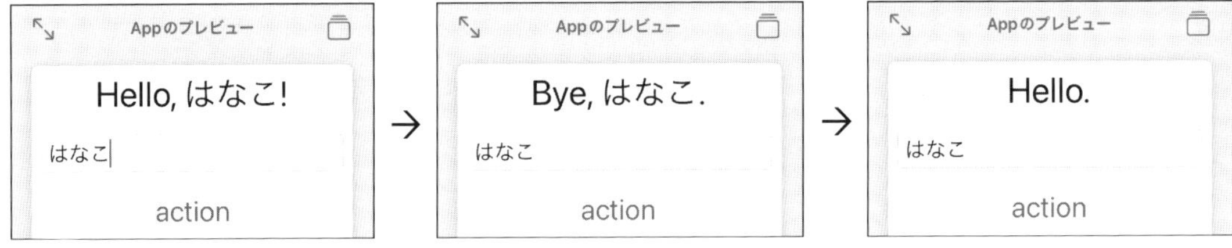

図4-5：普通にボタンをタップすると「Hell, ○○!」に、テキストをタップすると「Bye, ○○.」、ロングタップすると「Hello.」に変更される。

見た目はこの前のサンプルとまったく同じです。入力フィールドに名前を書いてタップすると、「Hello, ○○!」と表示されるというのも同じですね。

では、メッセージが表示されたテキストをタップしてみましょう。すると今度は、「Bye, ○○.」と表示が変わります。さらにテキストを長くタップし続けると、「Hello.」と表示が変わります。

では、画面に表示しているTextがどのように作成されているのか見てみましょう。

```
Text(msg).font(.largeTitle)
  .onTapGesture {
    msg = "Bye, \(input)."
  }
  .onLongPressGesture(perform: {
    msg = "Hello."
  })
```

Textインスタンスを作り、fontでフォントを設定しています。そこからさらにonTapGestureとonLongPressGestureを呼び出していますね。

これで、タップとロングタップの処理を作成していたのですね。このように、UI部品にタップやロングタップの処理を追加するのは意外と簡単です。

オブジェクトで状態を管理する

@Stateによる状態管理はプロパティを用意して値を利用するだけなのでとても扱いが簡単です。ただ、この方法は管理する値が少なければいいのですが、数が増えてくると次第にわかりにくくなってきます。

例えば、さまざまな値を管理していたらプロパティが100以上並ぶことになってしまったらどうでしょう？　ContentViewの冒頭に100行の@Stateがずらっと並ぶのを想像してみてください。これは、かなり避けたい状況でしょう。

このような事態に陥る前に、「状態をオブジェクトで管理する」ということを考えるべきです。必要な値をひとまとめにしたクラスを定義し、このインスタンスを状態管理のプロパティに設定しておくのです。後は、このインスタンスから必要なプロパティを取り出し利用すればいいのです。こうすることでContentViewもすっきりと整理できますし、操作する状態の値はすべて定義したクラスで管理できますから、ContentViewの中に何もかも押し込むよりもだいぶわかりやすくなるでしょう。

ただし、この「オブジェクトによる状態管理」は@Stateに比べるとかなり難しいです。ここで基本的な使い方を説明しておきますが、これは今すぐ覚える必要はありません。よくわからなければ、そのまま先に進んでもまったく問題ないです。もっとSwiftUIを使いこなせるようになってから、改めて勉強し直せばいいのですから。

というわけで、「こういう状態管理ができるんだ」という参考程度に考えて読んでください。

ObservableObjectクラスと@Published

状態管理にクラスを使う場合、「適当にクラスを作ってプロパティに入れておけばOK」というわけにはいきません。インスタンス内のプロパティが更新されてもちゃんと状態が更新されるような仕組みを持ったクラスを作り、プロパティに設定してやらなければいけないのです。

では、どのようにしてクラスを定義するのか。以下に簡単にまとめておきましょう。

▼状態管理クラスの定義

```
class クラス名: ObservableObject {
  @Published var 変数 = 値
  ……略……
}
```

状態管理用のクラスは「ObservableObject」というプロトコルを採用して作る必要があります。プロトコルというのは、実装がないクラスみたいなものでしたね。これを採用することで、このクラスが状態管理用のクラスとして利用できるようになります。

そして、状態を保管するプロパティは「@Published」というカスタム属性を付けて定義します。これは公開されたプロパティを示すもので、これにより、このプロパティが変更されると使用しているビューが更新されるようになります。

状態管理クラスの利用

こうして定義したクラスは、これを使って状態管理をするビュー（ここではContentView）にプロパティとして用意します。以下のような形で記述します。

```
@ObservedObject var 変数 : クラス
```

@ObservedObjectを付けることで、このプロパティに代入されるインスタンスがObservableObjectクラスであることが明確になります。そして@Publishedなプロパティが変更されると、それを利用しているビューが更新されるようになります。

ObservableObjectクラスで状態管理

状態管理クラスを作って利用してみることにしましょう。今回は数字をカウントするサンプルを作成してみます。そのために、現在の数字と表示する色の情報をまとめて管理するContentDataクラスを作成しておきます。

ではコードエディタを開き、ContentView構造体の手前辺りに以下のコードを記述してください。

▼リスト4-5

```
class ContentData: ObservableObject {
  @Published var count = 0
  @Published var color = Color.black

  func update()->Void {
    count += 1
    switch count % 3 {
      case 0: color = Color.red
      case 1: color = Color.green
      case 2: color = Color.blue
    default: color = Color.black
    }
  }

  func reset()->Void {
    count = 0
    color = Color.black
  }
}
```

ここではcountとcolorという2つのプロパティを用意しました。いずれも@Publishedを付けて変更が監視されるようにしておきます。この他、数字を1増やして色を変更する「update」メソッドと、状態を初期化する「reset」という2つのメソッドを用意しておきました。updateではcountの数字を1増やし、これを3で割った余りによってcolorの値を赤・緑・青のいずれかに設定するようにしてあります。resetはcountとcolorの値を初期値に戻すだけです。

見たことないクラス定義が出てきてコードがずらっと書かれていると、なんだか難しそうに見えてしまうものです。しかし、ここでやっていることは特に難しいことではありません。コードを良く読めば、これまで習ったことで十分理解できる処理しかしていないのがわかるでしょう。

@ObservedObjectプロパティを利用する

では、作成したContentDataを使って状態管理をするようにContentViewを修正してみましょう。

▼リスト4-6

```
struct ContentView: View {
  @ObservedObject var states: ContentData
  var body: some View {
    VStack {
      Spacer().fixedSize()
      Text("Count: \(states.count).").font(.largeTitle)
        .foregroundColor(states.color)
        .onTapGesture {
          states.reset()
        }
      Spacer().fixedSize()
      Button(action: {
        states.update()
      },label: {
        Text("action")
          .font(.title)
      })
      Spacer()
    }
  }
  public init() {
    states = ContentData()
  }
}
```

「action」ボタンをタップすると、表示されている数字が「Count: 1」「Count: 2」「Count: 3」……と順に増えていきます。数字が増えると、表示されるテキストの色もカウントするごとに赤・緑・青と変わっていきます。カウントした数字の部分をタップすると、ゼロに戻ります。

図4-6：actionをタップすると数字をカウントしていく。数字をタップするとゼロに戻る。

ここでは以下のように状態管理のプロパティを用意しています。

```
@ObservedObject var states: ContentData
```

注意したいのは、このプロパティを定義したところではインスタンスを代入していない、という点です。実際にインスタンスを設定するのは初期化する際です。今回はContentViewにinitメソッドを用意し、その中でContentDataインスタンスを作成しています。

```
public init() {
  states = ContentData()
}
```

このContentDataインスタンスから必要な値を取り出してビューに設定をします。ここではTextのテキストとテキストカラーにプロパティを設定しています。

```
Text("Count: \(states.count).").font(.largeTitle)
  .foregroundColor(states.color)
```

statesプロパティからcountとcolorの値を取り出して利用しているのがわかるでしょう。これらの値が更新されると、このTextの表示も更新されるようになります。

また、数字をカウントする処理は、ButtonのactionでContentDataクラスのメソッドを呼び出すことで行っています。Buttonインスタンスの作成部分を見ると、こうなっているのがわかりますね。

```
Button(action: {
  states.update()
}, ……
```

statesからupdateメソッドを呼び出しているだけです。これでstates内のプロパティが更新され、それらのプロパティを使っているTextの表示も更新されるようになります。

基本は@Stateの利用

以上、Text、TextField、Buttonといったビューを使い、ContentViewの基本について説明をしました。最後にクラスを使った状態管理というのができて、いきなり難しくなってしまいましたが、すでに言ったように、これは難しかったら覚えなくてもまったくかまいません。

状態管理の基本は「@State」です。@Stateを使ってプロパティを用意し、これを利用して表示を更新する。この基本的な仕組みをしっかりと理解し、自分で使えるようになりましょう。@Stateさえ使えれば、当面は困ることがありませんから。

Chapter 4

4.2. 主なUI部品を使ってみよう

トグルの利用

ビューと状態管理の基本がわかったところで、SwiftUIに用意されているさまざまなUI部品について使い方を見ていくことにしましょう。まずは「トグル」です。トグルはタップしてON/OFFするスイッチのようなUI部品です。iPhoneやiPadではアプリの設定画面などで使われているからおなじみでしょう。

このトグルは「Toggle」という構造体として用意されていて、さまざまな引数でインスタンスを作れるようになっています。とりあえず、ここではもっとも基本的な形だけ覚えておきましょう。

▼Toggleの作成

```
Toggle( ラベル , isOn: $変数 )
```

ラベル	トグルに表示するテキスト。Stringで指定。
isOn	ON/OFFの状態を保管するBool型の変数。$を付けて記述する。

isOnに指定する変数は、Toggleを操作すると値が変更されます。こういうときは、$を付けて参照というものを渡すんでしたね。忘れてた人は、TextFieldのところを読み返しましょう。

Toggleを使ってみる

では、実際にToggleを使ってみましょう。ContentViewの内容を以下のように書き換えてください。

▼リスト4-7

```
struct ContentView: View {
  @State var flag: Bool = false
  var body: some View {
    VStack {
      Spacer().fixedSize()
      Text("State: \(flag ? "Onです": "Offです").")
        .font(.largeTitle)
      Spacer().fixedSize()
      Toggle("トグルスイッチ", isOn: $flag)
        .padding(25)
      Spacer()
    }
  }
}
```

ここではTextの下に1つ、Toggleを表示しています。このToggleは、タップすることでON/OFFを切り替えます。実際に操作して動きを確認しましょう。

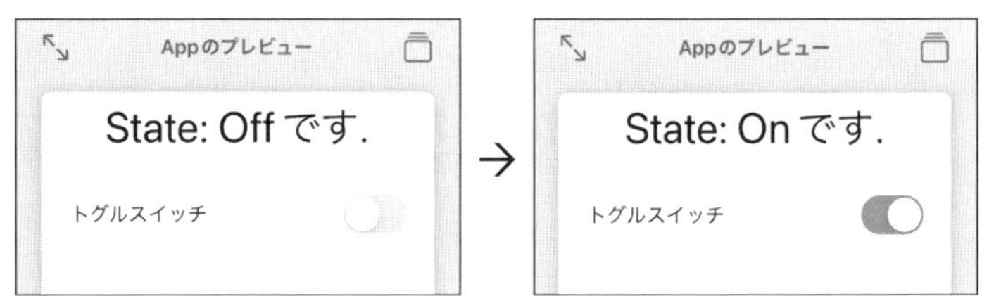

図4-7：ToggleをON/OFFすると、メッセージが変更される。

今回のサンプルでは、ON/OFFするごとに表示されるメッセージが「Onです.」「Offです.」と切り替わるようになっています。ここではON／OFF状態を保管するために、flagという@Stateプロパティを用意してあります。

```
@State var flag: Bool = false
```

そしてToggleを作成するとき、isOnにこのflagの参照を指定しています。

```
Toggle("トグルスイッチ", isOn: $flag)
```

これで、ON/OFFされるごとにflagプロパティの値が変更されるようになります。このflagはTextの表示テキストで、以下のように使っています。

```
Text("State: \(flag ? "Onです": "Offです").")
```

Textの表示テキストの中に、\(flag ? "Onです": "Offです")というようにしてflagを埋め込んでありますね。これは、どういうものか覚えてますか？　そう、三項演算子というものでしたね。これで、flagの値がtrueならば"Onです"、falseなら"Offです"とテキストが出力されるようになります。

ステッパーの利用

続いて「ステッパー」というUI部品です。ステッパーは「＋」「ー」という2つのボタンからなる部品です。これらをクリックして値の増減を行います。

ステッパーは、「Stepper」という構造体として用意されています。以下のようにしてインスタンスを作成します。

▼Stepperの作成

```
Stepper( ラベル , onIncrement: {……}, onDecrement: {……} )
Stepper( ラベル ) {……} onDecrement: {……}
```

ラベル	部品に表示されるテキスト
onIncrement	「＋」をタップしたときの処理
onDecrement	「ー」をタップしたときの処理

Strepperは、実は「値の増減をする」という機能は持っていません。「＋」と「－」のそれぞれをタップしたときに実行する処理を作成できるだけです。ですから「＋」で値が減り、「－」で増えるようなステッパーも作れますし、必ずしも値が増減する必要もないのです。「＋」と「－」の2つのボタンにどんな役割を与えるかは開発者次第です。

Stepperを使ってみる

Stepperを利用した例を作成してみましょう。ContentViewを以下のように書き換えてください。

▼リスト4-8

```
struct ContentView: View {
  @State var value: Int = 1
  @State var step: Int = 2
  @State var step2: Int = 1
  var body: some View {
    VStack {
      Spacer().fixedSize()
      Text("Value: \(value) です.")
        .font(.title)
      Spacer().fixedSize()
      Stepper("数字を増減します",
        onIncrement: {
          value = step
          let step0 = step2
          step2 = step
          step = step0 + step2
        },
        onDecrement: {
          let step0 = step2
          step2 = step - step2
          step = step0
          value -= step - step2
        })
        .padding(25)
      Spacer()
    }
  }
}
```

フィボナッチ級数を使って値を増減するステッパーを作ってみました。「＋」をタップすると、値が1, 2, 3, 5, 8, 13……と増えていきます。「－」をタップすると、値が減っていきます。特に1以下になった場合の処理など用意してないので、それより小さくなると値の増減がおかしくなります。1以上で使うものと考えてください。

図4-8:「＋」をタップするとフィボナッチ級数で値が増えていく。「－」で減っていく。

今回は、まず以下のような@Stateプロパティを用意してあります。

```
@State var value: Int = 1
@State var step: Int = 2
@State var step2: Int = 1
```

実際に表示に使っているのはvalueだけで、後はvalueの計算を行うために値を保持しているものです。それなら普通のプロパティでよさそうなものですが、実は、@Stateを付けていないプロパティには値を代入できません。構造体はメソッド内からプロパティを変更できないのです(変更する方法はありますが、基本、できないと考えておきましょう)。

@Stateを付けたものはプロパティですが、例外的に値の変更が自由にできるようになります。ですから、実際に表示に使わないプロパティでも、値を変更するものはすべて@Stateを付けてあります。

実際の計算はonIncrementとonDecrementの関数で行っています。フィボナッチ級数というのは「現在の数と、その1つ前の数の合計が次の数になる」というように増えていく数列です。こんな感じですね。

```
1, 1, 2, 3, 5, 8, 13, 21, 34, 55, 89, 144, 233, 377, 610, 987,……
```

計算そのものは別に難しいものではありません。現在の値が1なら次の値に2を保管しておく。「+」を押したら次の値の2を現在の値にして、1+2=3を次の値にする。 また「+」を押したら3を現在の値にして、2+3=5を次の値にする。……という具合に「現在の値と次の値」をプロパティに保管して、「+」や「—」を押すたびにこの2つの値を書き換えていくのですね。

onIncrementとonDecrementの関数でどのように計算をしているのか、それぞれで考えてみましょう。

C O L U M N

関数を値に持つ引数の書き方

Stepperの書き方の例として、ここでは以下の2つの形式を挙げておきました。

```
Stepper( ラベル, onIncrement: {……}, onDecrement: {……} )
Stepper( ラベル ) {……} onDecrement: {……}
```

これ、実は「まったく同じもの」なのです。Swiftでは関数を値に持つ引数は、()の外に出すことができるようになっています。例えばこんな具合です。

```
abc(a, func: {……}) → abc(a) {……}
abc(a, func1: {……}, func2: {……}) → abc(a) {……} func2: {……}
```

関数を値に持つ引数がある場合、そこに直接処理を記述すると、引数の()部分がとんでもなく長くなってしまいます。これはコードの見通しを悪くし、わかりにくくしてしまいます。そこで、関数を値に持つ引数は、()の後に{…}という形で関数の処理を追加する形で書けるようにしたのです。引数が2つある場合は、2つ目以降に「引数:{……}」というように、引数名を付けて記述をします。この書き方はこれから先、何度も登場することになるので、ぜひ頭に入れておきましょう。

スライダーの利用

数値の入力をスムーズに行うために利用するのが「スライダー」です。「Slider」という構造体として用意されています。インスタンスの作成は以下のようにして行います。

▼Sliderの作成

```
Slider( value: $変数 )
Slider( value: $変数 , in: 範囲 )
Slider( value: $変数 , in: 範囲 , step: 整数 )
```

Sliderインスタンスを作成する際は、必ず「value」という引数を用意します。これは現在のスライダーの値を保管するための変数で、$を付け参照として用意をします。

これだけでスライダーは使えるようになります。ただしデフォルトの状態では、スライダーの範囲は0～1の間の実数になります。これで問題ないなら、このまま使えばいいでしょう。

「整数で指定した範囲の値を選ぶようにしたい」という場合は、「in」という引数を使います。これは数の範囲を値として用意します。整数の値は「0...100」というようにして、範囲を指定することができましたね？あれを使ってスライダーの最小値から最大値までを指定するのです。

さらには、「いくつごとに増減するようにしたいか」も指定できます。これは「step」という引数を使います。例えば「step: 5」とすると、スライドすると5ずつ値が増減するようになります。

Sliderを使ってみる

Sliderを使って数値の入力を行ってみましょう。ContentViewの内容を以下に書き換えてください。

▼リスト4-9

```
struct ContentView: View {
  @State var value: Double = 0
  var body: some View {
    VStack {
      Spacer().fixedSize()
      Text("Value: \(Int(value))です.")
        .font(.title)
      Spacer().fixedSize()
      Slider(value: $value, in: 0...100)
        .padding(25)
      Spacer()
    }
  }
}
```

ここでは0～100の範囲で値を選ぶスライダーを1つ用意しました。ノブを左右に動かすと、表示されている値がリアルタイムに変わっていくのがわかるでしょう。

図4-9：スライダーを動かすと、リアルタイムに数値が更新される。

ここではスライダーの値を保管するために、以下のようにプロパティを用意しています。

```
@State var value: Double = 0
```

Sliderの値はDouble値で設定されます。今回のように整数値だけしか選べないようにした場合でも同じなので、間違えないようにしましょう。そして、Sliderを以下のように作成しています。

```
Slider(value: $value, in: 0...100)
```

$valueと参照を指定することで、Sliderの値がvalueプロパティに保管されるようになります。後は、このvalueの値を使って結果を表示するだけです。

ピッカーの利用

複数の候補の中から1つを選択するようなときに用いられるUI部品が「ピッカー」と呼ばれるものです。ピッカーにはいくつかの種類があります。

まずは、もっとも基本的なピッカーから説明しましょう。これは「Picker」という構造体として用意されています。以下のような形で作成をします。

▼Pickerの作成

```
Picker( ラベル , selection: $変数 , content: {……})
Picker( ラベル , selection: $変数 ) {……}
```

ラベル	ピッカーの名前に相当するテキスト。
selection	選択した項目のインデックスを保管する$変数。
content	ピッカーに表示する項目を生成する関数。

Pickerは、ラベル、選択した番号の変数、そしてコンテンツを作る関数の3つの引数で構成されています。selectionは選択した項目のインデックスが保管されますから、変数の値を変更できるよう$を使って参照を指定します。contentは()の外に出して記述することもできます。

contentの項目作成

最大のポイントはcontentでしょう。ここに設定する関数で、ピッカーに表示する内容を作成するのです。では、どんなものを表示する項目として用意すればいいのでしょうか？

これは、表示するUI部品をそのまま記述すればそれでいいのです。例えばこんな具合ですね。

```
content: {
  Text("A")
  Text("B")
  Text("C")
}
```

これで、「A」「B」「C」という3つのテキストが項目として表示されるようになります。非常に単純ですね。

ピッカーを使ってみる

では、実際にピッカーを使ってみることにしましょう。ContentViewを以下のように書き換えてください。

▼リスト4-10

```
struct ContentView: View {
  let data = [
    "Apple", "Orange", "Banana", "Grape", "Melon"
  ]
  @State var value: Int = 0
  var body: some View {
    VStack {
      Spacer().fixedSize()
      Text("Select: \(data[value]) です.")
        .font(.title)
      Spacer().fixedSize()
      Picker("ピッカー", selection: $value, content: {
        ForEach(0..<data.count) {n in
          Text(data[n])
        }
      }).padding(25)
      Spacer()
    }
  }
}
```

ここでは果物の名前をまとめたリストを表示するピッカーを用意しました。初期状態では、テキストの下に「Apple」というボタンが表示されているでしょう。

これをタップすると、画面に「Apple」「Orange」といった選択リストが現れます。これがピッカー用に用意した項目です。どれかを1つタップして選ぶとそれが選択され、メッセージが変更されます。

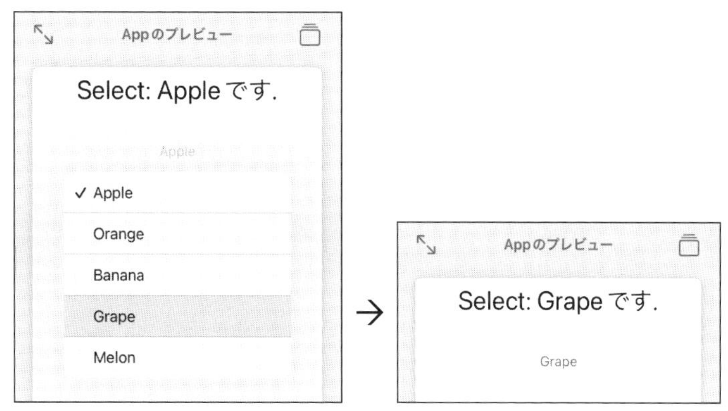

図4-10：ピッカーのリンクをタップするとリストが現れる。ここで項目を選ぶと、それが選択される。

ここでは以下のように表示する項目名を、配列にまとめたものを用意してあります。

```
let data = [
  "Apple", "Orange", "Banana", "Grape", "Melon"
]
```

このリストを元にTextを作成し、ピッカーの項目として表示しているのです。選択項目の保管用には以下のプロパティを用意しています。

```
@State var value: Int = 0
```

保管されるのは選択した項目のインデックスなので、Int型の変数として用意しておきます。

ForEachについて

ここでは配列からTextを作成するのに、「ForEach」というものを使っています。これも、実はSwiftUIのUI部品の1つです。「コンテナの一種」と考えるとイメージしやすいでしょう。配列などのデータから自動的にビューを作成するコンテナですね。

このForEachもインスタンスの作成方法は多数あるのですが、ここでは以下のように作成をしています。

▼ForEachの作成

```
ForEach( 範囲 ) { 変数 in ……}
```

()には「0..<data.count」という設定がされています。「...」というのはすでに使いましたね。ここでの「..<」はこれと同じようなもので、「0以上data.count未満」の範囲を作成します。data.countというのは配列dataの要素数です。つまり、「0以上、配列の要素数未満」の範囲を指定していたのですね。

先ほどのリストでは、この後の{}に{n in ～というように記述がされていますね。()の範囲から順に値を取り出し、この変数nに入れて処理を実行していくのです。この{}部分でTextを作成しています。

```
Text(data[n])
```

配列dataのn番目の値を表示するTextを作っています。dataにある値を順に次々と取り出してはTextを作成していくようになるのです。

このForEachは、これ自体が画面に見える部品というわけではないため、なんとなくイメージしにくいものでしょう。使えるようになれば非常に便利なので、サンプルでコードを書く際にはForEachを使ってみてください。実際に何度となく使っていけば、自然と使い方も身につくはずですよ。

カラーピッカーの利用

続いて、色を選択する「カラーピッカー」についてです。カラーピッカーはその名の通り、色を選択するためのピッカーです。「ColorPicker」という構造体として用意されており、以下のような形でインスタンスを作ります。

▼ColorPickerの作成

```
ColorPicker( ラベル , selection: $変数 )
```

第1引数にはラベルとなるテキストを用意します。selection引数には選択した色の値を保管しておく変数を指定します。これは例によって$を付けて参照として用意します。これで、ピッカーで選択した値がselectionの変数に設定されるようになります。Pickerよりも表示する値を作成する処理がない分、簡単ですね。

カラーピッカーを使ってみる

では、カラーピッカーを利用してみましょう。ContentViewを以下のように修正してください。

▼リスト4-11

```
struct ContentView: View {
  @State var value: Color = Color.black
  var body: some View {
    VStack {
      Spacer().fixedSize()
      Text("Select: \(value.description)です.")
        .font(.title)
        .foregroundColor(value)
      Spacer().fixedSize()
      ColorPicker("カラーピッカー", selection: $value)
        .padding(25)
      Spacer()
    }
  }
}
```

実行すると、「カラーピッカー」という表示と、その右端に丸いアイコンのようなものが表示されます。これをタップすると、画面に色を選択するパネルが現れます。これがカラーピッカーです。

ここで色を選んで、右上のクローズボタンをタップして閉じると、選んだ色の値がメッセージとして表示されます。また、メッセージのテキストカラーも選んだ色に変わっているのがわかります。

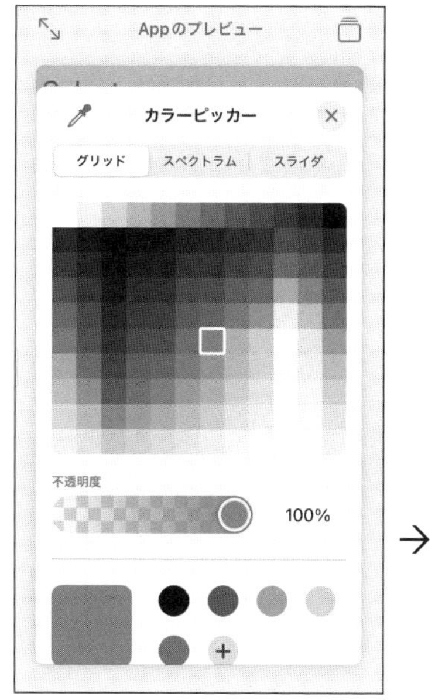

図4-11：カラーピッカーをタップすると、色を選択するパネルが現れる。ここで選んでパネルを閉じると、色の値が表示される。

色の値は何だかよくわからない暗号のような記述になっていると思いますが、これはColorインスタンスの「description」というプロパティを使い、無理やりテキストとして表示しているためです。Colorはテキストとして扱うことはほとんどないので、わかりやすいテキスト表示を考えて設計されていないのかもしれませんね。

ここでは選択した色の値を保管するために、以下のようなプロパティを用意しています。

```
@State var value: Color = Color.black
```

変数の型はColorにしておきます。デフォルトではColor.blackで黒の値を指定してあります。そしてColorPickerを作成するときに、このvalueプロパティを引数に使います。

```
ColorPicker("カラーピッカー", selection: $value)
```

これで、選択した色がvalueプロパティに保存されるようになります。後は、valueの値を利用して表示を作成するだけです。Pickerよりも扱いが簡単ですね！

日付ピッカーの利用

日時の入力を行うために用意されているのが「日付ピッカー」です。「DatePicker」という構造体として用意されています。以下のような形でインスタンスを作成します。

▼DatePickerの作成

```
DatePicker( ラベル , selection: $変数 )
DatePicker( ラベル , selection: $変数 , displayedComponents: [コンポーネント])
```

基本はラベルとなるテキストと、selection引数に引数を用意するだけです。この変数は選択した日時の値を保管するためのもので、$を付けて設定します。

これで基本的な日付ピッカーは利用できます。この状態では、日付と時刻の両方の設定を行うようになります。

displayedComponentsについて

もし日付のみあるいは時刻のみを設定したい場合は、displayedComponentsで表示するコンポーネントを配列でまとめて設定します。

このコンポーネントはDatePickerComponentsという構造体として用意されており、この中にある以下のプロパティを利用します。

DatePickerComponentsのプロパティ

date	日付のコンポーネント
hourAndMinute	時刻のコンポーネント

これらを使い、表示するコンポーネントをdisplayedComponentsで指定することで、日付だけや時刻だけを設定できるようになります。

日付ピッカーを使ってみる

日付ピッカーを利用してみましょう。ContentViewの内容を以下に書き換えてみてください。

▼リスト4-12

```
struct ContentView: View {
  @State var value: Date = Date()
  var body: some View {
    VStack {
      Spacer().fixedSize()
      Text("\(value)です.")
        .font(.title2)
      Spacer().fixedSize()
      DatePicker("日時を選択", selection: $value,
          displayedComponents: [.date, .hourAndMinute])
        .padding(20)
      Spacer()
    }
  }
}
```

ここでは「日時を選択」というテキストの右側に、日付と時刻が表示されたボタンのようなものが並んで表示されます。これらは日付ピッカーに設定されたコンポーネントによるものです。今回のサンプルでは、日付と時刻の両方を表示するようにしてあります。

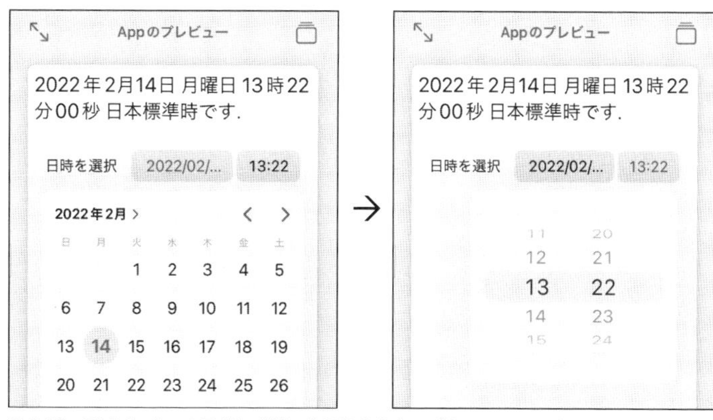

図4-12：日付ピッカーの日付と時刻の表示部分をタップすると、それぞれの値を入力できる。

では、コードを見てみましょう。ContentViewでは以下のようなプロパティが用意されています。

```
@State var value: Date = Date()
```

これがDatePickerのselectionで使われるプロパティになり、「Date」というほうの値になります（Dateについては後述します）。DatePickerインスタンスの作成は以下のように行っています。

```
DatePicker("日時を選択", selection: $value,
  displayedComponents: [.date, .hourAndMinute])
```

selectionには$valueを指定しています。これで、選択した日時の値がそのままvalueに保管されるようになります。

displayedComponentsでは、[.date, .hourAndMinute]という値を指定しています。配列でDatePickerComponentsの.dateと.hourAndMinuteを配列にまとめて渡しています。これで、日付と時刻の両方のコンポーネントが選択できるようになります。

Dateと日時の値の扱い

DatePickerで選択される値（selectionに設定される値）は「Date」という構造体です。DateはiOSやmacOSで日時を扱う場合の基本となる値です。

この値はDatePickerで得られるだけでなく、普通にインスタンスを作成して使うこともできます。現在の日時を表すDateは以下のように簡単に作れます。

▼現在の日時を示すDateの作成

```
Date()
```

ただし、決まった日時を指定してDateを作成するのはちょっと面倒です。これには「Calendar」というカレンダーを扱う構造体を用意しなければいけません。以下のように作成します。

▼Calendarを作成

```
Calendar(identifier: 《Identifier》)
```

引数のidentifierは、使用するカレンダーの種類を示すものです。西暦ならば、「.gregorian」を指定すると覚えてしまいましょう。

Calendarを作成したら、その「date」メソッドを使って特定の日時のDateを作成します。

▼指定した日時のDate作成

```
《Calendar》.date(from: DateComponents(yeay: 年, month: 月, day: 日, hour: 時, ⏎
minute: 分, second: 行 )
```

年月日時分秒のそれぞれの値を引数に指定して呼び出します。これらはすべて必要なわけではなく、不要な項目は省略できます(その場合、その値はゼロになります)。これで思い通りの日時が作れるようになります。

日時のフォーマット

Dateインスタンスはそのままテキストに\()で埋め込めば、「〇〇年〇月〇日〇曜日×時×分×秒 日本標準時」という形で日時が出力されます。ただ日時を表示するだけならこれで十分でしょう。

もし決まった形式で日時を表示したいのであれば、「DateFormatter」という構造体を利用します。これは日時を決まった形式にフォーマットするためのもので、以下のように作成します。

▼DateFormatterの作成

```
DateFormatter()
```

▼フォーマットの指定

```
《DateFormatter》.dateFormat = パターン
```

インスタンスを作成後、dateFormatプロパティにフォーマットのためのパターンをテキストで指定します。これは決まった記号を組み合わせて作成します。用意されている主な記号は以下のようになります。

y…………年の値
M…………月の値
d…………日の値
E…………曜日の値
h, H……時の値（12時制と24時制）
m…………分の値
s…………秒の値
S…………ミリ秒の値

これらは1～2桁（yは1～4桁）で記述します。2桁にすると値も2桁表記になります。例えば1月のMは「1」ですがMMは「01」になるわけです。2001年のyは「1」、yyは「01」、yyyyは「2001」になります。

これらの記号を使って表示する形式をテキストで指定します。"yyyy年M月d日"というような具合ですね。

▼Dateをフォーマットする

```
変数 =《DateFormatter》.string(from: 《Date》)
```

作成したDateFormatterは、「string」というメソッドで利用します。from引数にDateを指定して呼び出すと、dateFormatプロパティに指定されたパターンに従ってフォーマットしたテキストを返します。

日時の演算

Dateは簡単な演算を行う機能があります。まず、「2つの日時の間を計算する」という方法からです。

▼2つの日時の差を得る

```
変数 =《Date》.distance(to: 《Date》)
```

Dateインスタンスから「distance」メソッドを呼び出し、to引数にもう1つのDateを指定します。これで2つのDateの差を得ることができます。

差は「TimeInterval」という値として得られます。難しそうな型ですが、実はこれ、ただのDouble値です。distanceは、2つのDateの差を秒数換算した値として返すのです。

続いて、日時の足し算引き算です

▼日時に時差を加算減算する

```
変数 =《Date》+《TimeInterval》
変数 =《Date》-《TimeInterval》
```

DateはTimeIntervalを加算減算することができます。これで、指定した時差だけ足し引きした日時のDateが得られます。

例えば「今日から1週間後」のDateを得たければ、Date()でインスタンスを作り、1週間分の秒数(60 * 60 * 24 * 7)を足せばいいわけです。

日時の利用例

では、日時を利用した簡単なサンプルを挙げておきましょう。ContentView構造体を削除し、その部分に以下のコードを記述してください。

▼リスト4-13

```
func getDate(y: Int, m: Int, d: Int)->Date {
  let calendar = Calendar(identifier: .gregorian)
  let date = calendar.date(from: DateComponents(year: y, month: m, day: d, ⏎
    hour: 0, minute: 0, second: 0))
  return date ?? Date()
}
func getFmt()->DateFormatter {
  let fmt = DateFormatter()
  fmt.dateFormat = "yyyy年M月d日(E)"
  return fmt
}

struct ContentView: View {
  @State var value: Date = Date()
  let value0: Date = getDate(y: 2001, m: 1, d: 1)
  let fmt = getFmt()
  var dt: TimeInterval { value0.distance(to: value)}
  var dd: Int { Int(dt) / 60 / 60 / 24 }

  var body: some View {
    VStack {
      Spacer().fixedSize()
      Text("\(fmt.string(from: value0))から\(fmt.string(from: value))までの日数は、\⏎
        (dd)日です。")
        .font(.title2)
      Spacer().fixedSize()
      DatePicker("日時を選択", selection: $value, displayedComponents: [.date])
        .padding(20)
      Spacer()
    }
  }
}
```

ここではContentViewの他に、getDate, getFmtといった関数も作成しています。これらも忘れずに記述してください。

このサンプルは2001年1月1日から、日付ピッカーで選択した日までの経過日数を計算して表示するものです。日付を選ぶと、経過日数が瞬時に計算され表示されます。

図4-13：日時を選択すると、2001年元旦からの経過日数を計算して表示する。

日時の作成

では、どのように日時を処理しているのか見てみましょう。まず関数からです。getDateは引数に年月日の値を指定すると、その日のDateインスタンスを作成するものです。

```
func getDate(y: Int, m: Int, d: Int)->Date {
  let calendar = Calendar(identifier: .gregorian)
  let date = calendar.date(from: DateComponents(year: y, month: m, day: d, ↲
    hour: 0, minute: 0, second: 0))
  return date ?? Date()
}
```

Calendarインスタンスを作り、そのdateメソッドを呼び出して指定した日付のDateインスタンスを作成しています。ただし注意してほしいのが、returnしている値です。return date ?? Date()となっていますね？　正しい値が指定されないためDateが作成できない場合を考え、インスタンス作成に失敗したときはDate()で現在の日時を返すようにしているのです。

DateFormatterの作成

続いてgetFmtです。これはDateFormatterインスタンスを作成するためのものです。インスタンスを作り、dateFormatを設定して返す、ということをしています。

```
func getFmt()->DateFormatter {
  let fmt = DateFormatter()
  fmt.dateFormat = "yyyy年M月d日(E)"
  return fmt
}
```

DateFormatter作成のもっとも基本的な処理ですね。dateFormatに指定しているパターンは、それぞれでカスタマイズしてみると働きがよくわかるでしょう。

プロパティの用意

続いてContentViewです。ここでは@Stateプロパティと、それ以外のプロパティがいくつか用意されていますね。

```
@State var value: Date = Date()
let value0: Date = getDate(y: 2001, m: 1, d: 1)
let fmt = getFmt()
var dt: TimeInterval { value0.distance(to: value)}
var dd: Int { Int(dt) / 60 / 60 / 24 }
```

@StateプロパティはDatePickerで選択したDateを保管するものです。それ以外はすべて@Stateが付いていません。

value1は2001年1月1日のDateを保管する定数です。fmtはgetFmt関数で作成したDateFormatterを保管する定数です。

dtとddはComputedプロパティですね。dtはvalue0とvalueの差を計算して返します。ddはdtの値(秒数)から日数を計算して返すものです。

これで、差分計算とフォーマットに必要なものは一通り揃いました。後は、これらを組み合わせて結果を表示するTextを用意するだけです。

日時は気長に学ぼう

以上、日時関係の基本的な使い方について説明しました。日時の扱いは、慣れないうちはけっこう引っかかる部分です。とりあえず「Dateインスタンスを作れるようになる」「DateFormatterでフォーマットする手順を理解する」という2点だけでもしっかり頭に入れておいてください。この基本部分が確実にできるようになれば、Dateはわりとスムーズに使えるようになります。

日時の計算などは、基本がしっかりと扱えるようになってから改めて復習すればいいでしょう。

Chapter 4

4.3. フォームとアラート

フォームについて

UIの部品の多くは、ユーザーから入力をしてもらうためのものです。場合によってはいくつもの部品を並べて入力のための表示を作成する必要があります。このようなとき、必要な入力項目をきれいに整理して表示するために使われるのが「フォーム」です。

フォームは入力項目をひとまとめにして扱うためのものです。これは「Form」という構造体として用意されています。以下のように利用します。

▼フォームの作成

```
Form {……}
```

Formは{…}の部分にビューを必要なだけ記述します。こうすることで、それらがフォームとしてまとめられ表示されます。このFormは一種の「コンテナ」です。この中にビューを追加したからといって、それらがまとめて特別な働きをするわけではありません。ひとまとめに整理して表示される、というだけであり、機能的な違いは特にありません。

フォームを使ってみよう

では、実際にフォームを使ってみることにしましょう。ContentViewを以下のように修正してください。

▼リスト4-14

```
struct ContentView: View {
  @State var name = ""
  @State var pass = ""
  var body: some View {
    VStack {
      Spacer().fixedSize()
      Text("名前：\(name)。パスワードは\(pass.count)文字です。")
        .padding(10).font(.title2)
      Form {
        TextField("Name", text: $name)
        SecureField("Pass", text: $pass)
      }
      Spacer()
    }
  }
}
```

実行すると、「Name」「Pass」とうっすら表示された入力フィールドが2つまとめられた形で表示されます。これらにテキストを入力すると、「名前：○○。パスワードは○○文字です。」とリアルタイムにメッセージが表示されます。

図4-14：フォームに入力すると、テキストとパスワードの文字数が表示される。

ここでは一番上にメッセージを表示するTextを配置し、その下にFormを以下のように用意しています。

```
Form {
  TextField("Name", text: $name)
  SecureField("Pass", text: $pass)
}
```

これで2つのフィールドがまとめて表示されたのですね。単にFormの{…}内に記述するだけなので、使い方も簡単です。

SecureFieldについて

ここではTextFieldの他に、「SecureField」というものを使っています。これは「パスワード入力用のフィールド」です。入力した文字が●に変わって読めなくなり、入力した値を選択してコピーすることもできないようになっています。

使い方はTextFieldとほぼ同じです。

▼SecureFieldの作成

```
SecureField( ラベル , text: $変数 )
```

第1引数にラベルのテキストを指定します。これはプレースホルダとして使われます。そしてtext引数に変数の参照を指定することで入力した値がその変数に保管されるようにできます。

セクションの利用

フォームは複数のビューをまとめて表示するのに使いますが、項目数が多くなると、種類ごとに表示を分けて整理できるような機能もほしくなってくるでしょう。iPhoneやiPadの「設定」アプリでは、内容によってリストがいくつかに分かれて表示されます。このように、フォームに組み込んだ項目をさらにいくつかに分けるために用意されているのが「Section」というコンテナです。

このSectionは以下のような形で作成をします。

▼Sectionの作成

```
Section(header: ビュー) {……}
Section( ラベル , content: {……})
```

Sectionはいくつかの作成方法が用意されています。ここでは比較的よく利用される書き方を2つ挙げておきました。

1つ目は、header引数にラベルとして表示されるビュー（一般的にはText）を用意します。そして{…}の部分に、このSectionに組み込むビューを必要なだけ記述します。2つ目は、第1引数にラベルとして表示するテキストを指定します。そしてcontent引数の関数で、組み込むビューを必要なだけ記述します。

1つ目の書き方はラベルの表示をビューで設定できるので、いろいろとカスタマイズできます。2つ目は第1引数にテキストを書くだけなので、シンプルにラベルを作成できます。どちらでも自分が使いやすい方を覚えておけばいいでしょう。

Sectionを使ってみる

実際にSectionを利用してみましょう。ContentViewの内容を以下のように書き換えてみてください。

▼リスト4-15

```
struct ContentView: View {
  @State var name = ""
  @State var pass = ""
  @State var msg = "Sign in: "
  var body: some View {
    VStack {
      Spacer().fixedSize()
      Text(msg)
        .padding(10).font(.title2)
      Form {
        Section(header: Text("Sign in")) {
          TextField("Name", text: $name)
          SecureField("Pass", text: $pass)
        }
        Section("Button", content: {
          Button("action") {
            msg = "Name: \(name). Pass: \(pass.count) chars."
          }
        })
      }
      Spacer()
    }
  }
}
```

ここでは、2つの入力フィールドと1つのボタンをそれぞれ別のSectionに分けて表示しています。各Sectionごとにラベルが表示されるため、Sectionごとにきれいに切り分けた形で表示されます。これなら多数のビューが並んでいても整理しやすいですね。

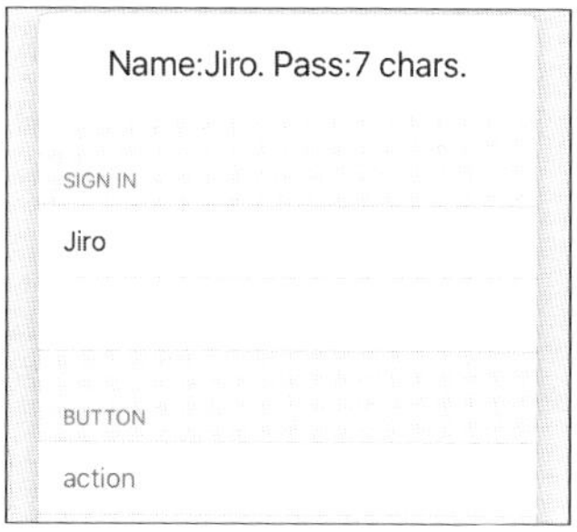

図4-15：2つのフィールドと1つのボタンが別のSectionとして表示される。

このサンプルでは2つのフィールドに名前とパスワードを記入し、ボタン（action）をタップするとメッセージが表示される、という処理を用意してあります。先ほどのサンプルとやっていることは同じですが、先のサンプルでは入力と同時にメッセージが更新され、こちらはボタンをタップすると更新されます。

こちらでは表示するメッセージをmsgという@Stateプロパティに保管し、Buttonのアクションでこのmsgを更新するようにしています。同じ処理内容でも、このようにどこで表示の更新などを行うかで働きも大きく変わるのがわかるでしょう。

アラートの表示

フォームを使うようになると、入力された情報を元に何かを実行し、その結果を再びユーザーに表示する、というような操作を行うことが増えてくるでしょう。このとき覚えておきたいのが、「結果の表示方法」です。

これまではTextを使ってメッセージを表示したりしてきましたが、もっとわかりやすいメッセージの表示方法があります。「アラート」を使うのです。

アラートというのは、画面にメッセージなどを表示するのに使う小さなパネルのようなものですね。これはビューのメソッドとして用意されています。「alert」というもので、以下のように使います。

▼アラートの設定

```
《View》.alert(タイトル, isPresented: $変数, action: {……} )
《View》.alert(タイトル, isPresented: $変数) {……}
```

2つの書き方を挙げておきました、実は、どちらも同じものです。1つ目のaction: {……}部分を()の外側に出したのが2つ目なんですね。

引数は以下のような働きをします。

タイトル	アラートに表示されるタイトルテキスト。
isPresented	アラートが表示されているかどうかを示すBool変数。$で参照を指定する。
action	アラートに表示されるアクション（ボタン）を作成するためのもの。

これらの役割は説明が必要でしょう。まぁ、タイトルはわかるでしょう。アラートで表示したいメッセージをここに設定しておけばいいわけですね。

isPresentedの働き

まず、isPresented。これはアラートの表示状態を示すものです。これに設定されている変数がfalseだとアラートは表示されず、trueだと表示されます。

ここできちんと理解しておきたいのですが、このalertというメソッドは「alertを実行したらアラートが表示される」というものではありません。これはビューにアラートを組み込むものなのです。これにより、ビューにアラートが用意されます。ただし、そのアラートが実際に画面に表示されるかどうかはisPresentedに設定される値次第なのです。

ここに設定された$変数がfalseならば、組み込まれているアラートは非表示のままです。しかし$変数がtrueに変更されると、アラートが画面に表示されるのです。isPresentedの$変数の値によって、アラートの表示がON/OFFされるのですね。

actionの働き

最後のactionはアラートに表示されるアクションリストを作成するためのもので、アラートの下に表示されるボタンのことです。このactionの{…}内にボタンを用意すると、それらがアラートに表示されます。{}を空にしておくと、デフォルトのボタン(「OK」というボタン)が表示されます。このactionにいくつかのButtonを用意することで、アラートに複数のボタンを表示させることができるようになります。

アラートを使ってみる

アラートを表示するサンプルを作ってみましょう。ContentViewの内容を以下に書き換えてください。

▼リスト4-16

```
struct ContentView: View {
  @State var msg: String = "Hello."
  @State var flag: Bool = false
  @State var input: String = ""
  var body: some View {
    VStack {
      Spacer().fixedSize()
      Text(msg).font(.largeTitle)
      Spacer().fixedSize()
      TextField("your name", text: $input)
        .padding(10)
        .font(.title2)
        .textFieldStyle(RoundedBorderTextFieldStyle())
      Button(action: {
        flag = true
      }, label: {
        Text("action")
          .font(.title)
      })
        .alert("Hello, \(input)!", isPresented: $flag){
          Button("閉じる") {
            input = ""
          }
        }
      Spacer()
    }
  }
}
```

入力フィールドに名前を書いて「action」ボタンをタップすると、画面に「Hello, ○○!」とアラートが表示されます。「閉じる」をタップすると、アラートは消えます。

図4-16:actionをタップすると、アラートが表示される。

ここでは、Buttonのalertを呼び出してアラートの設定をしています。かなり行数が長くなるので、何をやっているのかわかりにくいでしょう。整理するとこうなっています。

```
Button(action: {……}, label: {……}).alert(……)
```

alertメソッドではタイトルを設定した後、isPresented引数に$flagを設定しています。これで、flagプロパティの値を操作することでアラートの表示をON/OFFできるようになります。Buttonのactionを見るとこうなっていますね。

```
Button(action: {
  flag = true
}
```

ただflagをtrueにしているだけです。これでアラートが表示されます。では、alertのactionsに用意してあるButtonはどうなっているかというと、こうなっています。

```
Button("閉じる") {
  input = ""
})
```

inputを空にして入力フィールドに書かれたテキストをクリアしています。flagの操作は不要です。アラートに表示されるボタンでは、タップされると自動的にflagがfalseに変わり、アラートが消えるようになっています。

メッセージの表示について

このアラートはタイトルにテキストを指定して表示しますが、タイトルとメッセージをそれぞれ表示させることもできるようになっています。この書き方についても触れておきましょう。

これは以下のような形で記述します。

▼メッセージを表示するアラートの設定

```
《View》.alert(タイトル, isPresented: $変数, action: {……}, message: {……} )
《View》.alert(タイトル, isPresented: $変数) {……} message: {……}
```

actionの後に「message」という引数を追加します。これも値は関数になっていて、{…}部分に表示するメッセージのビュー（通常はText）を用意すればそれが表示されます。

注意したいのは引数の順番です。isPresentedの後にactionを用意し、さらにその後にmessageを用意します。

ConfirmationDialogによる選択

アラートでは複数のボタンを表示することができますが、詳細なメッセージなどを必要とせず、ただ選択するボタンを表示するだけならば別のやりかたがあります。「confirmationDialog」というメソッドを使うのです。

これはアラートのボタン部分だけを画面に表示したようなもので、「確認ダイアログ」というものです。以前のiOSでは「アクションシート（ActionSheet）」と呼ばれていました。

これは以下のような形で作成します。

▼確認ダイアログの設定

```
《View》.confirmationDialog(タイトル, isPresented: $変数, action: {……} )
《View》.confirmationDialog(タイトル, isPresented: $変数) {……}
```

見ればわかるように、使い方はalertとほぼ同じですね。actionに選択肢となるButtonなどのビューを必要なだけ用意すれば、それらが画面に表示されます。この他、やはりalertと同様に「message」引数を追加してメッセージを表示させることもできます。

confirmationDialogを使ってみる

では、こちらも簡単なサンプルを作成してみましょう。ContentViewを以下のように修正してください。

▼リスト4-17

```
struct ContentView: View {
  @State var msg: String = "Hello."
  @State var flag: Bool = false
  @State var input: String = ""
  var body: some View {
    VStack {
      Spacer().fixedSize()
      Text(msg).font(.largeTitle)
      Spacer().fixedSize()
      TextField("your name", text: $input)
        .padding(10)
        .font(.title2)
        .textFieldStyle(RoundedBorderTextFieldStyle())
      Button(action: {
        flag = true
      },label: {
        Text("action")
          .font(.title)
      }).confirmationDialog("ダイアログ",
          isPresented: $flag) {
        Button("了解") { msg = "\(input)を了解しました。" }
        Button("拒否") { msg = "\(input)は拒否しました。" }
      }
      Spacer()
    }
  }
}
```

入力フィールドにテキストを書いてactionをタップすると、画面の下部に「了解」「拒否」「キャンセル」といったボタンが表示されます。ここで「了解」をタップすると、「○○を了解しました。」とメッセージが表示されます。「拒否」を選ぶと、「○○は拒否しました。」と表示されます。「キャンセル」はダイアログがキャンセルされ、何も処理は実行されません。

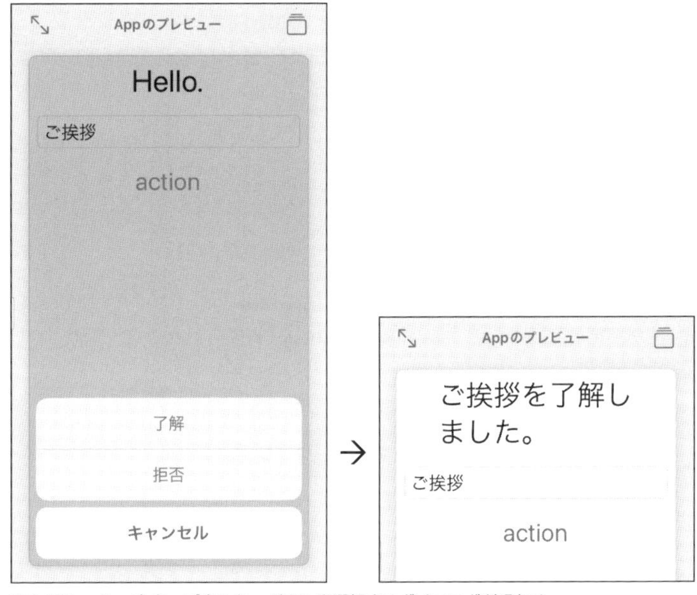

図4-17：actionをタップすると、ボタンを選択するダイアログが現れる。

では、ここで実行しているconfirmationDialogメソッドがどのようになっているのか見てみましょう。

```
confirmationDialog("ダイアログ",
    isPresented: $flag) {
  Button("了解") { msg = "\(input)を了解しました。" }
  Button("拒否") { msg = "\(input)は拒否しました。" }
}
```

アクションの{…}に2つのButtonを用意しています。それぞれでmsgプロパティの値を変更していますね。flagをfalseにする処理はありません。alertと同様、閉じるときはボタンをタップすると自動的にflagはfalseに変わります。

また、実際に表示されるダイアログでは、一番下に「キャンセル」というボタンが追加されています。このButtonは用意する必要はありません。「キャンセル」ボタンはSwiftUI側で自動的に追加されます。

基本的な使い方はalertとほぼ同じなので、alertとセットで覚えておくとよいでしょう。

sheetによるシート表示

ボタンによる選択は、このようにalertやconfirmationDialogで行えます。では、もっと複雑な入力はどうするのでしょうか？　SwiftUIには入力フィールドやトグルなどさまざまな入力のためのUI部品が用意されていますが、これらを使ったダイアログなどは使えないのでしょうか？

このような場合は、表示する画面そのものを用意して「シート」として呼び出します。シートは「sheet」というメソッドとして用意されています。以下のように作成します。

▼sheetの設定

```
《View》.sheet(isPresented: $変数, onDismiss: {……}, content: {……} )
《View》.sheet(isPresented: $変数 ) {……} content: {……}
```

sheetでも、表示のON/OFFを管理するisPresented引数を用意します。これにBool型変数の参照を指定することで、その変数を操作することで表示をON/OFFできます。

この他、onDismissとcontentという引数が用意されています。これらはいずれも関数を値として指定します。

onDismissは、シートが画面から消える際に実行される処理を記述するものです。そしてcontentは、シートに表示するビューを記述します。この2つを用意することでシートが完成します。

シートに表示するUI部品は、ContentViewに表示するのとまったく同じ形で作成できます。また、シートを閉じた後も(見えないだけで)シートは存在しているので、いつでも入力した値などを調べて処理することができます。

シートを使ってみる

では、実際にシートを利用してみましょう。ContentViewを以下のように書き換えてみてください。

▼リスト4-18

```
struct ContentView: View {
  @State var msg: String = "Hello."
  @State var flag: Bool = false
  @State var input: String = ""
  var body: some View {
    VStack {
      Spacer().fixedSize()
      Text(msg).font(.largeTitle)
      Spacer().fixedSize()
      Button(action: {
        flag = true
      },label: {
        Text("action")
          .font(.title)
      }).sheet(isPresented: $flag) {
        msg = "\(input)と入力。"
      } content: {
        Text("テキストを入力:").font(.title2)
        TextField("", text: $input).padding(20)
          .textFieldStyle(RoundedBorderTextFieldStyle())
        Button("閉じる") {
          flag = false
        }
      }
      Spacer()
    }
  }
}
```

画面に表示される「action」ボタンをタップするとシートが現れます。ここにはTextとTextField、Buttonといったものが用意されています。

入力フィールドに何かを記入し、「閉じる」ボタンをタップして閉じると、「○○と入力。」というメッセージが表示されます。

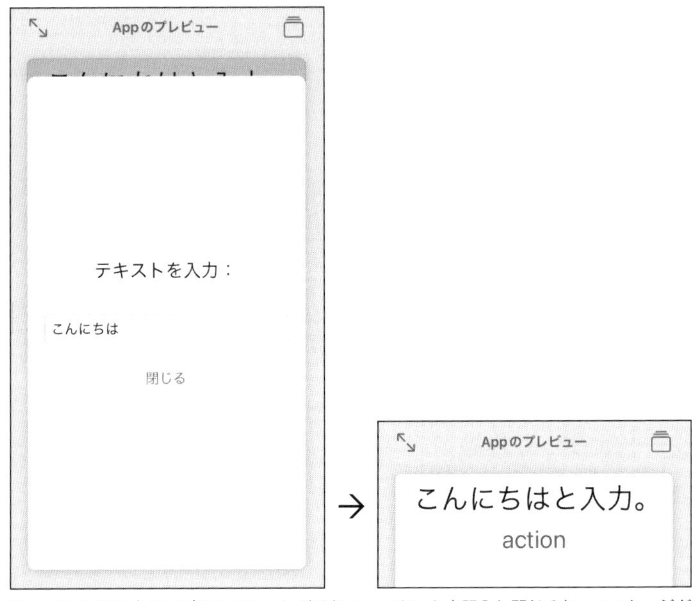

図4-18：actionをタップするとシートが現れる。テキストを記入し閉じると、メッセージが表示される。

sheetメソッドがどのような形で記述されているのか見てみましょう。だいたい以下のような形になっていることがわかるでしょう。

```
sheet(isPresented: $flag) {……} content: {
  Text(……).
  TextField(……).
  Button("閉じる")
}
```

sheetの引数後の{…}にシートが消えるときの処理を用意し、content: の{…}に表示するビューを用意します。

このように、「消えるときの処理」「表示するコンテンツ」の2つの処理を用意するということを忘れないようにしましょう。

また、シートは「勝手に閉じてくれない」という点も忘れないでください。アラートなどはボタンをタップすると自動的に消えましたが、シートはボタンをタップしても消えてはくれません。アクションの処理で、isPresentedに指定した変数の値をfalseに変更する必要があります。

Popoverの利用

sheetによるシートと似たようなものに、「ポップオーバー」というものもあります。「popover」というメソッドで作成します。

▼popoverの設定

```
《View》.popover(isPresented: $変数) {……}
```

例によって、isPresented引数で設定した$変数に、表示のON/OFF状態を保管します。その後の{…}に、ポップオーバーで表示するビューを記述していきます。これで、isPresentedの値をtrueにすれば画面にポップオーバーが表示されます。

sheetでは、消える際の処理と表示するコンテンツの2つの関数を用意する必要がありましたが、popoverは、表示するコンテンツだけ用意すれば使えます。こちらのほうが、よりシンプルな使い方ができるでしょう。

ポップオーバーを使ってみる

では、これも簡単な利用例を挙げておきましょう。先ほどのsheetのサンプルをpopover用に修正したものです。ContentViewを以下のように書き換えてください。

▼リスト4-19

```
struct ContentView: View {
  @State var msg: String = "Hello."
  @State var flag: Bool = false
  @State var input: String = ""
  var body: some View {
    VStack {
      Spacer().fixedSize()
      Text(msg).font(.largeTitle)
      Spacer().fixedSize()
      Button(action: {
        flag = true
      },label: {
        Text("action")
          .font(.title)
      }).popover(isPresented: $flag) {
        Spacer().fixedSize()
        Text("Popover").font(.title)
        TextField("", text: $input).padding(20)
          .textFieldStyle(RoundedBorderTextFieldStyle())
        Button("閉じる") {
          msg = "入力：\(input)."
          flag = false
        }
        Spacer()
      }
      Spacer()
    }
  }
}
```

sheetと動作はだいたい同じです。「action」ボタンをタップすると、ポップオーバーが現れます。ここにある入力フィールドにテキストを書いて「閉じる」ボタンをタップするとポップオーバーが閉じられ、「入力:〇〇.」とメッセージが表示されます。

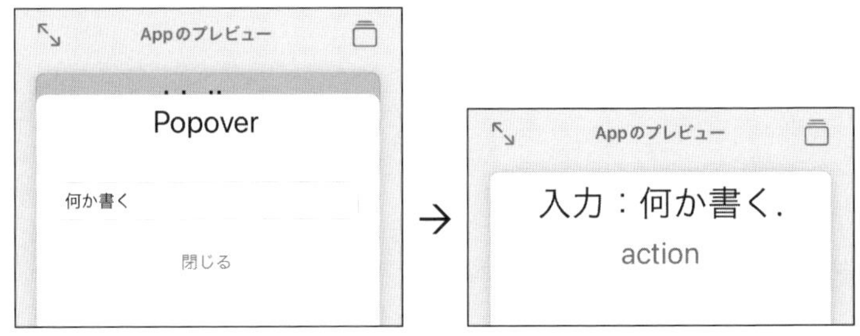

図4-19:actionをタップすると、ポップオーバーが現れる。テキストを書いて閉じると、メッセージが表示される。

popoverはiPad用

見たところシートもポップオーバーもほぼ違いがないように見えますね。が、両者は明確に違います。それはプレビューではなく、iPadで実際にコードを実行して動作確認をするとわかります。

sheetは画面全体に広くシートが現れますが、popoverの場合は「action」ボタンの下に吹き出しのように表示されるのです。iPadでは、このように両者は明らかに違うものなんですね。

画面全体に新しいビューが現れるようなインターフェースはシートが基本です。したがって、iPhoneアプリではポップオーバーは使わないほうがいいでしょう。これは「iPad用アプリ専用の機能」と考えるとよいでしょう。

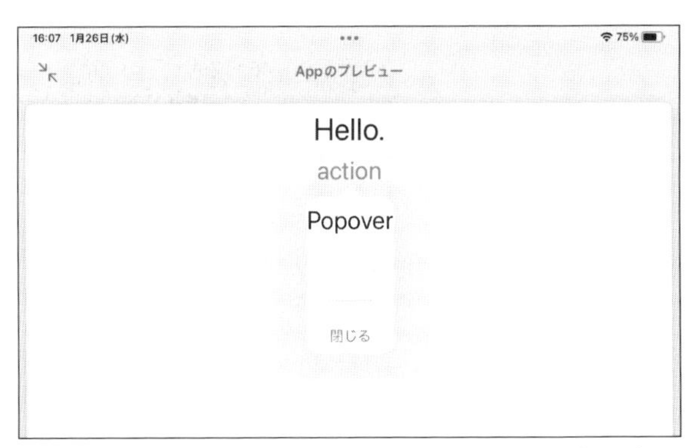

図4-20：iPadでは、ポップオーバーは吹き出しのようにポップアップして現れる。

Chapter 5

さまざまなビューの活用

SwiftUIには画面全体を使った大きなビューがいくつか用意されています。
タブ表示、ナビゲーションを表示、リスト表示などです。
SwiftUI以外のフレームワークからマップやWebの表示を行うビューなども使えます。
それらについて使い方を説明しましょう

Chapter 5

5.1. タブビューを利用しよう

「プロフィール」で学ぼう

SwiftUIには複雑な表示や機能を持ったビューがいくつも用意されています。これらが使えるようになると、アプリの表現力もぐっとアップします。

こうしたビューは、これまでのUI部品などに比べると構造や使い方も複雑で、使い方を覚えるのはなかなか大変です。そこでアップルは、Swift Playgroundsにこうした機能を覚えるためのサンプルをいくつも用意しました。こうしたサンプルを利用することで、難しいビューもスムーズに学習できる、というわけです。

タブビューと「プロフィール」

まずは、「タブビュー」から学んでいきましょう。タブビューというのは、いくつかのタブを切り替えて表示するビューです。画面全体の表示を必要に応じて簡単に変更できるため、多くのアプリで利用されています。

このタブビューは、「プロフィール」というサンプルで学ぶことができます。ここまで使ってきたアプリのプロジェクト(「マイApp」プロジェクト)を閉じ、Swift Playgroundsのホーム画面に戻ってください。この下部にある「その他のプレイグラウンド」に「プロフィール」があります。よくわからない場合は、右側の「すべてを見る」をタップして全サンプルを表示させましょう。この画面の「Appギャラリー」というところに「プロフィール」があります。

図5-1:用意されているサンプルから「プロフィール」を探して入手する。

「プロフィール」を入手する

この「プロフィール」にある「入手」をタップし、プロジェクトをインストールしてください。マイプレイグラウンドのエリアに「プロフィール」が新たに作成されます。これをタップして起動しましょう。

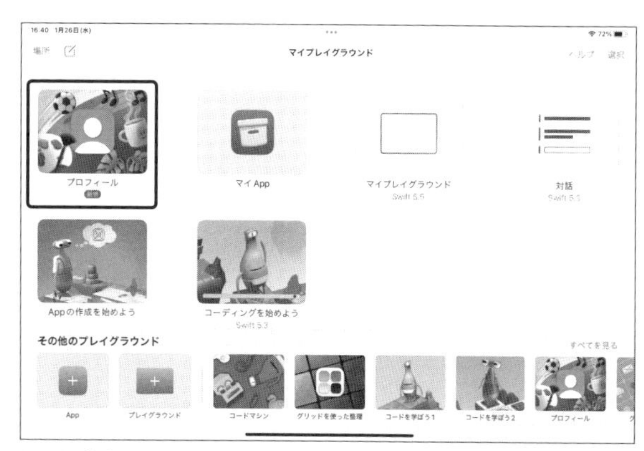

図5-2：「プロフィール」が入手された。

macOSの場合

macOS版では、「プロフィール」サンプルは用意されていません。ですので、実際に使いながら学習することはできません。ただし、このサンプルはタブビューのサンプルを作ってその解説をしているだけのものなので、これを使わないとタブビューが理解できないわけではありません。そのまま解説を読み進めてサンプルを終了し、「マイApp」を使ってコードを書くようになったら、それぞれの作ったプレイグラウンドで実際にコードを書いて動かしてみてください。それで十分、タブビューは理解できるでしょう。

「プロフィール」の表示

この「プロフィール」では、コードエディタとプレビューが表示されます。コードエディタの内容がそのままプレビューに表示され、動作確認できるようになっています。

プレビューでは「All About」という表示、その下にイメージ、さらにその下に「My Name」といった項目が並びます。そして一番下には4つのアイコンが並んでいます。このアイコンをタップすることで表示を切り替えることができます。4つのアイコンをタップするごとに表示が切り替わるのを確認しましょう。

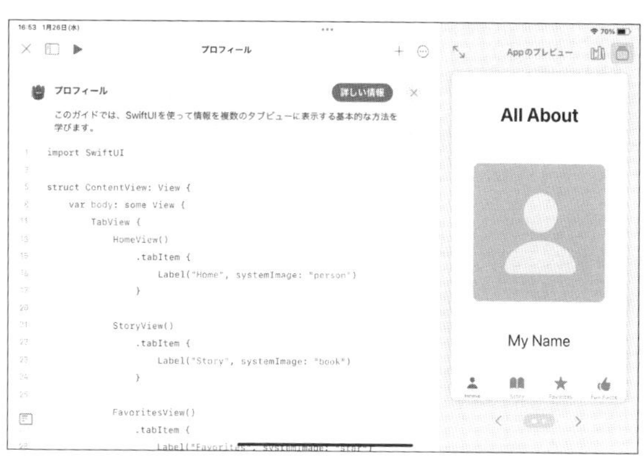

図5-3：「プロフィール」の画面。コードとプレビューが表示される。

「詳しい情報」をタップする

画面に広く表示されているコードエディタでは、上部に簡単な説明文が表示されています。ここにある「詳しい情報」というボタンをタップしてみてください。

右側のプレビューが変わり、「プロフィール」の説明ドキュメントが表示されます。では、下部にある「ガイドを開始」ボタンをタップしましょう。

図5-4:「詳しい情報」をタップすると、プロフィールの説明が表示される。

タブ付きインターフェイスの説明を読む

ガイドを開始すると、再びコードエディタとプレビューの表示に戻ります。そしてコードエディタの上部には、「タブ付きインターフェイス」と書かれた説明文が表示されます。

この説明は全部で5ページあります。「次へ>」をタップして、5ページの説明をしっかり読んでください。ここで説明しているのは、ContentViewのbodyに用意されている「TabView」というビューの基本的な説明です。非常に簡単な説明だけなので、補足しながら以下に内容をまとめておきましょう。

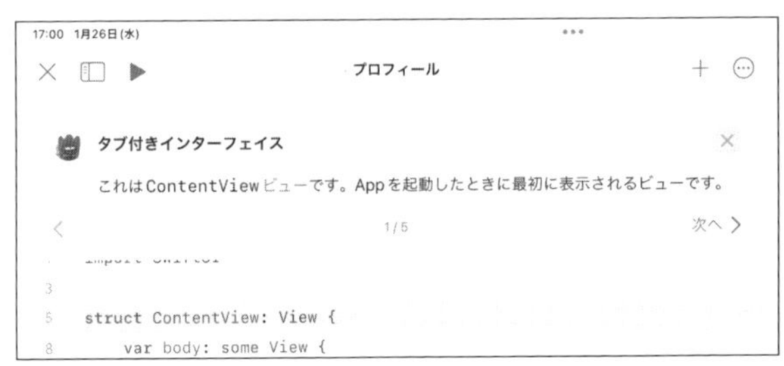

図5-5：コードエディタの上部に「タブ付きインターフェイス」の説明が表示される。

TabViewの組み込み

タブ付きのインターフェイスは「TabView」という構造体を使って作成されています。以下のように、bodyに配置します。

▼TabViewの組み込み

```
struct ContentView: View {
  var body: View {
    TabView {……}
  }
}
```

TabViewの構造

タブはTabViewの中に、表示したいビューのインスタンスを作成して並べていきます。配置したビューを元に、タブビュー下部のアイコンが自動的に作られ表示されます。

▼TabViewの構造

```
TabView {
  ビュー()
  ビュー()
  ……
}
```

この{…}内に用意したビューが、それぞれタブとして扱われます。用意したビューはテキストでもボタンでもすべて別々のタブになってしまいますから、ここに直接Textなどを配置するのは止めたほうがいいでしょう。VStackなどコンテナを配置して、その中に具体的な表示内容を用意するのが基本、と考えてください。

tabItemによるタブの設定

TabView内に配置したビューでは、「tabItem」という修飾子(メソッド)を呼び出します。この中で、タブを切り替える表示(アイコン)を用意します。

```
ビュー().tabItem {……}
```

tabItemの{…}部分には、Label、Text、Imageといったもののみ受け付けます。Buttonなど、それ以外のビューを追加すると切り替えアイコンは空になってしまいます。サンプルではLabelを用意しています。以下のように作成します。

▼Labelの作成

```
Label( ラベル , systemImage: システムシンボルイメージ名 )
```

第1引数には、アイコンに表示するラベルをテキストで指定します。そしてsystemImageには、アイコンとして表示するシステムシンボルイメージ名をテキストで指定します。

この先はそれぞれで!

最後まで説明を読んでだいたいの内容が頭に入ったら、「次のガイド」をタップして次に進んでいきます。

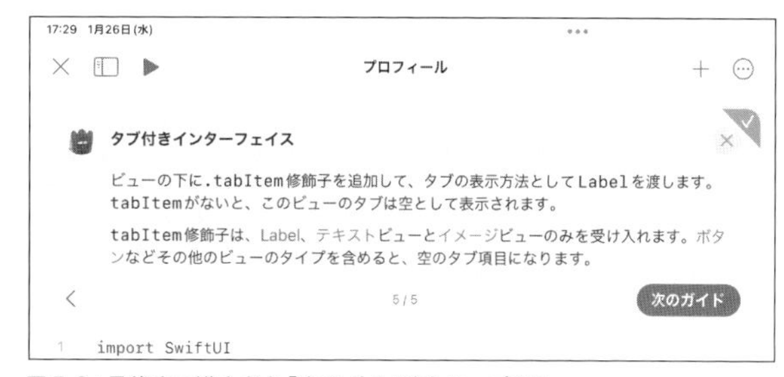

図5-6:最後まで進んだら「次のガイド」をタップする。

この先にあるのはサンプルに用意されているデータの内容と、各タブ （「ホーム」「物語」「お気に入り」「面白い情報」の４つ）の内容を定義する構造体の説明です。これらを読めば、サンプルのタブビューの具体的な内容がかなり理解できるようになります。

ただし、これらはあくまで「サンプルに用意したタブビュー」の説明ですから、これでタブビューをマスターできるわけではありません。「タブビューの使い方、どのようにして表示が作られ組み込まれているか」といった参考にはなるので、興味のある人はそれぞれで先に進んでください。本書では、この先はフォローしません。

TabViewの構造

「プロフィール」を使って、TabViewがどんなものか、なんとなくわかりましたか？ 「TabViewという構造体を作って、そこにタブの内容を用意すればいいんだ」ということがわかれば、「プロフィール」サンプルの学習は十分です。

では、「プロフィール」サンプルで作成されている表示がどのようになっているのか、ContentViewのコードをチェックしてみましょう。macOS版を使っている人もここからはTabViewの具体的な説明になるので、しっかり読んでください。

▼リスト5-1

```
struct ContentView: View {
  var body: some View {
    TabView {
      HomeView()
        .tabItem {
          Label("Home", systemImage: "person")
        }

      StoryView()
        .tabItem {
          Label("Story", systemImage: "book")
        }

      FavoritesView()
        .tabItem {
          Label("Favorites", systemImage: "star")
        }

      FunFactsView()
        .tabItem {
          Label("Fun Facts", systemImage: "hand.thumbsup")
        }
    }
  }
}
```

意外とシンプルなものですね。これで十分構造はわかったと思いますが、さらにもう少し整理してみましょう。

▼リスト5-2

```
struct ContentView: View {
  var body: some View {
    TabView {
      HomeView()

      StoryView()

      FavoritesView()

      FunFactsView()
    }
  }
}
```

bodyにTabViewというビューが用意され、その{…}内に4つのビューが作成されているのがわかります。ここで使っているHomeView、StoryView、FavoritesView、FunFactsViewといったものは、このプロジェクトに用意されているビューです。つまり、あらかじめタブに表示する内容をそれぞれ独自のビューとして定義しておいて、それをTabViewに組み込んでいたのですね。

表示する内容が複雑になると、このように「タブごとに表示内容をまとめた構造体を作って、それを組み込む」というやり方のほうがわかりやすく整理できます。ただ、「TabViewは、独自に構造体を定義して組み込まないといけない」ということではありません。あくまで「こうするとわかりやすく整理できていいよ」ということであり、「こうしないとダメ」ではない、ということは理解しておきましょう。

タブビューを使おう

では「プロフィール」を閉じて終了し、「マイApp」プロジェクト（または「マイプレイグラウンド」プロジェクト）を開きましょう。ここで実際にコードを記述してタブビューを作ってみることにしましょう。

ContentView構造体の部分を以下のように書き換えてください。

▼リスト5-3

```
struct ContentView: View {
  var body: some View {
    TabView {
      VStack {
        Text("First").font(.title)
        Text("これは最初のページです。").padding()
        Spacer()
      }.tabItem {
        Label("1st", systemImage: "star")
      }
      VStack {
        Text("Second").font(.title)
        Text("これは真ん中にあるページです。").padding()
        Spacer()
      }.tabItem {
        Label("2nd", systemImage: "star.circle")
      }
      VStack {
```

```
            Text("Third").font(.title)
            Text("これは、最後のページです。").padding()
            Spacer()
        }.tabItem {
            Label("3rd", systemImage: "moon.stars")
        }
    }
  }
}
```

実行すると、下部に「1st」「2nd」「3rd」と表示されたアイコンが並んだタブビューが表示されます。これらのアイコンをタップすると表示が切り替わります。ごく簡単なものですが、タブビューがどのように作られ動くのかを理解するには十分でしょう。

ここで作成したTabViewは、整理すると以下のような形をしています。

```
TabView {
  VStack {……}.tabItem {……}
  VStack {……}.tabItem {……}
  VStack {……}.tabItem {……}
}
```

非常にシンプルですね。3つのVStackコンテナが用意されています。これらがTabViewにタブとして表示されることになります。

図5-7:3つのタブを持つタブビューが表示される。

VStackの中には各タブの表示に相当するものが記述されています。また、VStackインスタンスから呼び出される「tabItem」という修飾子(メソッド)で、タブの切替表示(下部にあるアイコン)が用意されます。

VStackの内容

では、組み込まれているVStackがどのようになっているのか見てみましょう。サンプルとして、1つ目のVStackをピックアップしておきます。

```
VStack {
  Text("First").font(.title)
  Text("これは最初のページです。").padding()
  Spacer()
}.tabItem {
  Label("1st", systemImage: "star")
}
```

TextとSpacerを組み込んで表示を作成しているのがわかりますね。tabItemではLabelを用意しています。systemImage: "star"として、星のアイコンが表示されるようにしています。

タブの表示は、VStackを使わなければいけないわけではありません。ただし、何らかのコンテナを使って表示をまとめる必要はあります。

このように、TabViewの使い方は非常にシンプルで、わかりやすいものです。tabItemでのLabelでsystemImageをどう調べたらいいのか迷うかもしれませんが、TabViewそのものの作り方はとてもわかりやすいものでしょう。

実際に表示するビューをそれぞれで作成してみると、TabViewの使い方がよくわかりますよ。

C O L U M N

システムシンボルイメージを調べるには？

Labelを作成するときに、困るのが「アイコンの名前」でしょう。systemImageで指定されるアイコンは「システムシンボルイメージ」というものです。これはiOSに限らず、アップルのOS全般で用意されているアイコンデータです。このアイコンデータは、Swift Playgroundsから調べることができます。コードエディタの右上にある「+」をタップし、現れたパネルの上部にある4つの切り替えボタンから、右から2番目（円の中に★のアイコン）をタップしてください。利用できるアイコンのリストが表示されます。ここから使いたいアイコンをタップして選ぶと、そのアイコンを表示するImageビューの生成コードが「Image(systemName: ○○)」という形で書き出されます。

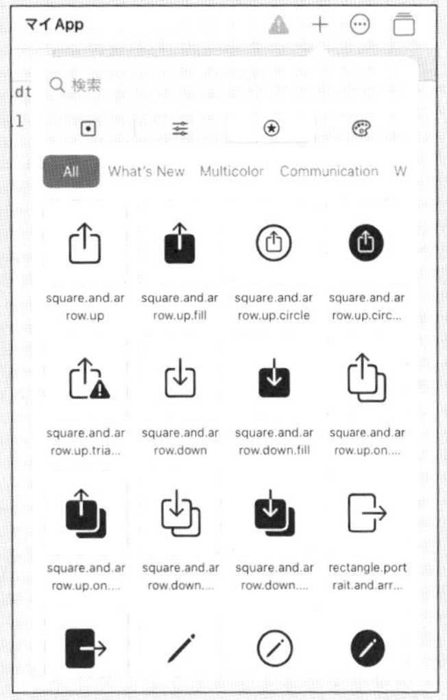

図5-8：Swift Playgroundsにあるシステムシンボルイメージの選択パネル。

Chapter 5

5.2. ナビゲーションビューを利用しよう

「自分だけの物語を選択する」で学ぼう

次に取り上げるのは、「ナビゲーションビュー」というものです。これは、ビューに表示されているリストから項目をタップして次のビューへと移動していくものです。

このインターフェイスもiPhoneなどではおなじみのものですね。例えばiPhoneの設定アプリでは、リストから項目をタップするとその詳細説明画面に移動するようになっています。このように、「リストから項目をタップして次に進む」という動きを実装するのに使われるのがナビゲーションビューなのです。

これは単にナビゲーションビューだけでなく、そこから移動するビューなども作成していかなければならないため、コードも長く複雑になりがちです。その基本的な働きや使い方などをあらかじめ学んでおくことができれば、ずいぶんと学習の助けになるでしょう。

iPad版のSwift Playgroundsには、「自分だけの物語を選択する」というサンプルが用意されています。これが、ナビゲーションビューの働きを学ぶためのものです。

「マイApp」を閉じ、ホーム画面から「その他のプレイグラウンド」にある「すべてを見る」をタップします。すべてのサンプルが表示される画面で、「Appギャラリー」にある「自分だけの物語を選択する」を探し、「入手」ボタンを押してください。マイプレイグラウンドに「自分だけの物語を選択する」が追加されます。これをタップして学習を始めましょう。

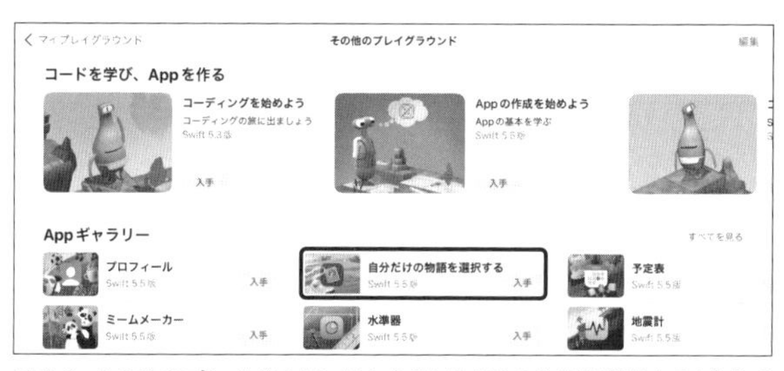

図5-9：その他のプレイグラウンドから「自分だけの物語を選択する」を入手する。

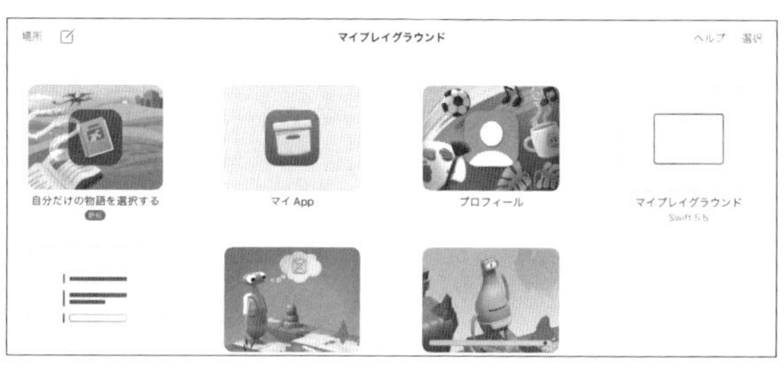

図5-10：マイプレイグラウンドに「自分だけの物語を選択する」が追加される。

macOSの場合

macOS版のSwift Playgroundsでは、このサンプルも用意されていません。ただし、このサンプルは実際にいろいろ操作して体験してみるというより、「サンプルで作ったアプリを使ってみて、説明を読む」というものなので、本書の説明をしっかり読めばナビゲーションビューの学習は問題なく行えます。そして、サンプルを終えて「マイApp」を使うようになったら、自身のプレイグラウンドを使ってコードを動かしていきましょう。

「自分だけの物語を選択する」を使ってみよう

「自分だけの物語を選択する」が起動すると、コードエディタとプレビューの画面が現れます。これが、サンプルとして作成されているコードとその表示です。

このサンプルは、ちょっとした選択式アドベンチャーゲームになっています。プレビューには、テキストとボタンがいくつか表示されていますね。テキストを読み、その先の行動をボタンの中から選んでタップします。すると、その次のシーンのコンテンツが表示されます。それを読んでまたボタンをタップすると次のシーンに……という具合に、ボタンをタップしては次のシーンに進む、ということを繰り返していくようになっています。

表示が全部英語なのがネックですが、実際にボタンをタップしてゲームを試してみてください。ナビゲーションビューを使うとどういうことができるのか、イメージできるでしょう。

図5-11:「自分だけの物語を選択する」の画面。プレビューではボタンをタップしてストーリーを進めていける。

詳しい情報をタップする

コードエディタの上部には簡単な説明文が掲載されています。そこにある「詳しい情報」ボタンをタップしてください。すると表示が変わり、右側のプレビューが表示されていたエリアに「ガイド」が表示されます。このガイドとプレビューは、右上に見えるアイコンで切り替えることができます。

ガイドをスクロールしていくと、下のほうに「ガイドを開始」というボタンがあり、その下に用意されているガイドがいくつか表示されます。ここからガイドをスタートして学習を進めていくことができます。

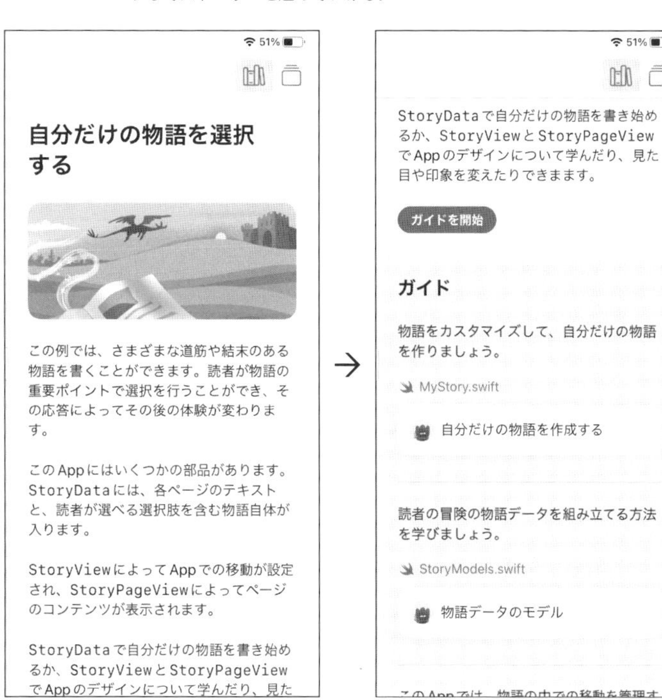

図5-12:ガイドを表示する。下のほうに、用意されているガイドのボタンが並んでいる。

「自分だけの物語を選択する」で学べること

ここでは、ガイドを使っての学習の詳細については特に説明しません。興味がある人は、実際にガイドを使って学習をしてみてください。

この「自分だけの物語を選択する」のガイドを利用すれば、ナビゲーションビューを使ったミニアドベンチャーの仕組みについて学ぶことができます。単にナビゲーションビューの使い方でなく、アドベンチャーを作るためにどのようなオブジェクト（構造体）を用意し、どういうデータを作成し、それらをどのように組み合わせるのか、そういった具体的なプログラム作成のノウハウを学ぶことができます。

では、このガイドをしっかり進めることで、ナビゲーションビューの使い方をマスターすることができるのでしょうか？　残念ながら、答えは「いいえ」です。

ここで説明しているのは、「ナビゲーションビューを使ったプログラム」についてです。ナビゲーションビューそのものについて詳しい解説がされているわけではありません。あくまで「ナビゲーションビューを使うとどういう事ができるのか」を体験するもの、ぐらいに考えておくとよいでしょう。

「自分だけの物語を選択する」のコードを覗く

では、「自分だけの物語を選択する」がどのようになっているのか、そのコードを覗いて見ることにしましょう。macOS版を使っている人も、ここからはしっかり読んでくださいね。

このサンプルプロジェクトには、いくつものソースコードファイルが作成されています。これまで使ってきた「マイApp」のContentViewに相当するものは、「StoryView」という構造体になります。以下のような形をしています。

▼リスト5-4

```
struct StoryView: View {

  var body: some View {
    NavigationView {
      StoryPageView(story: story, pageIndex: 0)
    }
    .navigationViewStyle(.stack)
  }
}
```

ContentViewと同様にViewを採用して作られていますね。bodyには「NavigationView」というものが設定されています。これがナビゲーションビューです。このNavigationViewの中にStoryPageViewというものが組み込まれており、これを元にナビゲーションビューの表示が作られているわけです。その後には「navigationViewStyle」という修飾子（メソッド）があって、これでナビゲーションビューのスタイルを設定しています。

まぁ、これだけでは何だかよくわからないでしょうが、「NavigationViewを作成して、その中にStoryPageViewというものをコンテンツとして用意している」ということは何となく想像がつくでしょう。

StoryPageViewを覗いてみる

では、NavigationViewでコンテンツとして表示しているStoryPageViewというのはどのようなものなのでしょうか？　内容を整理してみると次のようになります。

▼リスト5-5

```
struct StoryPageView: View {

  var body: some View {
    VStack {
      ScrollView {
        Text(……)
      }
      ForEach(……) { choice in
        NavigationLink(destination: ……) {……}
      }
    }
    .padding()
    .navigationTitle("Page \(pageIndex + 1)")
    .navigationBarTitleDisplayMode(.inline)
  }
}
```

VStackの中に、「ScrollView」と「ForEach」の2つが配置されています。それぞれ、以下のような働きをします。

ScrollView	中に組み込まれたコンテンツをスクロール表示するためのコンテナです。
ForEach	すでに使いましたね。データを元に、NavigationLinkというインスタンスを必要なだけ作ります。

わかりやすく言えば「コンテンツを表示し、その下にNavigationLinkというものをいくつか追加している」ということですね。このNavigationLinkというのが、ナビゲーションビューで表示されていたボタンなのです。整理すると、ナビゲーションビューは「NavigationViewを作り、その中にNavigationLinkでリンクを用意する」という形になっているわけです。

NavigationViewの使い方

「自分だけの物語を選択する」の説明とサンプルコードから、NavigationViewの使い方がだいぶわかってきました。整理すると、だいたい以下のようになるでしょう。

▼NavigationViewの作成

```
NavigationView {……}
```

▼NavigationLinkの作成

```
NavigationLink(ラベル, destination: 《View》{……}
```

NavigationViewはコンテナです。{…}の部分に表示するコンテンツを用意します。これ自体は特に難しいものではありません。

この表示するコンテンツの中には、NavigationLinkによるリンクボタンを配置します。NavigationLinkでは、destinationという引数にリンクで表示されるビューを設定します。これで、そのリンクがタップされると、destinationに用意したインスタンスが画面に表示されるようになります。その際、前の表示に戻るボタンなども自動的に組み込まれます。

では、実際に簡単なサンプルを作ってみましょう。「自分だけの物語を選択する」を閉じて、「マイApp」プロジェクト（または「マイプレイグラウンド」プロジェクト）を開き、コードを作成しましょう。

コンテンツのビュー「PageView」を作る

ナビゲーションビューを使うには、「NavigationViewが表示される画面」と、「リンク先として表示される画面」が必要です。

まずは、リンク先として表示するコンテンツのビューを作りましょう。ここでは「PageView」という構造体として用意します。以下のコードを適当な場所（ContentViewの手前あたり）に追記してください。

▼リスト5-6

```
struct PageView: View {
  @State var page: Int
  @State var msg: String
  @State var color: Color

  var body: some View {
    VStack {
      Text("これは、\(page)ページ目です。").font(.title2)
        .foregroundColor(color)
      Text(msg).padding()
      Spacer()
    }.padding()
    .navigationTitle("Page \(page).")
    .navigationBarTitleDisplayMode(.inline)
  }
}
```

Viewを採用した構造体として作成していますね。ContentViewなどとまったく同じです。ここではVStack内にTextを配置しておきました。表示する内容は、以下のプロパティとして保管されるようにしておきました。

- page……ページ番号
- msg………表示するメッセージ
- color……テキストカラー

これらを元に、簡単なコンテンツを表示するようにしてあります。特に難しいことはしていないので内容はわかるでしょう。

ナビゲーションの設定

補足が必要なのは、ナビゲーション関係のメソッド部分でしょう。VStackではナビゲーションに関するものとして、以下のようなメソッドが呼び出されています。

▼ナビゲーションタイトルの設定

```
《View》.navigationTitle( タイトル )
```

▼ナビゲーションバーの表示モード設定

```
.navigationBarTitleDisplayMode(《TitleDisplayMode》)
```

TitleDisplayModeの値

automatic	前のナビゲーションから表示モードを継承する
inline	バーの中にテキストを表示する
large	バーを展開して大きく表示する

ナビゲーションビューを利用してナビゲーションを行う場合、画面の上部に「ナビゲーションバー」と呼ばれるバーが表示されます。このバーで、前の画面に戻ったりできるようになっているのですね。

このナビゲーションバーに関する設定を行っているのがこれらのメソッドです。navigationTitleでは、タイトルとして表示するテキストを設定します。

そしてnavigationBarTitleDisplayModeではバーの表示モードを、TitleDisplayModeという値を使って指定します。この値は列挙体で、inlineにすればバーの中にすべてまとめて表示し、largeにするとバーを広く展開してタイトルなどを大きく表示します。automaticは、前の画面の表示と同じスタイルで表示します。

ナビゲーションを作成する

では、用意したPageViewをナビゲーションで表示するサンプルを作りましょう。ContentViewの内容を以下に書き換えてください。

▼リスト5-7

```
struct ContentView: View {
  var body: some View {
    NavigationView {
      VStack {
        Text("First").font(.title)
        Text("これはスタートページです。").padding()
        Spacer()
        NavigationLink("first", destination: PageView(page: 1, msg: ↲
          "ナビゲーションで表示された最初のコンテンツです。", color: Color.red))
          .font(.title2)
        NavigationLink("Second", destination: PageView(page: 2, msg: ↲
          "ナビゲーションで表示された真ん中のコンテンツです。", color: Color.green))
          .font(.title2)
        NavigationLink("Third", destination: PageView(page: 3, msg: ↲
          "ナビゲーションで表示された最後のコンテンツです。", color: Color.blue))
          .font(.title2)
        Spacer()
      }
    }
  }
}
```

実行すると、「First」というタイトルの画面が現れます。これがNavigationViewによる画面です。画面の下部には「First」「Second」「Third」といったリンクがあり、これらがNavigationLinkで作成されています。

図5-13：ナビゲーションビューの画面。下にリンクが見える。

これらのリンクをタップすると、PageViewによる画面が現れます。この画面では、PageViewのインスタンス作成時に渡される引数によって表示が変わります。画面の上部には「Page 番号.」というタイトルが表示され、その左には「<戻る」というリンクがあります。この部分がナビゲーションバーです。

実際に、トップの画面とリンクして表示される画面を行き来してみると、ナビゲーションビューの働きがよくわかるでしょう。特に、NavigationView内に作成してあるNavigationLinkの使い方をよく頭に入れてください。どのようにしてdestinationに次の画面を用意すればいいか、それさえわかればナビゲーションビューは使えるようになりますよ。

図5-14：リンクをタップすると、このようにコンテンツが表示される。

Chapter 5

5.3. リストを利用しよう

リストの基本

ナビゲーションビューの基本はわかったでしょうが、これをフル活用するには他にもいろいろな知識が必要になってきます。中でも重要なのが「リスト」でしょう。

リストはその名の通り、多数の項目を一覧表示するのに使われます。NavigationViewではNavigationLinkで移動先のリンクを用意します。これを表示するのにリストが多用されるのです。

リストは「List」という構造体として用意されており、以下のように作成します。

▼Listの作成

```
List {……}
```

非常に単純ですね。Listの後の{…}部分に、リストとして表示するビューを用意すればいいのです。これだけで、それらのビューがリストにまとめられて表示されます。

NavigationViewにリストを使う

では、NavigationViewでListを利用すると何がどう変わるのか。実際に試してみましょう。先ほど作成したContentViewの内容を以下に書き換えてください。なお、PageViewは引き続き必要ですから削除しないように！

▼リスト5-8

```
struct ContentView: View {
  var body: some View {
    NavigationView {
      VStack {
        Text("First").font(.title)
        Text("これはスタートページです。").padding()
        List {
          NavigationLink("first",
            destination: PageView(page: 1, msg: "ナビゲーションで表示された最初のコンテンツです。"↵
              , color: Color.red))
          .font(.title2)
          NavigationLink("Second",
            destination: PageView(page: 2, msg: "ナビゲーションで表示された真ん中のコンテンツです。"↵
              , color: Color.green))
          .font(.title2)
```

```
            NavigationLink("Third",
              destination: PageView(page: 3, msg: "ナビゲーションで表示された最後のコンテンツです。"↵
                , color: Color.blue))
            .font(.title2)
          }
          Spacer()
        }
      }
    }
}
```

基本的な表示内容は前と変わっていません。ただ、3つあったNavigationLinkをListでまとめただけです。実際に表示してみると、3つのリンクがきれいに1つにまとめられているのがわかります。また各項目は右側に「>」が表示され、タップすると次の画面に進むことがわかるようになっています。

図5-15：NavigationViewでListを使うことで、NavigationLinkの表示がきれいにまとめられる。

動作そのものはまったく変わりなく、タップすればそのPageViewが表示されます。しかしListを使うことで、単なるリンクだったものがきれいにまとまった形に変わります。これだけでもListを利用する価値がありますね！

複雑な表示のリスト

このようにNavigationLinkをそのままリストに表示するようなものは、これだけで作れます。ですが、リストはそんなにシンプルな使い方しかしないわけではありません。もっと複雑な表示を作るのにも多用されます。

リストではビューを項目として組み込めますから、複雑な表示のビューをあらかじめ用意しておけば、それを使って細かくデザインされたリスト表示を作ることができます。ただし、こうした複雑なリスト表示を行うためには、あらかじめ何をどう表示するかといったことをしっかり考えておかないといけません。

リストは「多数のデータを表示するコンテナ」と言えます。これに複雑な表示を作成するためには、「表示するデータ」と「表示するビュー」をそれぞれ設計しておく必要があります。

●表示するデータ

複雑なリストは、イコール「複雑なデータ」を表示するために作成するものです。まずは、表示したいデータをきちんと設計しておく必要があります。

●表示するビュー

データを表示するためのビューも用意する必要があります。表示するデータを元に、具体的な表示内容を作成するものです。

●リストの作成

リストでは、表示データを引数にして表示ビューを作って組み込みます。ForEachなどを使い、用意されたデータのビューを自動的に生成するような仕組みを考えます。

こうした基本的な考え方を理解した上で、順に設計していくことになるでしょう。では、簡単なサンプルを作成しながら、複雑なリスト表示について考えていきましょう。

Identifiableなビュー

まず最初に、「表示データ」から作成していきます。データは構造体として用意すればいいのですが、注意しておきたい点が1つあります。それは、「Identifiableプロトコルを採用して作る」という点です。

Identifiableというのは、IDによる識別が可能であることを示すプロトコルです。リストにForEachなどを使ってインスタンスを自動生成し追加する場合は、それぞれがIDによって識別可能にしておきます。

Identifiableが採用された構造体では、「id」というプロパティを用意する必要があります。これによってデータが識別可能になります。idプロパティには、重複しない値を用意する必要があります。

PageData構造体を作る

では、データ用の構造体を作ってみましょう。ここでは、先ほど作ったPageViewの表示データ（page, msg, color）をベースに、少しだけ項目を追加したものを構造体として作成します。

コードエディタで適当なところ（ContentViewの手前あたり）に、以下のコードを追記してください。

▼リスト5-9

```
struct PageData: Identifiable {
  let id = UUID()
  var page: Int
  var msg: String
  var color: Color
  var icon: String
}
```

PageData構造体では全部で5つのプロパティを用意しておきました。「struct PageData: Identifiable」というようにして、Identifiableを採用していますね。そしてidのプロパティを追加してあります。

このidでは「UUID」という関数の結果を代入しています。このUUIDというのは、「Universally Unique Identifier」と呼ばれるものです。

これはソフトウェア上でオブジェクトを識別するのに使われる識別子で、UUID関数は、このUUIDの値を返す働きをします。UUID関数は常にユニークなUUID値を返すようになっているため、すべてのインスタンスに異なるidを割り振ることができます。

PageItemビューを作る

では、作成したPageDataを表示するビューを作りましょう。ここでは「PageItem」という構造体として用意することにします。先ほど作ったPageItemの下あたりに以下のコードを追記してください。

▼リスト5-10

```
struct PageItem: View {
  var data: PageData
  var body: some View {
    HStack {
      Image(systemName: data.icon)
        .resizable()
        .scaledToFit()
        .frame(width: 25.0, height: 25.0)
        .foregroundColor(data.color)
      VStack {
        HStack {
          Text("Page \(data.page)")
            .font(.title2)
          Spacer()
        }
        HStack {
          Text(data.msg)
          Spacer()
        }
      }
    }
  }
}
```

ここではdataというプロパティを用意し、そこにPageDataインスタンスを保管するようにしています。そして、その中の値を元に表示を作成しています。

やっていることはそれほど難しくありません。1つのImageと2つのTextをVStackとHStack、Spacerでまとめているだけです。

ImageというのはChapter 3で出てきましたが、覚えてますか？ イメージを表示するものでしたね。ここではこんな具合に呼び出しています。

```
Image(systemName: data.icon)
  .resizable()
  .scaledToFit()
  .frame(width: 25.0, height: 25.0)
```

systemNameというのは、システムシンボルイメージを表示するのに使うものでした。PageDataからIconの値をこれに設定してアイコンを表示させます。resizableとscaledToFitを使って、配置されるエリアにピッタリとはめ込まれるようにしています。

PageDataをリスト表示する

これで、表示データと表示ビューの構造体が用意できました。では、これらを使って実際にリストに表示を行ってみましょう。

まず、表示するデータを作成しておきます。ContentViewの手前に以下のコードを記述しておきましょう。

▼リスト5-11

```
let pagedata = [
  PageData(page: 1, msg: "サンプルで作った項目です。", color: .red, icon: "heart.fill"),
  PageData(page: 2, msg: "PageDataはリストの項目用のデータです。", color: .green, icon: ⤵
    "star.fill"),
  PageData(page: 3, msg: "PageItemは、リストに表示する項目のビューです。", color: .blue, ⤵
    icon: "house.fill")
]
```

ここでは3つのPageDataを配列にまとめておきました。このようにデータのオブジェクトを配列として用意しておき、それを元にリストの表示を作るようにします。

ContentViewを作る

用意したPageData配列からリストを作成し表示しましょう。ContentViewの内容を以下に書き換えてください。なお、ここまで追記してきたコードは削除しないように注意しましょう。

▼リスト5-12

```
struct ContentView: View {
  var body: some View {
    VStack {
      Text("First").font(.title).padding()
      Text("これはスタートページです。").padding()
      List {
        ForEach(pagedata) { item in
          PageItem(data: item)
        }
      }
    }
  }
}
```

これで、PageItemを使ったリストが作成できました。実際にアクセスして表示を確認しましょう。リスト内に表示される項目がカスタマイズされていますね。それぞれ左側にアイコンが表示され、その右側にはタイトルとメッセージが縦に並んで表示されています。こういう複雑な表示もリストで行えることがわかります。

図5-16：PageItemを使って表示されたリスト。

Listを作成している部分を見てみましょう。このように行っていますね。

```
List {
  ForEach(pagedata) { item in
    PageItem(data: item)
  }
}
```

ForEachを使い、pagedataから順に値を取り出してPageItemを作成しています。pagedataに用意するデータを変更すれば、リストの表示も変わります。データとリストの項目の表示、そしてリストの作成がそれぞれ別の構造体として作成されているため、カスタマイズも比較的簡単に行えます。リストの項目の表示を修正したければ、PageItemを修正するだけで済みます。

ナビゲーションリンクのカスタマイズ

ここまできたら、ナビゲーションビューを組み合わせて、ナビゲーションリンクとしてPageItemが使えるようにしたいところですね。まず、PageViewを修正しておきましょう。今回、データはPageDataという構造体にしてあるので、これを渡して表示を行うようにします。また、Imageのアイコンも大きく表示されるようにしましょう。PageView構造体のコードを以下に修正してください。

▼リスト5-13

```
struct PageView: View {
  var data: PageData

  var body: some View {
    VStack {
      Image(systemName: data.icon)
        .resizable()
        .scaledToFit()
        .frame(width: 75.0, height: 75.0)
        .foregroundColor(data.color)
      Text("\(data.page)ページ目です.").font(.title)
        .foregroundColor(data.color)
      Text(data.msg).font(.title3).padding()
      Spacer()
    }.padding()
      .navigationTitle("Page \(data.page).")
      .navigationBarTitleDisplayMode(.inline)
  }
}
```

▼リスト5-14

```
struct ContentView: View {
  var body: some View {
    NavigationView {
      VStack {
        Text("First").font(.title)
        Text("これはスタートページです。").padding()
        List {
          ForEach(pagedata) { item in
            NavigationLink(destination: PageView(data: item)) {
              PageItem(data: item)
            }
          }
        }
        Spacer()
      }
    }
  }
}
```

先ほどと同様にPageItemがリストに表示されます。が、よく見ると各項目の右端には「>」が表示され、タップすれば別の表示に移動することがわかります。

実際にタップすると、修正したPageViewの表示に切り替わります。独自に作ったPageItemがナビゲーションリンクとして機能していることがわかるでしょう。

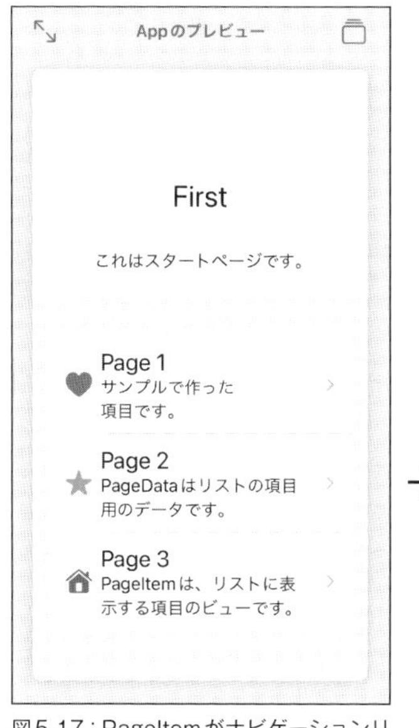

図5-17：PageItemがナビゲーションリンクになる。タップすればPageViewが開かれる。

図5-18：修正したPageView。アイコンも大きく表示されるようになった。

NavigationLinkの作成

ナビゲーションリンクの作成部分を見てみましょう。今回は以下のような形で作成をしています。

```
NavigationLink(destination: PageView(data: item)) {
  PageItem(data: item)
}
```

destinationには移動先となるPageViewインスタンスを指定していますね。その後に、{…}の部分にPageItemが用意されています。こうすることで、{…}に用意したビューがナビゲーションリンクとして表示されるようになります。

ナビゲーションリンクをカスタマイズしたい場合は、この{…}部分にビューを用意する、ということを忘れないようにしましょう。

Chapter
5

5.4.

MapKitによるマップ表示

マップとMapKitについて

このChapterで取り上げたビューは、基本的に「画面全体に配置して使う」というものでした。TabView、NavigationView、Listは、すべて画面内に小さく配置するものではありません。画面の中に広く配置して使うものばかりです。画面全体の表示を作るようなビューですね。

ここまで取り上げたビューは、基本的に「コンテナ」でした。タブビューもナビゲーションビューも、他のビューを内部に組み込んで表示する、というものです。が、コンテナではなく、自身の中にコンテンツを表示するタイプのビューというのもあります。こうした「コンテンツ表示のビュー」についても紹介しましょう。

まずは「マップ」からです。

マップとMapKit

マップはその名の通り、マップを表示するビューです。スマホのアプリではアップルやGoogleがマップアプリを提供しており、簡単にマップを表示し、操作することができます。あのマップの表示をそのままビューとして使えるようにしたのがマップです。

ただし、このマップビューの機能は、実はSwiftUIには標準で用意されていません。マップ関連の機能は、「MapKit」というフレームワークとして別途用意されているのです。したがって、これを利用できるようにしてやらなければいけません。

コードエディタで編集中のソースコードファイルの冒頭を表示してください。そこに「import ～」といった文が書かれているでしょう。そのimport文の最後に、以下の文を追記してください。

▼リスト5-15

```
import MapKit
```

これで、MapKitフレームワークのモジュールがインポートされ利用できるようになります。後は、マップを表示するビューを作成して利用するだけです。

MapとMKCoordinateRegion

マップの表示は、MapKitに用意されている「Map」という構造体を利用します。オプションとして用意されている引数が非常に多いので、まずは一番シンプルな形から覚えていきましょう。

▼Mapの作成

```
Map(coordinateRegion: 《MKCoordinateRegion》)
```

引数のcoordinateRegionというものに、MKCoordinateRegionという構造体のインスタンスを指定します。マップで使う座標に関するデータを管理するもので、以下のように作成をします。

▼MKCoordinateRegionの作成

```
MKCoordinateRegion(center: 《CLLocationCoordinate2D》,
  span: 《MKCoordinateSpan》)
```

引数は2つあり、centerとspanというものに値を指定します。centerはマップの中心地点を示すもので、spanはマップの拡大状態を示すものです。これらの値も、それぞれ専用の構造体として用意されています。

▼CLLocationCoordinate2Dの作成

```
CLLocationCoordinate2D(latitude: 緯度, longitude: 経度 )
```

▼MKCoordinateSpanの作成

```
MKCoordinateSpan(latitudeDelta: 緯度の倍率, longitudeDelta: 経度の倍率 )
```

このどちらも、縦横の2つの値が指定されます。CLLocationCoordinate2Dでは緯度と経度の値を、MKCoordinateSpanではそれぞれの倍率を示す実数値が指定されます。これらのインスタンスを作成してMKCoordinateRegionを作成し、それを引数にしてMapインスタンスを作成すれば、無事マップが表示されるようになる、というわけです。

Mapでマップを表示しよう

では、実際にMapを作成してマップを画面に表示してみましょう。ContentViewのコードを以下のように書き換えてください。

▼リスト5-16

```
struct ContentView: View {
  @State var region = MKCoordinateRegion(
    center: CLLocationCoordinate2D(
      latitude: 35.71, longitude: 139.81),
    span: MKCoordinateSpan(
      latitudeDelta: 0.0005, longitudeDelta: 0.005))

  var body: some View {
    VStack {
      Spacer()
      Text("Map").font(.title)
      Map(coordinateRegion: $region)
      Text("copyright 2022.")
    }
  }
}
```

ここでは上下にTextを表示し、その間の広いエリアにマップを表示しています。デフォルトでは東京スカイツリー近辺が表示されています。

実際に使っているとわかりますが、このマップはドラッグして位置を移動したりピンチで拡大縮小したりといったことが行え、マップとして必要最低限の機能がきちんと動いていることがわかります。たったこれだけで本格的なマップが表示できてしまうんですね！

図5-19：Mapを使ってマップが表示される。

Map利用のコードをチェック

ここでは@Stateプロパティとして、regionにMKCoordinateRegionを保管しています。プロパティを作成している部分を見てみましょう。

```
@State var region = MKCoordinateRegion(
  center: CLLocationCoordinate2D(
    latitude: 35.71, longitude: 139.81),
  span: MKCoordinateSpan(
    latitudeDelta: 0.0005, longitudeDelta: 0.005))
```

MKCoordinateRegionの引数に、それぞれCLLocationCoordinate2DとMKCoordinateSpanインスタンスをその場で作成して指定しているため、非常にわかりにくくなっています。が、centerとspanの引数部分を別に分けて考えれば、そう難しくはないことがわかります。

▼regionプロパティの設定

```
@State var region = MKCoordinateRegion(center: ①, span: ②)
```

▼①の値

```
CLLocationCoordinate2D(latitude: 35.71, longitude: 139.81)
```

▼②の値

```
MKCoordinateSpan(latitudeDelta: 0.0005, longitudeDelta: 0.005)
```

いかがですか。これなら「なるほど、やっていることがわかるな」と思うでしょう？　regionプロパティの値は、MKCoordinateRegionなど長くて難しそうな名前の構造体が3つも出てくるので、それだけでわかりにくいのですが、こうして1つ1つ整理すれば、決して難しいことをしているわけではないのです。

こうしてregionプロパティに値が用意できれば、後は簡単です。これを引数にしてMapを作るだけです。

```
Map(coordinateRegion: $region)
```

これでマップが作成され画面に表示されるようになります。マップの基本はこれだけ。ここまでわかれば、すぐに自分のアプリでマップが使えるようになります。

位置と倍率の操作

Mapインスタンスを作成する際に、coordinateRegion引数に指定しているMKCoordinateRegion構造体には、位置と倍率に関する設定情報が保管されています。これらは@Stateを使ってプロパティとして用意しているため、表示とプロパティの値がリアルタイムに同期します。マップの位置や倍率を変更すれば@Sateプロパティ内の値も更新されますし、プロパティ内の値を変更すればマップの表示を操作することもできます。

実際に簡単な操作を行ってみましょう。ContentViewの内容を以下に書き換えてください。

▼リスト5-17

```
struct ContentView: View {
  static let center = CLLocationCoordinate2D(
    latitude: 35.681, longitude: 139.767)
  static let span = MKCoordinateSpan(
    latitudeDelta: 0.01, longitudeDelta: 0.01)
  @State var region = MKCoordinateRegion(
    center: center,
    span: span)

  var body: some View {
    VStack {
      Spacer()
      Text("Map").font(.title)
      Map(coordinateRegion: $region)
      Button("copyright 2022.") {
        region.center = ContentView.center
        region.span = ContentView.span
      }.padding()
    }
  }
}
```

今回のサンプルでは、東京駅がマップの中央に表示されるようにしてみました。マップを操作して自由に位置や倍率を変更した後、下部に見える「copyright 2022.」というフッター表示のテキストをタップしてください。デフォルトの東京駅の表示に戻ります。

ここでは位置と倍率の値を、centerとspanという静的プロパティとしてあらかじめ用意してあります。これらの値を使って@Stateプロパティのregionを作成し、Mapに設定しています。

実際にマップを操作して、表示位置を移動したり拡大縮小したりしてみましょう。マップの表示が変わったところで下部のフッター部分をタップすると、初期状態に戻すことができます。

図5-20：下部のフッター部分のテキストをタップすると、東京駅に表示が戻る。

フッターのテキストは、Buttonとして用意してあります。ここでは以下のように位置と倍率を変更しています。

```
region.center = ContentView.center
region.span = ContentView.span
```

regionプロパティのcenterとspanの値をContentViewのcenterとspanに設定し直すことで、位置と倍率が初期状態に戻ります。region.centerとregion.spanを操作するだけでマップの表示を変更できるのがわかるでしょう。

C O L U M N

なぜ、centerとspanはstatic?

今回のサンプルでは、centerとspanの値をstaticにしていました。なぜ、staticにする必要があるんでしょう？　これらを使っているregionプロパティはインスタンスプロパティです。だったら、これらもstaticでないほうがいいと思いませんか？ その理由は、これらの値が@Stateプロパティのregion内で使われているからです。ここでは、regionプロパティを作成するところでMKCoordinateRegionインスタンスを作り設定しています。プロパティが初期化されるときは、まだインスタンス自身を示すselfが利用可能になっていません。このため、プロパティの初期化をする際にインスタンスプロパティの値を利用することはできないのです。そこで、ここではstaticとして用意しているのです。もともとcenterとspanは定数で後から変更することのないものですから、これで問題ないのです。

ピンを追加する

ただマップを表示するだけでもけっこう便利な使い方ができそうですが、マップ上にさらに情報を追加できれば、独自の情報を表示したオリジナルなマップが作れます。多くのマップでは、ピンで場所を表示できますね。この機能は、Mapで表示されるマップにも用意されています。ピンをマップに追加するためには、Mapインスタンスを作成する際に以下のような引数を用意しておきます。

annotationItems	追加表示する情報をまとめて保管するためのものです。表示に必要な値（位置や表示テキストなど）を構造体としてまとめたものを用意しておき、その配列として値を用意します。

この引数を使い、Mapを作成する際にピンの作成を行うための処理を追加します。これは以下のように記述します。

```
Map(……) { 引数 in
  MapPin(……)
}
```

Mapの後に{…}を使ってピンを作成します。ピンは「MapPin」という構造体として用意されています。{…}の関数部分では、annotationItemsの配列からデータを順に取り出して引数として渡します。この値を元にMapPinを作成すればいいのです。

MapPinの作成

MapPinインスタンスはどのように作成するのでしょうか？ その基本的な作り方をまとめておきましょう。

▼MapPinの作成

```
MapPin(coordinate: 《CLLocationCoordinate2D》, tint: 《Color》)
```

coordinate引数に、位置を示すCLLocationCoordinate2Dインスタンスを指定します。tintには、ピンの色をColorで指定します。これで指定した位置にピンが追加されます。

表示用データを用意する

では、実際にコードを作っていきましょう。まず、ピンで利用するデータの構造体を用意します。ここでは「AnnotationItem」という構造体として作成しておきます。以下のコードを適当なところ（ContentViewの手前あたり）に追記してください。

▼リスト5-18

```
struct AnnotationItem: Identifiable {
  var id = UUID()
  var coordinate: CLLocationCoordinate2D
}
```

これはIdentifiableプロトコルを採用して作ります。idにはUUID関数で値を指定します。その他に、表示する位置情報もcoordinateプロパティとして用意してあります。

AnnotationItemの配列を用意

では、表示するアノテーションのデータを準備しましょう。先に作ったAnnotationItemの配列として表示データを用意しておきます。コードの適当なところ（AnnotationViewの下あたり）に以下のコードを追記してください。

▼リスト5-19

```
let annotationData = [
  AnnotationItem(coordinate: CLLocationCoordinate2D(
    latitude: 35.683, longitude: 139.764)),
  AnnotationItem(coordinate: CLLocationCoordinate2D(
    latitude: 35.68, longitude: 139.771)),
  AnnotationItem(coordinate: CLLocationCoordinate2D(
    latitude: 35.677, longitude: 139.764))
]
```

今回はサンプルということで、AnnotationItemインスタンスを3つ用意しておきました。AnnotationItemはcoordinateの引数を用意してインスタンスを作成します。

マップにピンを表示する

では、用意したデータを使ってマップにピンを表示しましょう。ContentViewのコードを以下のように書き換えてください。

▼リスト5-20

```
struct ContentView: View {
  static let center = CLLocationCoordinate2D(
    latitude: 35.681, longitude: 139.767)
  static let span = MKCoordinateSpan(
    latitudeDelta: 0.02, longitudeDelta: 0.02)
  @State var region = MKCoordinateRegion(
    center: center,
    span: span)

  var body: some View {
    VStack {
      Spacer()
      Text("Map").font(.title)
      Map(coordinateRegion: $region,
        annotationItems: annotationData
      ) { annotation in
        MapPin(coordinate: annotation.coordinate,
          tint: .black)
      }

      Button("copyright 2022.") {
        region.center = ContentView.center
        region.span = ContentView.span
      }.padding()
    }
  }
}
```

東京駅の周りには3つの黒いピンが表示されます。annotationDataの配列に用意したデータを元にピンが表示されていることがわかるでしょう。annotationDataのデータにあるlatitudeとlongitudeの値を少しずつ変更すると、表示されるピンの位置も変わります。いろいろと試してみてください。

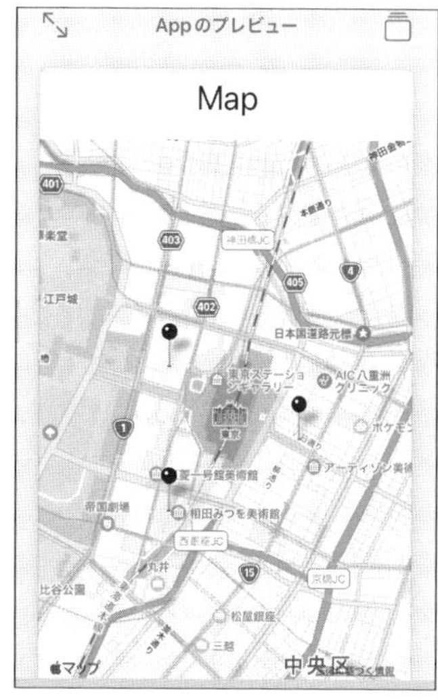

図5-21：東京駅の周辺に3つのピンが表示される。

ピンの表示処理

Mapインスタンスを作成する際、以下のようにしてannotationItemsプロパティの値を用意しています。

```
Map(coordinateRegion: $region,
  annotationItems: annotationData
)
```

あらかじめ用意しておいたannotationDataの値がannotationItemsに設定されました。後は、その後に続く関数でannotationItemsを元にMapPinを作成すればいいのです。

```
{ annotation in
  MapPin(coordinate: annotation.coordinate,
       tint: .black)
}
```

annotationには、annotationItemsで設定した配列から順にAnnotationItemインスタンスが渡されます。その中のcoordinateを使ってピンの位置を指定しています。

アノテーションを追加する

ピンは特定の位置を示すのに役立ちますが、詳しい情報などを伝えるのには向きません。もっとテキストやイメージなどを使った表示をマップの中に作ることができれば、さらに面白い使い方ができそうですね。

これは「アノテーション」と呼ばれる機能として用意されています。アノテーションをマップに追加するためには、Mapインスタンスを作成する際に以下のような引数を用意しておきます。

annotationItems	これはすでに使いましたね。表示するアノテーションに関する情報です。
annotationContent	アノテーションで表示するコンテンツ（ビュー）を設定するものです。これは関数として用意します。

この2つの引数があれば、それらを元にアノテーションが表示されるようになります。見ればわかるように、そのためにはあらかじめデータの構造体や表示するビューなどを作成しておく必要があります。

データ用構造体の修正

アノテーションを利用してみましょう。まずはデータの準備からです。先にAnnotationItemという構造体を作りましたが、これをさらに拡張して、アノテーションで使う情報を追加しましょう。

AnnotationItem構造体のコードを以下のように書き換えてください。

▼リスト5-21

```
struct AnnotationItem: Identifiable {
  var id = UUID()
  var name: String
  var icon: String
  var coordinate: CLLocationCoordinate2D
}
```

今回はnameとiconという項目を追加しました。nameはこのデータの名前、iconは表示するシステムシンボルイメージを保管するためのものです。

annotationDataを修正する

修正したAnnotationItemを使うように、annotationDataの値も修正しましょう。以下のように書き換えてください。

▼リスト5-22

```
let annotationData = [
  AnnotationItem(name: "東京駅", icon: "pin.fill",
    coordinate: CLLocationCoordinate2D(
      latitude: 35.681, longitude: 139.767))
]
```

今回の例では大きなイメージをマップに追加するので、このように1つだけデータを用意しておきました。AnnotationItemは引数がname, icon, coordinateと増えたので、すべての値をきちんと用意して作成してください。

アノテーション用ビューの作成

次にアノテーションとして表示するビューを作成します。コードの適当なところ（先ほどのAnnotationItemの下あたり）に以下のコードを追記してください。

▼リスト5-23

```
struct AnnotationView: View {
  var item: AnnotationItem
  var body: some View {
    VStack {
```

```
        Text(item.name)
          .font(.title)
          .padding()
          .background(.white)
        Image(systemName: item.icon)
          .resizable()
          .scaledToFit()
          .frame(width: 75.0, height: 75.0)
          .foregroundColor(.black)
      }
    }
  }
```

itemというプロパティに、先ほどのAnnotationItemを配置します。そして、この情報を元に表示するコンテンツを作ります。

ここではVStackを使ってTextとImageを作成しています。Imageは、systemNameでitem.iconの値を指定しアイコンを表示させるようにしてあります。すでに習ったものしか使っていませんから、それほど難しくはないでしょう。テキストとイメージを縦に並べて表示しているだけです。

MapAnnotationを使ってアノテーションを表示する

準備はできました。後は、用意したものを使ってアノテーションを表示するだけです。ContentViewの内容を以下のように修正しましょう。

▼リスト5-24

```
struct ContentView: View {
  static let center = CLLocationCoordinate2D(
    latitude: 35.681, longitude: 139.767)
  static let span = MKCoordinateSpan(
    latitudeDelta: 0.02, longitudeDelta: 0.02)
  @State var region = MKCoordinateRegion(
    center: center,
    span: span)

  var body: some View {
    VStack {
      Spacer()
      Text("Map").font(.title)
      Map(coordinateRegion: $region,
        annotationItems: annotationData,
        annotationContent: { annotation in
        MapAnnotation(coordinate: annotation.coordinate) {
          AnnotationView(item: annotation)
        }
      })
      Button("copyright 2022.") {
        region.center = ContentView.center
        region.span = ContentView.span
      }.padding()
    }
  }
}
```

　修正できたら、表示を確認しましょう。今回は東京駅の上に大きな黒い押しピンのアイコンと、「東京駅」というテキストが表示されます。これが追加して表示されたアノテーションです。独自にこうした表示がマップに追加できると、マップの表現力もぐっと上がりますね！

図5-22：東京駅の上に巨大な押しピンのアイコンとテキストが表示される。

annotationItemsとannotationContent

　では、アノテーションの表示がどのように行われているのか見てみましょう。今回、Mapインスタンスの作成は、いろいろと引数が追加されて以下のようになっています。

```
Map(coordinateRegion: $region,
  annotationItems: annotationData,
  annotationContent: { annotation in
  MapAnnotation(coordinate: annotation.coordinate) {
    AnnotationView(item: annotation)
  }
})
```

　すでに述べたように、annotationItemsには表示データを配列にまとめたものを指定します。すでにannotationDataという変数として用意してありますね。問題は、もう1つのannotationContentです。こちらは関数を使って記述をしますが、この関数は以下のような形になっています。

```
annotationContent: { 引数 in
  ……ビューの作成……
}
```

　「引数 in」というのが付いていますね。この引数には、annotationItemsに設定した配列から順に値が取り出され渡されていきます。この引数を元に、表示する内容を作成するのです。

MapAnnotationについて

　annotationContentで作成するのは、「MapAnnotation」というインスタンスです。次のような形で作成します。

▼MapAnnotationの作成

```
MapAnnotation(coordinate: 《CLLocationCoordinate2D》) {……}
```

coordinate引数に、表示する位置を示すCLLocationCoordinate2Dを指定します。そして{…}部分に、アノテーションとして表示するビューを記述します。

今回は表示用にAnnotationViewという構造体を用意していますので、これを作成するだけです。このAnnotationViewを書き換えれば、表示する内容もいろいろと変更することができますね！

Chapter 5

5.5. WebKitとWebView

Webの表示とWebKit

マップのように、コンテンツを表示するためのビューというのは他にもあります。それは「Web」を表示するビューです。Webも画面全体にビューを配置して、そこに表示されるコンテンツを利用します。

このWeb用のビューというのも、実はSwiftUIには標準で用意されていません。Webを利用するためには、「WebKit」というフレームワークを使います。

コードエディタでコードの最初のところを表示してください。「import ～」という文が並んでいますね。ここに以下の文を追記しましょう(import MapKitの下あたりでいいでしょう)。

▼リスト5-25

```
import WebKit
```

これで、WebKitフレームワークのモジュールが使えるようになります。これを忘れるとWebは利用できないので注意してください。

WebViewを作る

では、Webを表示するために最初に行うことは何でしょう？　それは、「Webを表示するためのビューを作ること」です。

MapKitでは、SwiftUIで利用できる「Map」というビューが用意されていました。これを使うことで、簡単にマップを表示できました。

しかしWebKitは違います。WebKitにはSwiftUIで使えるビューが用意されていないのです。MKWebViewというビューはあるのですが、これはSwiftUI以前に使われていたフレームワークでの利用を考えて作られているので、そのままSwiftUIで使うことができないのです。

そこで、まずはWebを表示するビューを作成することになります。ただし、これはSwiftUIの基本である「Viewプロトコルを採用した構造体」として作るわけではありません。WebKitにあるMKWebViewもViewを採用して作られているわけではないので、そのままビューとしては使えないのです。

以下のような形で作成をします。

```
struct 名前 : UIViewRepresentable {
  ……
}
```

UIViewRepresentableというのは、ビューをSwiftUIのビューに適合する形にするためのプロトコルです。ここに必要なメソッドを実装することで、SwiftUIのビューとして扱えるようになります。

このUIViewRepresentableというプロトコルは、実はSwiftUIのViewプロトコルを継承しています。ですから、これを採用すればViewとして認識できるのですね。そして、さらにSwiftUI外のビューをうまくSwiftUIのビューとして扱えるようにするためのメソッドなどが追加されているのです。

WebView構造体の作成

Webを表示するビューを作ってみましょう。コードエディタで適当なところ（ContentViewの手前あたり）に以下のコードを追記してください。

▼リスト5-26

```
struct WebView: UIViewRepresentable {
  var url: String

  func makeUIView(context: Context) -> WKWebView {
    return WKWebView()
  }

  func updateUIView(_ uiView: WKWebView, context: Context) {
    uiView.load(URLRequest(url: URL(string: url)!))
  }
}
```

これで、「WebView」というビューができました。そのままContentViewでビューとして組み込み使うことができます。

このWebViewでは2つのメソッドを用意してあります。

▼ビューを作成する

```
func makeUIView(context: Context) -> WKWebView
```

これは、画面に表示されるビューを作成するものです。WebKitには、Webを表示する「WKWebView」というUIKit（iOSのSwiftUI以前からある基本のフレームワーク）で利用されるビューが用意されています。このインスタンスを作成して返します。引数に渡されるContextというのは、ちょっと難しくなりますがUIViewRepresentableContextという構造体で、ビュー作成の際のシステムの状態などの情報を管理するものです。

▼ビューの更新処理

```
func updateUIView(_ uiView: WKWebView, context: Context)
```

これは、ビューの更新がされたときの処理を作成するものです。引数にWKWebViewとContextが渡されます。Contextにはビュー更新の際のシステム状態などの情報が管理されています。

このメソッドでは、WKWebViewのメソッドを使って指定したURLのページをロードしています。

```
uiView.load(URLRequest(url: URL(string: url)!))
```

「load」というのがそのメソッドです。ここでURLRequestというインスタンスを作成し、引数に指定しています。URLRequestの引数にはURLというインスタンスを指定し、その引数にはurlプロパティの値が使われています。複雑そうですが、要するに「urlプロパティの値を使って、WKWebViewにページをロードしている」と考えてください。

とりあえず、このWebViewという構造体を使えば、WebKitのWebを表示するビューが使えるようになります。中身は、現時点ではよくわからなくてもまったく問題ありません。「使い方さえわかればOK」と割り切って考えましょう。

WebViewを使ってみる

では、実際にWebViewを使ってWebを表示してみましょう。ContentViewを以下のように書き換えてください。

▼リスト5-27

```
struct ContentView: View {
  @State var url = "https: //www.apple.com/jp/"
  var body: some View {
    VStack {
      Spacer()
      Text("Web View").font(.title)
      TextField("", text: $url)
        .font(.title3)
        .textFieldStyle(RoundedBorderTextFieldStyle())
      WebView(url: url)
    }
  }
}
```

実行すると、画面にアップルの日本語サイトが表示されます。ここではデフォルトで、https: //www.apple.com/jp/というURLをWebViewに設定して、「WebView(url: url)」という具合にインスタンスを作成しています。これで、指定したURLのWebサイトがそのままWebViewに表示されます。

WebViewの表示は、そのまま上下にドラッグしてページをスクロール表示できます。また、2本指でピンチしてページを拡大縮小することもできます。

今回のサンプルでは、WebViewの上部にTextFieldを用意してあります。ここに、アクセスしているURLが表示されているのがわかるでしょう。この値は、@Stateプロパティであるurlの参照が指定されています。つまり、この値を書き換えれば、urlも変更されるわけです。

図5-23：実行すると、アップルのWebサイトが表示される。

試しに、入力フィールドのテキストを「https: //www.google.co.jp」と変更してみましょう。すると、ほぼ瞬時にWebViewの表示がGoogleの検索サイトに変わります。そのままテキストを書いて検索してリンクをタップすると、WebView内で別のWebサイトが表示されます。普通のWebブラウザと同じように使えることがわかるでしょう。

図5-24：テキストフィールドの値をhttps: //www.google.co.jpにするとGoogleの検索サイトが表示される。

WebViewを操作する

これで、基本的なWebの表示は行えるようになりました。こんなに簡単にWebの表示ができるなら、表示したWebの操作も行えるようにしたいところですね。

今回作成したWebViewでは、WKWebViewというものを作成してWebの表示を行っています。これはUIKitという、SwiftUI以前から使われているフレームワークのビューで、SwiftUIのビューと同様にさまざまなプロパティやメソッドが用意されています。これらを操作するメソッドをWebViewに用意し、ContentViewからそれらメソッドを呼び出せば、Webの表示を操作することができるようになります。

では、やってみましょう。

WebViewを修正する

先ほど作ったWebViewに、Webを操作するためのメソッドをいくつか追加してみます。WebView構造体を以下のように書き換えてください。

▼リスト5-28

```
struct WebView: UIViewRepresentable {
  var url: String
  let web: WKWebView = WKWebView()

  func makeUIView(context: Context) -> WKWebView {
    return web
  }

  func updateUIView(_ uiView: WKWebView, context: Context) {
```

```
      self.go(url: url)
    }

    func goback() {
      web.goBack()
    }
    func gonext() {
      web.goForward()
    }
    func go(url: String) {
      web.load(URLRequest(url: URL(string: url)!))
    }
}
```

ここではgoback、gonext、goという3つのメソッドを追加してあります。それぞれWKWebViewの以下のメソッドを呼び出しています。

goBack	前のページに戻る
goForward	次のページに進む
go	引数のURLにジャンプする

これらのメソッドをContentViewから呼び出せば、ページの移動ができるWebViewを作ることができるようになります。

ContentViewを修正する

ContentViewを修正してページ移動の機能を追加してみましょう。以下のようにContentViewのコードを修正してください。

▼リスト5-29

```
struct ContentView: View {
  static let url = "https://www.google.com/"
  private let web = WebView(url: ContentView.url)
  @State var input: String = ""

  var body: some View {
    VStack {
      Text("web").font(.title3)
      HStack {
        TextField("https://", text: $input)
          .font(.title3)
          .textFieldStyle(RoundedBorderTextFieldStyle())
        Button("GO") {
          web.go(url: input)
        }.buttonStyle(.bordered)
      }
      web
      HStack {
        Group {
          Button("<<back") {
```

```
          web.goback()
        }
        Spacer()
        Button("Home") {
          web.go(url: ContentView.url)
        }
        Spacer()
        Button("next>>") {
          web.gonext()
        }
      }.font(.title2)
    }
  }
 }
}
```

今回のContentViewでは、上部にURLを入力するフィールドと「GO」ボタンがあります。フィールドにURLを直接記入してボタンをタップすれば、そのURLのページが表示されます。

図5-25：上部にはURLを入力するフィールドと「GO」ボタンがある。下部には、前後のページ移動とホームに戻るボタンがある。

下部には「<<back」「Home」「next>>」というリンクが追加され、前後のページの移動とホーム（ここではGoogleの検索サイト）への移動が行えるようになりました。

webプロパティにあらかじめWebViewインスタンスを用意しておき、Buttonのアクションからweb内のメソッドを呼び出すようにしています。こうしてWebViewに用意したメソッドを呼び出すことで、内部で使われているWKWebViewの機能が呼び出され、Webの表示を操作できます。

ここではごく基本的な前後の移動などだけを用意してありますが、WKWebViewにはその他にもさまざまな機能がメソッドやプロパティとして用意されています。興味がある人はぜひ調べてみてください。

Groupについて

作成したContnentViewでは、実は新しいビューが1つ登場しています。それは「Group」というものです。

画面下部に表示される3つのButtonが作成されている部分を見ると、以下のようになっていることがわかります。

```
Group {
     Button(……)
     Button(……)
     Button(……)
}.font(.title2)
```

このGroupはコンテナの一種で、複数のビューにまとめて設定を行うのに使います。ここではfontを呼び出してフォントを設定していますが、Groupのfontを設定することで、その内部にある3つのButtonすべてのフォントが設定されます。

このように、いくつか並んでいるビューにすべて同じ設定を行いたいときはよくあります。そのような場合にGroupは重宝します。ぜひ、この機会に覚えておきましょう。

Chapter 6

グラフィックと視覚効果

SwiftUIにはグラフィック関連の機能もいろいろ用意されています。
ここでは「シェイプ」「視覚効果」「キャンバス」といったものについて、
基本的な使い方を説明していきましょう。

Chapter 6

6.1. シェイプの表示

シェイプとは?

ここまでの説明でさまざまなUI部品を利用してきましたが、まだほとんど手つかずのものがあります。それは「グラフィック」です。

ゲームなどの高速で高度な処理を必要とするようなグラフィックは別ですが、画面に簡単な図形を表示するようなものならば、とても簡単に表示させることができます。SwiftUIには「シェイプ」と呼ばれる図形の部品が用意されているのです。

シェイプはShapeというプロトコルを採用した構造体として用意され、Viewプロトコルを採用して作られています。つまり、このShapeを採用したシェイプも、実は「ビュー」なのです。ですから、これまで使ったさまざまなビューと同じように画面に追加し、表示させることができます。グラフィックだからといって、特殊な使い方を覚える必要はないのです。

このシェイプは、図形の形などによっていくつかのものが用意されています。まずは、もっとも簡単な「四角形」のシェイプから使ってみましょう。

Rectangleを使おう

四角形のシェイプは「Rectangle」という構造体です。以下のように作成します。

▼Rectangleの作成

```
Rectangle()
```

引数もなく、ただRectangle()とするだけで作れてしまいます。簡単ですね。作成したら、図形の描画を行うメソッドを以下のいずれかから呼び出します。

▼図形を塗りつぶす

```
《Shape》.fill(《Color》)
```

▼図形の線分を描く

```
《Shape》.stroke(lineWidth: 数値 )
```

「fill」は、描く図形全体を指定の色で塗りつぶします。「stroke」は、図形を線で描きます。まず、これらのメソッドを呼び出して図形の描画方法を決めます。

このままでは画面全体を覆うような四角形となってしまいますので、続いて大きさと位置を設定します。これは、すでに覚えたメソッドがそのまま使えます。

▼大きさを設定する

```
《View》.frame(width: 幅, height: 高さ)
```

▼位置を設定する

```
《View》.position(x: 横位置, y: 縦位置)
```

この他、strokeを呼び出した場合は、foregroundColorを使って線分の色を指定しておくといいでしょう。

四角形を表示する

では、実際に四角形を表示してみます。Chapter 5まで使っていた「マイApp」プロジェクトを、ここでも引き続き使っていくことにしましょう。ソースコードエディタからContentViewのコードを以下のように書き換えてください。

▼リスト6-1

```
struct ContentView: View {
  var body: some View {
    ZStack {
      Rectangle()
        .fill(.red)
        .frame(width: 100, height: 100)
        .position(x: 100, y: 100)
      Rectangle()
        .stroke(lineWidth: 10)
        .foregroundColor(.yellow)
        .frame(width: 100, height: 100)
        .position(x: 150, y: 150)
    }
  }
}
```

実行すると、赤く塗りつぶした四角形と、黄色い枠線のみの四角形が表示されます。ごく簡単なものですが、シェイプによるグラフィックの表示がどのようなものかわかるでしょう。

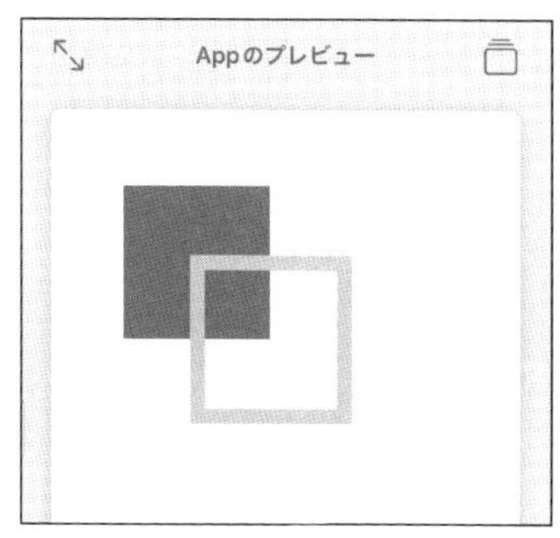

図6-1：赤く塗りつぶした四角形と、黄色い枠線のみの四角形が表示される。

Rectangleで表示する

ここでは2つのRectangleシェイプを作成しています。それぞれの呼び出し方を見てみましょう。

▼塗りつぶした四角形

```
Rectangle().fill(.red).……
```

▼線分の四角形

```
Rectangle().stroke(lineWidth: 10).……
```

Rectangleインスタンスを作成し、「fill」「stroke」といった修飾子（メソッド）を呼び出します。その後に、必要な設定を行う修飾子（メソッド）を呼び出していきます。frameとpositionで大きさと位置を設定するのは必須と考えていいでしょう。その他、strokeの場合は線分の色を指定するforegroundを呼び出すのを忘れないでください。

なお、positionによる位置は図形の中心位置になります。frameによって設定される大きさを考えながら中心位置を調整しましょう。

ZStackについて

Rectangleの呼び出し方はわかりましたが、ここでは2つのRectangleを「ZStack」というものの中に記述していますね。

このZStackはコンテナの一種で、「組み込まれたビューを、重ね合わせて表示する」というものです。HStackとVStackがそれぞれ横及び縦に並べて表示するのに対し、ZStackはすべて同じ場所に重ね合わせていきます。

図形は、複数のものを重ねて表現することが多いものです。こうしたことから、複数のシェイプを使ってグラフィックを作成する場合は、「ZStackを用意して、その中にすべて配置する」のが基本と考えたほうがいいでしょう。

UI部品とシェイプの併用

シェイプは、画面内にちょっとした図形を表示させるのに利用します。ということは、グラフィックだけで作られているアプリを作成するような場合ではなく、UI部品を使った画面にアクセントとして図形を使うような用途が多いと言えるでしょう。したがってシェイプだけでなく、シェイプとUI部品を重ね合わせて使うような利用の仕方を知っておく必要があります。

では、実際に簡単なサンプルを作ってみましょう。ContentViewを以下のように修正してください。

▼リスト6-2

```
struct ContentView: View {
  var body: some View {
    ZStack {
      Rectangle()
        .fill(Color(red: 1.0, green: 0.9, blue: 0.9))
      Rectangle()
        .fill(.red)
```

```
            .frame(width: 100, height: 100)
            .position(x: 60, y: 60)
          Rectangle()
            .stroke(lineWidth: 10)
            .foregroundColor(.yellow)
            .frame(width: 100, height: 100)
            .position(x: 100, y: 100)
          VStack {
            Text("Shape sample")
              .font(.largeTitle)
              .padding(10)
            Text("Rectangle and Text view.")
              .font(.title2)
            Spacer()
          }
        }
      }
    }
```

これは、いくつかのシェイプによる画像の上にTextによるテキストを重ねて表示させたものです。シェイプとその他のビューが違和感なく重ねて表示されていますね（なお、テキストは特に位置指定などしていないので、横幅が広いと図形と重ならないでしょう。プレビューの横幅はあまり広げずに表示を確認してください）。

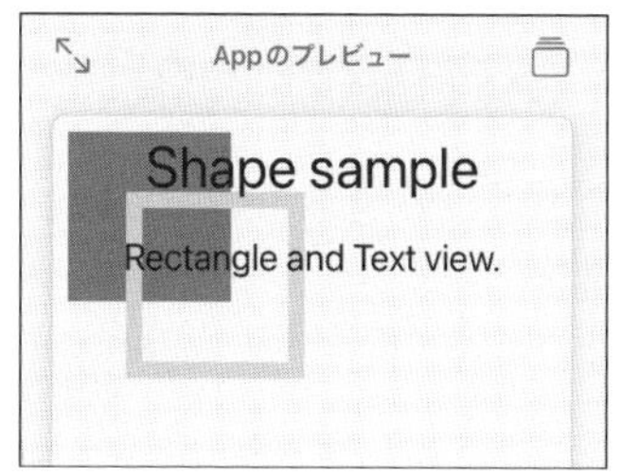

図6-2：図形の上にテキストが重ねて表示されている。

シェイプとその他のビューを併用する場合、考えなければいけないのは「重なる順番」です。例えば入力を行うUI部品を作成した後からシェイプを追加すると、シェイプによってUI部品が隠れたり使えなくなったりする危険があります。重ね合わせの順番は、以下のようにします。

```
ZStack {
  ……シェイプ関連……
  VStack {
    ……その他のビュー……
  }
}
```

ここではビューをVStackでまとめる形にしてありますが、HStackを使う場合も同様です。ZStackではまずシェイプ関連を一通り用意しておき、その後にVStackなどを使ってUI部品をまとめていきます。こうすることでシェイプの上にUI部品が重なるようになり、操作に影響なども出なくなります。

RoundedRectangleによる丸みのある四角形

Rectangle以外の図形についても見ていきましょう。まずは「丸みのある四角形」からです。

それは「RoundedRectangle」という構造体で、角が丸くなっている四角形を表示するものです。次のようにインスタンスを作成します。

▼RoundedRectangleの作成

```
RoundedRectangle(cornerSize: 《CGSize》)
```

引数としてcorderSizeというものが用意されています。これに角の丸みの大きさを指定します。問題は、この「CGSize」という値ですね。これは構造体で、以下のように作成します。

▼CGSizeの作成

```
CGSize(width: 横幅, height: 高さ)
```

widthとheightという2つの引数を用意し、これらで横幅と高さを指定します。こうして作られたCGSizeを使ってcornerSizeの値を指定すれば、問題なくRoundedRectangleが表示できます。

C O L U M N

CGSizeの「CG」って?

ここでは大きさを示すCGSizeという構造体が出てきました。「CGSizeのCGって何だろう。ただのSizeじゃダメなのか?」と思った人もいたかもしれません。ダメなのです。このCGSizeは「Core Graphics」というフレームワークに用意されている構造体です。ここにある構造体は、それらがCore Graphicsのものであることがわかるよう、すべての名前の冒頭に「CG」というイニシャルが付けられているのです。Core Graphicsはグラフィック関連の基本となるフレームワークですので、グラフィック関係で使われる構造体の値は、多くがこのCore Graphicsにあるものを利用しています。

RoundedRectangleを作成する

では、RoundedRectangleを使ってみましょう。ContentViewのコードを以下のように書き換えてみてください。

▼リスト6-3

```
struct ContentView: View {
  var body: some View {
    ZStack {
      RoundedRectangle(cornerSize: CGSize(width: 10,height: 10))
        .fill(.blue)
        .frame(width: 100, height: 100)
        .position(x: 100, y: 100)
      RoundedRectangle(cornerSize: CGSize(width: 25, height: 25))
        .stroke(lineWidth: 10)
        .foregroundColor(Color(red: 0, green: 1.0, blue: 1.0))
        .frame(width: 100, height: 100)
        .position(x: 150, y: 150)
    }
  }
}
```

ここでは2つの丸みのある四角形を表示しています。1つは角の丸みを縦横10に、もう1つは縦横25にしてあります。線分図形のほうが若干丸みが大きくなっているのがわかるでしょう。

角の丸みを指定するだけで、その他はRectangleとほぼ同じです。fillかstrokeを選び、位置や大きさの設定を行えば、このように丸みのある四角形が描かれます。

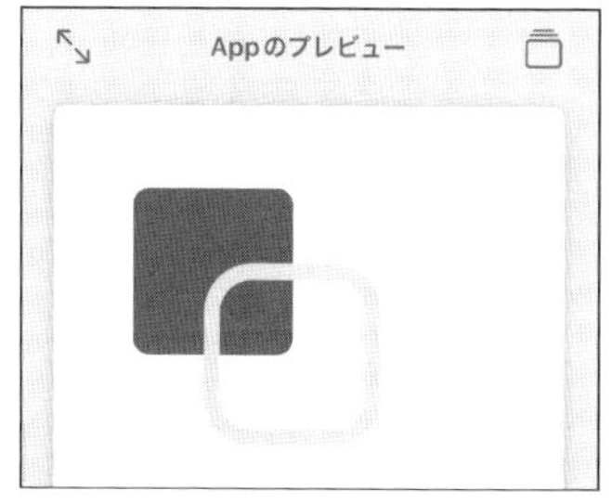

図6-3：角の丸い四角形が2つ表示される。

Circleによる真円の描画

続いて「円」の描画です。これも2つの構造体が用意されています。まずは真円を描く「Circle」からです。

▼Circleの作成

```
Circle()
```

これも引数などはなく、ただCircle()で呼び出すだけでインスタンスを作成できます。作成後、frameとpositionで位置と大きさを調整します。これは真円なので、frameでどのような四角形に設定しても、それに当てはまる真円が表示されます。横長・縦長にしても楕円にはなりません。

では、利用例を挙げておきましょう。ContentViewを以下のように書き換えてください。

▼リスト6-4

```
struct ContentView: View {
  var body: some View {
    ZStack {
      Circle()
        .fill(.blue)
        .frame(width: 100, height: 100)
        .position(x: 100, y: 100)
      Circle()
        .stroke(lineWidth: 10)
        .foregroundColor(Color(red: 0, green: 1.0, blue: 1.0))
        .frame(width: 100, height: 100)
        .position(x: 150, y: 150)
    }
  }
}
```

先ほどのRoundedRectangleのサンプルをそのままCircleに変更したものです。これで2つの円が表示されます。

図6-4：真円が2つ表示される。

Ellipseによる楕円の描画

もう１つの円を描く構造体は「Ellipse」というものです。これもインスタンスの作成は非常に単純です。

▼Ellipseの作成

```
Ellipse()
```

作成したら、frameとpositionで大きさと位置を調整します。Ellipseはframeで設定した領域にきれいに当てはまる形で楕円が描かれます。

例を挙げておきましょう。ContentViewを以下のように修正します。

▼リスト6-5

```
struct ContentView: View {
  var body: some View {
    ZStack {
      Ellipse()
        .fill(.blue)
        .frame(width: 250, height: 100)
        .position(x: 150, y: 100)
      Ellipse()
        .stroke(lineWidth: 10)
        .foregroundColor(Color(red: 0, green: 1.0, blue: 1.0))
        .frame(width: 100, height: 150)
        .position(x: 200, y: 150)
    }
  }
}
```

これもCircleのサンプルをEllipse用にアレンジしたものです。画面に横長と縦長の２つの楕円が描かれます。

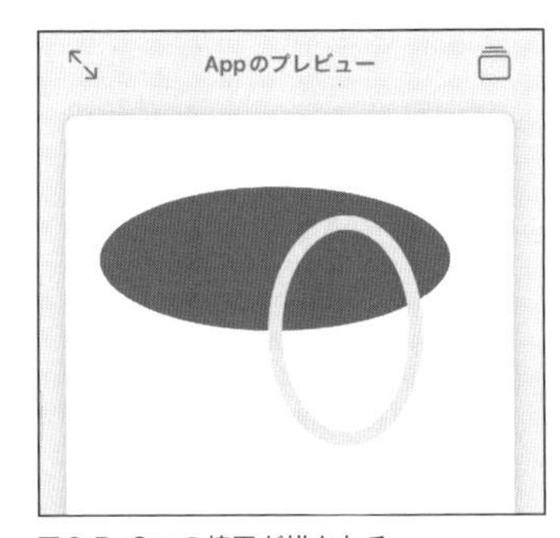

図6-5：２つの楕円が描かれる。

Capsuleによるカプセルの描画

もう１つ、ちょっと変わった図形の構造体も挙げておきましょう。それは「カプセル」という図形で、「Capsule」という構造体として用意されています。文字通り、カプセル状の図形を作成します。

▼Capsuleの作成

```
Capsule()
```

これも引数などはありません。frameで大きさを設定すると、その大きさに当てはまる形でカプセルが描かれます。このカプセルというのは真円を中心から2つに切り分けて平行移動し、間を長方形でつなげたようなものになります。

実際にサンプルを見てみましょう。ContentViewを以下に書き換えてください。

▼リスト6-6

```
struct ContentView: View {
  var body: some View {
    ZStack {
      Capsule()
        .fill(.blue)
        .frame(width: 250, height: 100)
        .position(x: 150, y: 100)
      Capsule()
        .stroke(lineWidth: 10)
        .foregroundColor(Color(red: 0, green: 1.0, blue: 1.0))
        .frame(width: 100, height: 150)
        .position(x: 200, y: 150)
    }
  }
}
```

先ほどのEllipseのサンプルを修正したものです。横長と縦長のカプセルが表示されます。幅が広がっていくと、両端の円の部分はそのままに、間の長方形の部分がどんどん長くなっていくわけですね。

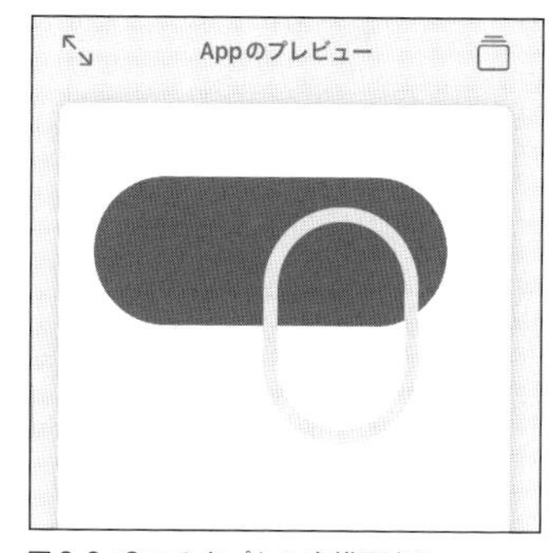

図6-6：2つのカプセルを描画する。

ちょっと変わった図形ですが、これは例えばボタンの表示などでけっこう利用できるでしょう。意外と利用価値のある図形かもしれませんね。

Chapter 6

6.2. シェイプとイベント処理

シェイプをタップする

基本的な図形の作成がわかったところで、図形の使いこなしを考えていきましょう。まずは「イベント」関係からです。

ShapeはViewプロトコルを採用して作られているため、シェイプ関係にもビューにあった機能がそのまま用意されています。ビューをタップしたときの処理を設定する「onTapGesture」メソッドもシェイプで使うことができます。

▼シェイプをタップしたときの処理

```
《Shape》.onTapGesture {
    ……処理……
}
```

▼シェイプを複数回タップしたときの処理

```
《Shape》.onTapGesture(count: 整数) {
    ……処理……
}
```

onTapGestureは、そのビューをタップしたときの処理を実装するのに使います。今回は「タップした回数」の引数を使った書き方も紹介しておきましょう。例えばonTapGesture(count: 2)とすれば、ダブルタップしたときの処理を作成することができます。

タップして数字をカウントする

簡単な利用例を挙げておきましょう。ContentViewのコードを以下のように修正してください。

▼リスト6-7

```
struct ContentView: View {
  @State var count = 0
  var body: some View {
    ZStack {
      Capsule()
        .fill(.yellow)
        .frame(width: 250, height: 100)
        .position(x: 150, y: 100)
```

```
            .onTapGesture(count: 2) {
              count = 0
            }.onTapGesture {
              count += 1
            }
          Text("count: \(count).")
            .font(.largeTitle)
            .position(x: 150, y: 100)
        }
      }
    }
```

これはタップでカウントアップするサンプルです。表示されるカプセルのシェイプをタップすると「count: ○○.」というように、数字が表示されます。タップするごとに数字は1ずつ増えていきます。ダブルタップするとゼロに戻ります。

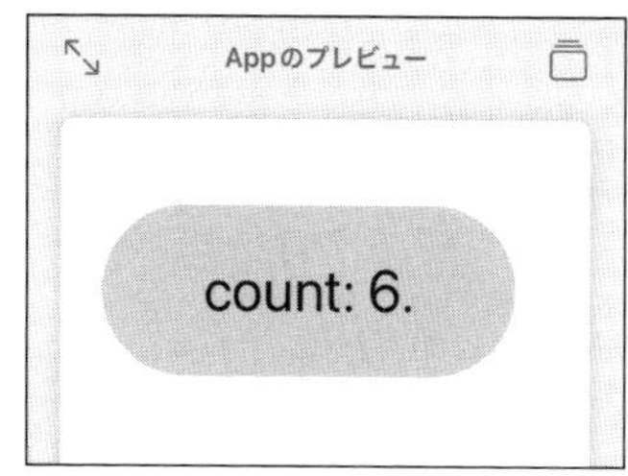

図6-7：カプセルをタップすると、数字が1ずつ増えていく。

ここでのCapsuleのイベント処理がどうなっているか見てみましょう。

```
Capsule()
  ……略……
  .onTapGesture(count: 2) {
    count = 0
  }.onTapGesture {
    count += 1
  }
```

onTapGesture(count: 2)でタップ数が2（つまり、ダブルタップ）のイベント処理を用意し、さらにonTapGestureで通常のタップ時の処理を用意しています。onTapGestureは、このように複数回呼び出すことができます。

注意したいのは、countの指定です。以下のように記述するとうまく動作しません。

```
Capsule()
  .onTapGesture {……}
  .onTapGesture(count: 2) {……}
```

先にonTapGestureが呼び出されるため、タップすると常にこちらの処理が実行されるようになります。先にダブルタップの処理を用意しておくと、ダブルタップで呼び出されない場合に通常のタップが呼び出されるため、どちらも問題なく呼び出されるようになります。

gestureとドラッグ操作

タップの他に、ドラッグによる操作も作成することができます。ただし、こちらはタップよりも少し複雑です。

ビューにはonTapGestureのように、「ドラッグ処理をするメソッド」というものは用意されていません。その代わりに「gesture」というメソッドが用意されています。これはジェスチャー（指先による画面操作）の設定を行うためのもので、onTapGestureなどよりも幅広い操作に対応しています。

▼ジェスチャーの設定

```
《View》.gesture(《Gesture》)
```

引数には、ジェスチャーの種類を示す値が用意されます。これはGestureというプロトコルを採用した構造体で、以下のようなものが用意されています。

Gestureの構造体

TapGesture	タップのジェスチャー
LongPressGesture	ロングプレス（ロングタップ）のジェスチャー
DragGesture	ドラッグのジェスチャー
MagnificationGesture	拡大縮小のジェスチャー
RotationGesture	回転のジェスチャー

これらの構造体のインスタンスを引数に指定することで、そのジェスチャーに関する処理を作成できます。以下のようなイベント処理を設定するためのメソッドが用意されています。

▼ジェスチャーが変更された

```
《Gesture》.onChanged {引数 in ……}
```

▼ジェスチャーが終了した

```
《Gesture》.onEnded {引数 in ……}
```

引数に渡された値は、発生したイベントの情報が保管されています。そこから、イベント発生時の位置情報などを取り出して利用できます。

ドラッグして動かせるシェイプ

では、実際にgestureメソッドを利用してドラッグ処理を作ってみましょう。ContentViewを以下のように書き換えてください。

▼リスト6-8

```
struct ContentView: View {
  @State var count = 0
  @State var position = CGPoint(x: 150, y: 100)
  var body: some View {
    ZStack {
```

```
      Capsule()
        .fill(.yellow)
        .frame(width: 250, height: 100)
        .position(position)
        .onTapGesture(count: 2) {
          count = 0
        }.onTapGesture {
          count += 1
        }
      Text("count: \(count).")
        .font(.largeTitle)
        .position(position)
    }.gesture(
      DragGesture(minimumDistance: 1)
        .onChanged {value in
          position = value.location
      })
  }
}
```

これまでと同様に、カプセルをタップすれば数字がカウントされていきます。動作を確認したらカプセルをプレスし、そのままドラッグしてみましょう。すると、そのままカプセルをドラッグして動かせます。

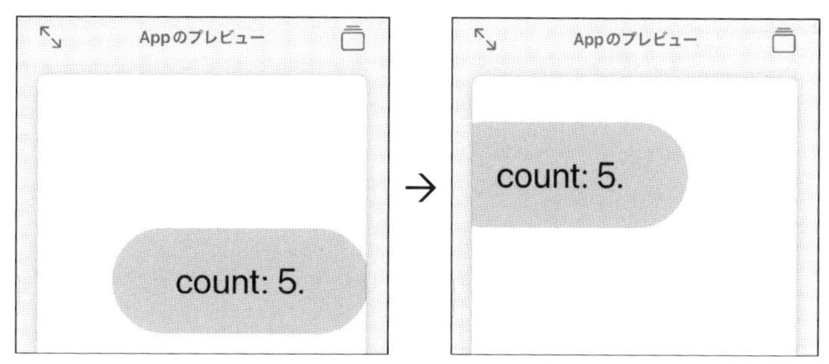

図6-8：カプセルをドラッグして移動できるようになった。

ここでは、まず位置情報を保管しておくためのpositionプロパティを以下のように用意しています。

```
@State var position = CGPoint(x: 150, y: 100)
```

CGPointというのは位置情報を扱うための構造体です。名前からわかるように、これもCore Graphicsというフレームワークに用意されているもので、以下のように作成します。

▼CGPointの作成

```
CGPoint(x: 横位置, y: 縦位置)
```

引数にxとyの値を指定することで、その位置を示す値が用意できます。そしてCapsuleインスタンスでは、以下のようにして位置を指定しておきます。

```
…….position(position)
```

これで、poisitionの位置を元にCapsuleの位置が決められるようになりました。最後にgestureメソッドです。これはCapsuleが入っているZStackコンテナに用意します。

```
.gesture(
  DragGesture(minimumDistance: 1)
    .onChanged {value in
    position = value.location
  })
```

引数にはDragGesture構造体を指定していますね。これでドラッグのジェスチャーに関する処理が設定できます。引数のminimumDistanceは、最低限これだけ移動したらドラッグしたとしてイベント処理が行われるようになります。ここでは1を指定し、わずかでも移動したらドラッグとみなすようにしてあります。

そして、このDragGestureから「onChanged」メソッドを呼び出し、状態変更時の処理を用意します。ここではvalue.locationの値をpositionプロパティに設定しています。value.locationというのは、発生したイベントの位置情報の値です。

これでpositionの値がvalue.locationに変更され、Capsuleの位置が変更されるようになります。結果、Capsuleがドラッグ移動される、というわけです。

ドラッグ&ドロップする

このドラッグ操作というのは、さまざまな使い方をされます。先ほどの例のようにシェイプそのものをドラッグして動かすような場合もありますが、それ以上に使われているのが「ドラッグ＆ドロップ」でしょう。

ドラッグ＆ドロップは、例えば何かのデータを他の場所に組み込むようなことに使われます。テキストをドラッグして別の部品にドロップし追加したり、といった具合ですね。

このように、何かの値を他のものにドラッグ＆ドロップで追加するような処理も作成することができます。これは、ドラッグするビューに「onDrag」というメソッドで処理を用意します。

▼ドラッグ時の処理

```
《View》.onDrag {
    ……処理……
}
```

非常に単純ですね。では、このonDragではいったいどんな処理を用意すればいいのでしょうか？　それは「ドラッグ＆ドロップで渡せるデータ」の用意です。

このデータは、「NSItemProvider」というクラスのインスタンスとして用意します。Foundationという、iOSやmacOSのもっとも土台となっているフレームワークに用意されているものです。

NSItemProviderは以下のようにインスタンスを作成します。

▼ドラッグするデータの作成

```
NSItemProvider(object: 値)
```

objectという引数にドラッグ＆ドロップで渡す値を用意します。後は、NSItemProviderで渡す値を受け取れるUI部品があれば、そちらで勝手に受け取ったあとの処理をしてくれます。

TextFieldにドラッグ&ドロップする

では、onDragを使って簡単なメッセージを渡すサンプルを作ってみましょう。ContentViewを以下のように修正してください。

▼リスト6-9

```
struct ContentView: View {
  @State var msg = "tap me!"
  @State var input = ""
  @State var count = 0
  var body: some View {
    ZStack {
      Circle()
        .fill(.yellow)
        .frame(width: 100, height: 100)
        .position(x: 150, y: 200)
        .onTapGesture(count: 2) {
          count = 0
          msg = "reset now!"
        }.onTapGesture {
          count += 1
          msg = "count: \(count)."
        }.onDrag {
          NSItemProvider(object: "回数は、\(count)回です。" as NSString)
        }
      VStack {
        Text(msg).font(.title).padding(5)
        TextField("drop me...", text: $input)
          .font(.title2)
          .textFieldStyle(RoundedBorderTextFieldStyle())
        Spacer()
      }
    }
  }
}
```

画面にはテキストと入力フィールド、そして黄色い円のシェイプが表示されます。円をタップすると、上部に「Count: ○○.」とメッセージが表示されます。ロングタップすると、「reset now!」と表示されます。

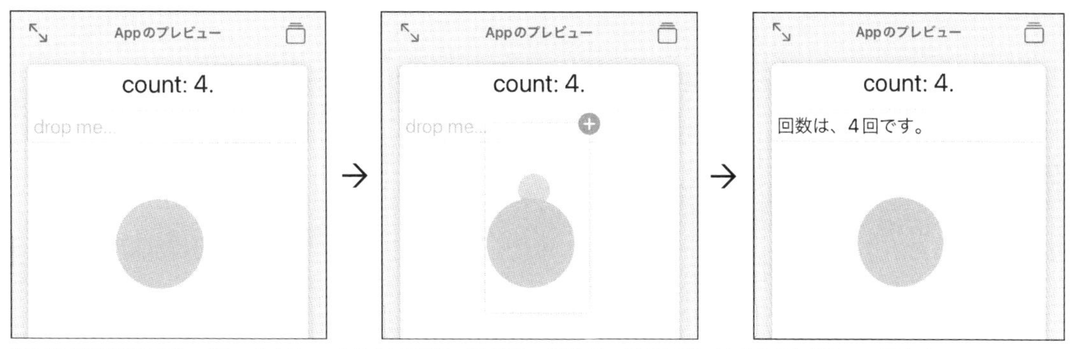

図6-9：黄色い円をドラッグし、入力フィールドの上にドロップすると、「回数は、○○回です。」とテキストがドロップされる。

これらの動作を確認したら、黄色い円をドラッグしてください。そのまま入力フィールドにドロップすると、「回数は、○○回です。」というメッセージがフィールドにドロップされます。

ここではCircleインスタンスに以下のようにドラッグ処理を組み込んでいます。

```
.onDrag {
  NSItemProvider(object: "回数は、\(count)回です。" as NSString)
}
```

引数のobjectに、ドラッグ&ドロップで渡すテキストを用意しています。NSItemProviderというクラスはFoundationフレームワークにあるものなので、SwiftUIで普段使っているテキスト値だとうまく認識してくれません。そこで「as NSString」というものを付けて、テキストをNSString型として渡しています。これは、Foundationフレームワークで使われているテキストのクラスです。このようにasというものを使ってFoundationフレームワークで使われている型として渡すことで、値をNSItemProviderに設定することができるようになります。

SwiftUI以外のフレームワーク

以上、シェイプの基本的な使い方について説明をしましたが、なかなか難しかったんじゃないでしょうか？特に、「SwiftUI以外のフレームワーク」の機能が出てきたときに軽くパニックになった人は多いことでしょう。iOSのシステムには、いくつものフレームワークが幾重にも重なって組み込まれています。SwiftUIはその一番上に乗っかっている、一番人間寄りに設計されたものなのです。これは使いやすい反面、基本的な機能しか用意されていません。よりきめ細かな処理を行おうとすると、SwiftUIの下にある、より複雑なフレームワークに降りていって、その使い方を覚えなければいけないこともあるのです。

Chapter 6

6.3. Transitionでアニメーションしよう

ビューの状態を変更するには?

ここまでのサンプルでは、基本的にすべて「決まった表示をするだけ」のものでした。表示は最初から最後まで変化せず、静止したものを操作する、そういうものですね。

しかし、時と場合によっては表示内容がダイナミックに変化するようなアプリも多くあります。例えば、必要に応じて表示される要素がガラリと変わったり、表示されている位置が変化したり、といったことですね。そうした「表示の変化・動き」について考えてみましょう。

まずは、ごく簡単な「表示のON/OFF」についてです。

Bool値をON/OFFする

ビューの表示をON/OFFするもっとも簡単な方法は、「ifを使って、特定の条件のときのみビューを表示する」というやり方です。

例えば、Bool型(真偽値)の変数を@Stateプロパティとして用意しておき、この値がtrueのときだけビューを表示するようにしておくのです。そして、必要に応じてこのプロパティを変更すれば、表示が簡単にON/OFFできます。

実際にやってみましょう。ContentViewを以下のように修正してください。

▼リスト6-10

```
struct ContentView: View {
  @State var flag = true
  var body: some View {
    ZStack {
      Rectangle()
        .fill(.white)
        .onTapGesture {
          flag.toggle()
        }
      if flag {
        Circle()
          .fill(.yellow)
          .frame(width: 200, height: 200)
          .position(x: 150, y: 150)       }
    }
  }
}
```

ここでは画面に黄色い円が表示されています。それ以外のところ（背景の白いところ）をタップすると円が消え、再度タップするとまた現れます。タップするたびに円が表示・非表示を繰り返します。

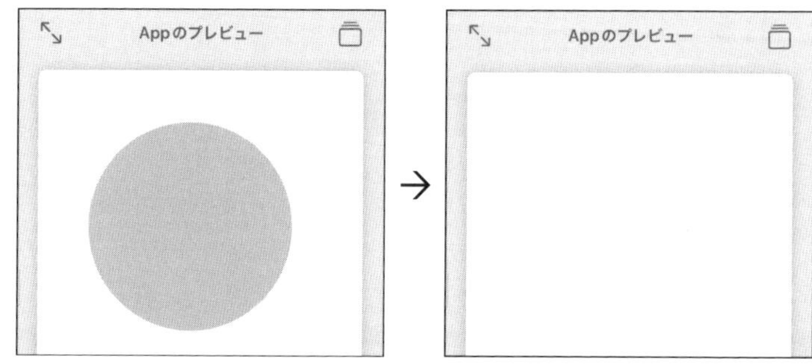

図6-10：何もないところをタップすると、黄色い円が表示・非表示する。

ここでは@State var flag = trueというようにして、Bool型のflagプロパティを用意しています。背景であるRectangleシェイプには、以下のようにタップ時の処理を用意します。

```
.onTapGesture {
  flag.toggle()
}
```

flagはBool型変数ですが、その中には「toggle」というメソッドが用意されているのです。これは呼び出すごとに真偽値の値をtrue/falseで切り替えます。

Circleはif flag {…}というようにflagがtrueの場合のみ表示するようにしていますので、flagがfalseになれば消え、trueになれば表示されるわけですね。

opacityによる透過表示

これは表示のON/OFFというより、「ビューを配置するか、しないか」を切り替えているわけですね。これとは別に「表示だけをON/OFFする」というやり方もあります。ビューそのものは画面にあるのだけど表示はされない、という形にするわけです。

これは「opacity」というメソッドを使います。opacityはビューの透過度を設定するもので、以下のように呼び出します。

▼ビューの透過度を設定する

```
《View》.opacity( 実数 )
```

引数には0 ～ 1の間の実数を指定します。この値がゼロだと完全に非表示となり、1.0だと表示された状態になります。その間は、値に応じて半透明な状態になります。

先ほど@Stateプロパティに Bool型の変数を用意していましたが、あれを利用し、変数がtrueならopacityを1.0に、falseならば0.0に設定するようにすれば、opacityを使って表示をON/OFFすることができるようになります。

withAnimationによる状態遷移

ただし、これで表示をON/OFFすることはできますが、単純に表示が切り替わるだけではちょっと面白くないですね。ただ切り替わるだけでなく、なめらかにフェードイン・フェードアウトして切り替わるようにしてみましょう。

これにはアニメーションのための機能を利用します。先ほどのサンプルではonTapGestureを使い、タップするとflagプロパティの値を変更していました。これによって表示が切り替わるわけですね。このとき「withAnimation」というものを使って値の操作を行うと、表示をなめらかに切り替えることができるのです。

```
….onTapGesture {
  withAnimation {
     ……状態の変更……
  }
}
```

このように、onTapGesture内にwithAnimationという関数を用意し、その中で表示の状態を操作します。すると変更された状態に瞬時に変わるのではなく、なめらかに状態が変化して表示が切り替わるようになります。

2つのシェイプを切り替える

では、実際に例を見てみましょう。今回は2つのシェイプを用意し、その表示をタップして切り替えるようにしてみます。ContentViewを以下のように書き換えてください。

▼リスト6-11

```
struct ContentView: View {
  @State var flag = true
  var body: some View {
    ZStack {
      Rectangle()
        .fill(.white)
        .onTapGesture {
          withAnimation {
            flag.toggle()
          }
        }
      Circle()
        .fill(.yellow)
        .frame(width: 200, height: 200)
        .position(x: 150, y: 150)
        .opacity(flag ? 1.0 : 0.0)
      Rectangle()
        .fill(.red)
        .frame(width: 200, height: 200)
        .position(x: 150, y: 150)
        .opacity(flag ? 0.0 : 1.0)
    }
  }
}
```

今回は黄色い円と赤い四角形の2つのシェイプを用意してあります。何もない白いところ（背景の部分）をタップすると、黄色い円と赤い四角形の表示が交互に切り替わります。非常に面白いのは、この表示の切り替えは瞬時ではないという点です。一方からもう一方へとなめらかに表示が変わります。これは表示されているシェイプがフェードアウトし、新たに表示されるシェイプがフェードインしているため、このようになめらかな切り替えが行われます。

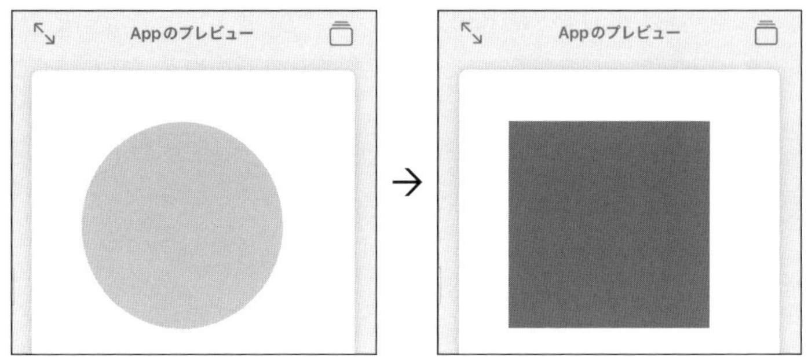

図6-11：タップすると黄色い円と赤い正方形が交互に切り替わる。

アニメーションの使い方

では、アニメーションの仕組みを見てみましょう。ここではまず、opacityの操作により表示状態が変わるようにしています。

```
《View》.opacity(flag ? 1.0 : 0.0)
```

flagの値によって、1.0か0.0の値がopacityの引数に使われます。これで透過度が変化するようになります。

そしてこのflagの操作は、withAnimationを使って実行しています。

```
…….onTapGesture {
  withAnimation {
    flag.toggle()
  }
}
```

このようにwithAnimationの内部でflagの値を変更することで、表示の変化がなめらかにアニメーションして行われるようになります。このwithAnimationは表示の推移を行う上でもっとも重要な関数です。ここで使い方をよく頭に入れておきましょう。

さまざまな値を操作しよう

基本がわかったら、後はこのやり方を応用してさまざまな値を操作していきましょう。例えば位置や大きさといった値。また色の値なども変えられるといいですね。

では、ContentViewのコードを以下のように書き換えてください。

▼リスト6-12

```
struct ContentView: View {
  @State var flag = true
  var body: some View {
    ZStack {
      Rectangle()
        .fill(.white)
        .onTapGesture {
          withAnimation {
            flag.toggle()
          }
        }
      Circle()
        .fill(flag ? .yellow : .blue)
        .frame(width: flag ? 200 : 100, height: flag ? 200 : 100)
        .position(x: 150, y: 150)
      Rectangle()
        .fill(flag ? .red : .green)
        .frame(width: flag ? 50 : 200, height: flag ? 200 : 50)
        .position(x: flag ? 50 : 150, y: flag ? 150 : 50)
    }
  }
}
```

先ほどと同じく、四角形（Rectangle）と円（Circle）のシェイプを用意してあります。タップするごとに位置や大きさ、色などが変わります。四角形は縦長から横長へ、また赤から緑へと変化します。円は大きさが変わり、色も黄色から青へと変わります。

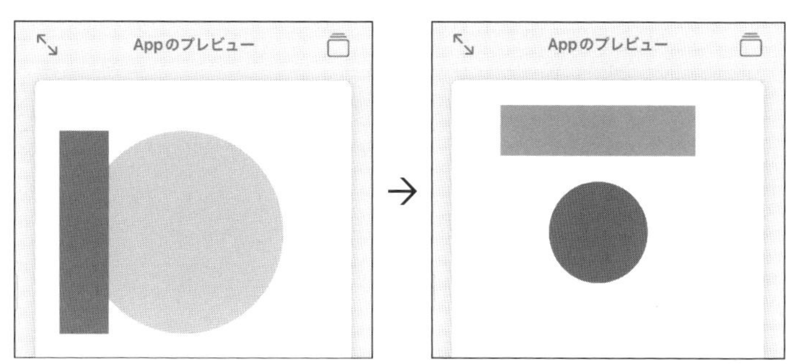

図6-12：タップすると、四角形と円の位置・大きさ・色が変化する。

コードを見るとわかりますが、状態変化のための@Stateプロパティは先ほどと同じくflagが1つあるだけです。fill、frame、positionといったメソッドで値を設定する際、flagがtrueかfalseかによって異なる値が設定されるようにしているだけなのです。このように、ビューの表示に関する設定は、ほぼすべてがwithAnimationでなめらかに値を変更するようにできます。

状態遷移のためのメソッド

シェイプの状態を変更するという操作では、特に位置や大きさ、向きなどといった表示の基本的な設定を操作することが多いでしょう。これら基本的な表示（位置・大きさ・向き）の操作については、そのための専用の機能が用意されています。

まず、メソッドを使った操作について。シェイプには表示を操作するメソッドとして以下のようなものが用意されています。

▼位置の平行移動

```
《Shape》.offset(x: 横幅 , y: 縦幅 )
《Shape》.offset(《CGSize》)
《Shape》.offset(《CGPoint》)
```

▼向きの回転

```
《Shape》.rotation(《Angle》, anchor: 《UnitPoint》)
```

▼大きさの変更

```
《Shape》.size(width: 横幅 , height: 高さ , anchor: 《UnitPoint》)
《Shape》.size(《CGSize》, anchor: 《UnitPoint》)
```

▼拡大縮小

```
《Shape》.scale(倍率 , anchor: 《UnitPoint》)
《Shape》.scale(x: 横倍率 , y: 縦倍率 , anchor: 《UnitPoint》)
```

▼関連する構造体の作成

```
CGSize(width: 横幅 , height: 高さ )
CGPoint(x: 横位置 , y: 縦位置 )
```

▼UnitPoint構造体に用意されているプロパティ

```
center leading trailing top topLeading topTrailing bottom bottomLeading bottomTrailing
```

いきなりずらずらとメソッドや見慣れない構造体が出てきて混乱した人も多いことでしょう。

これらはシェイプのメソッドとして呼び出すことで、その図形の表示を変換します。例えば、こんな具合です。

```
Rectangle().size(width: 0.5, height: 0.5).……
```

このようにすると、作成されたRecangleは縦横2分の1の大きさに変換されます。同様に、上記のメソッドを呼び出すことで、図形を本来の位置や大きさ、向きから別の形に変換することができます。

メソッドは基本的に変換する幅や角度、大きさなどの値を指定しますが、その他に「anchor」という引数を指定するものもあります。

これは変換を行うとき、どの場所を起点とするかを指定するものです。例えばanchor: topとすると、シェイプの上端を起点として大きさや向きなどを変換します。

表示を変換する

これらのメソッドを利用した例を挙げておきましょう。ContentViewの内容を以下に書き変えてください。

▼リスト6-13

```
struct ContentView: View {
  @State var flag = true
  var body: some View {
    ZStack {
      Rectangle()
        .fill(.white)
        .onTapGesture {
          withAnimation {
            flag.toggle()
          }
        }
      Circle()
        .offset(x: flag ? 0 : -100, y: flag ? 0 : 100)
        .fill(flag ? .yellow : .blue)
        .frame(width: 100, height: 100)
        .position(x: 200, y: 100)
      Rectangle()
        .rotation(Angle(degrees: flag ? 0: -90), anchor: .topTrailing)
        .fill(flag ? .red : .green)
        .frame(width: 50, height: 200)
        .position(x: 50, y: 150)
    }
  }
}
```

ここでは赤い長方形と黄色い円が表示されています。タップすると赤い長方形を左回りに90度回転し、黄色い円は左下へと移動します。

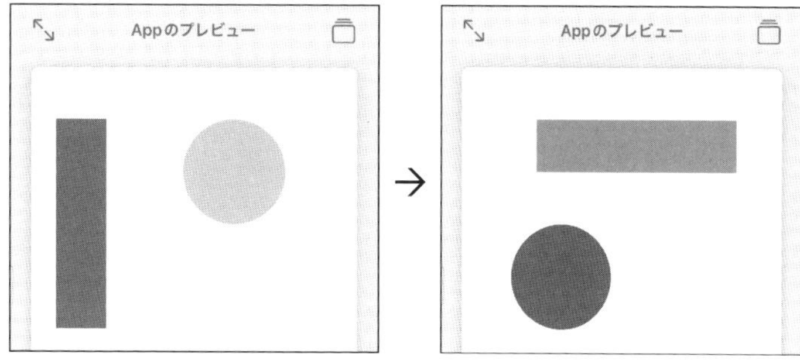

図6-13：タップすると向きと位置が変わる。

では、それぞれのシェイプがどのように作成・変換されているか見てみましょう。

▼タップで左に100、下に100移動する

```
Circle().offset(x: flag ? 0 : -100, y: flag ? 0 : 100).……
```

▼タップで90度回転する

```
Rectangle().rotation(Angle(degrees: flag ? 0: -90), anchor: .topTrailing).……
```

Circleは、offsetを使ってflagの値に応じて位置を移動させています。Rectangleではrotationを使い、flagの値によって90度回転するようにしています。

このrotationでは、anchor: .topTrailingというように引数が指定されていますね。これで、シェイプの右上の地点を中心に90度回転します。anchorというのがどういう役割を果たしているのかよくわかるでしょう。

位置と大きさを変換するシェイプ

位置·大きさ·向きの変換は、メソッド以外の方法も用意されています。それは「表示を変換するシェイプ」を作成し利用するものです。

▼平行移動するシェイプ

```
OffsetShape(shape: 《Shape》, offset: 《CGSize》)
```

▼回転するシェイプ

```
RotatedShape(shape: 《Shape》, angle: 《Angle》)
```

▼拡大縮小するシェイプ

```
ScaledShape(shape: 《Shape》, scale: 《CGSize》)
```

これらは、これら自体が何かを表示するものではありません。shape引数にシェイプを用意することで、そのシェイプの表示を変換します。

利用のポイントとしては、「shapeに設定したシェイプを操作しない」という点でしょう。例えばRectangleを作成し、OffsetShapeで移動させようとしたとしましょう。このとき、例えば以下のような形で記述をします。

▼×

```
OffsetShape(shape: Rectangle().fill(.red), offset: ……)
```

▼○

```
OffsetShape(shape: Rectangle(), offset: ……).fill(.red)
```

違いがわかりますか？　shapeに用意するのはRectangle()で作成したインスタンスです。ここからfillなどのメソッドを呼び出してはいけません。fillなど作成したシェイプを設定したいときは、OffsetShapeからメソッドを呼び出して行います。

変換用シェイプを使ってみる

では、これらの表示を変換するシェイプの利用例を挙げておきましょう。ContentViewのコードを次のように修正してください。

▼リスト6-14

```
struct ContentView: View {
  @State var flag = true
  var body: some View {
    ZStack {
      Rectangle()
        .fill(.white)
        .onTapGesture {
          withAnimation {
            flag.toggle()
          }
        }
      RotatedShape(shape: Rectangle(), angle: .degrees(flag ? 0: 405))
        .fill(.cyan)
        .frame(width: 100, height: 100)
        .position(x: 100, y: 100)
      OffsetShape(
        shape: ScaledShape(
          shape: Circle(),
          scale: CGSize(width: flag ? 1 : 1.5, height: flag ? 1 : 1.5)),
        offset: CGSize(width: flag ? 0 : 100, height: 0))
        .fill(.red)
        .frame(width: 100, height: 100)
        .position(x: 100, y: 200)
    }
  }
}
```

ここでは青い正方形と赤い円が表示されます。タップすると正方形は回転し、円は拡大しながら右へと移動します。

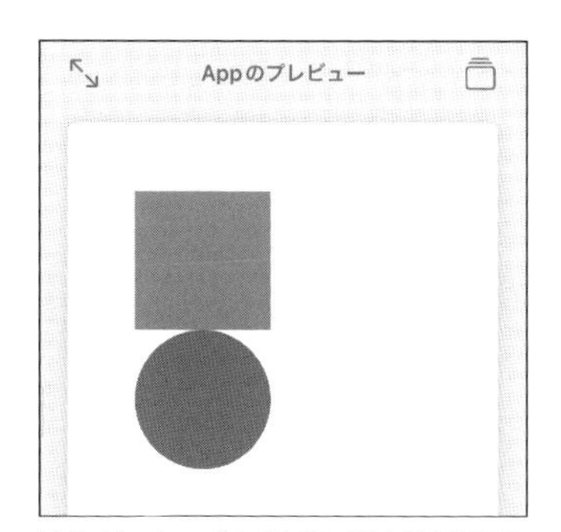

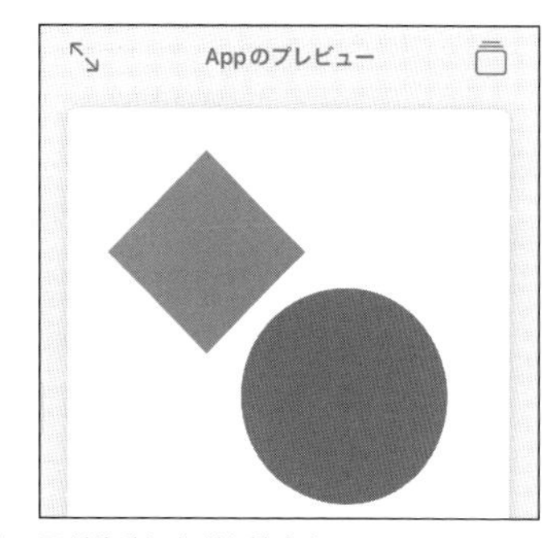

図6-14：タップすると青い正方形が回転し、赤い円が移動しながら拡大する。

ここでのシェイプ作成がどのように行われているか見てみましょう。引数に設定する構造体は省略します。

▼四角形の作成

```
RotatedShape(shape: Rectangle(), angle: ……)
```

▼円の作成

```
OffsetShape(shape: ScaledShape(shape: Circle(), scale……, offset……)
```

Rectangleは、RotatedShapeのshapeに組み込まれていますね。そしてCircleはOffsetShapeのshapeにScaledShapeが用意され、そのshapeに組み込まれています。これでRectangleは回転するRectangleとなり、Circleは移動し拡大縮小するCircleとなります。

angleの指定について

RotatedShapeでは「angle」という回転角度を指定する引数を用意しますが、これは数値ではなく、「angle: .degrees(角度)」というようにして指定していますね。

このangleは「Angle」という構造体を値として指定します。ここで使っている「degrees」はAngleにあるメソッドで、1周＝360度として角度を指定するものです。

同様のものに、「.radians」というメソッドもあります。こちらは1周＝2πとして角度を指定します。例えば90度の角度を指定するなら以下のようになります。

▼90度を指定する例

```
angle: .degrees(90)
angle: .radians(Double.pi / 2)
```

ビューの変換はどうする?

ここでのRotateShapeなどの構造体は名前からわかるように、シェイプ専用のものです。したがって、シェイプ以外のビューでは利用できません。

では、普通のビューを回転させたりすることはできないのか？　これは、ビューに用意されているメソッドを使うことで可能です。ついでに紹介しておきましょう。

▼ビューを回転する

```
《View》.rotationEffect(《Angle》, anchor: 《UnitPoint》)
```

▼拡大縮小する

```
《View》.scaleEffect(《CGFloat》, anchor: 《UnitPoint》)
《View》.scaleEffect(《CGSize》, anchor: 《UnitPoint》)
《View》.scaleEffect(x: 《CGFloat》, y: 《CGFloat》, anchor: 《UnitPoint》)
```

シェイプにあったrotationやsizeといったメソッドと同じように、ビューの表示を変換するメソッドです。いずれも第2（または第3）引数にanchorというものがありますが、これはオプションなので省略してもかまいません。

anchorは回転や拡大縮小をする際の中心座標を指定するものです。位置を指定すると、そこを中心に回転したり、拡大縮小したりできます（省略すると、ビューの中心がそのまま使われます）。

視覚効果の設定

再び視覚効果に戻りましょう。ここまでの表示の操作は、基本的に「短い時間に等速度でなめらかに状態が変化する」というものでした。場合によっては、もっとゆっくり時間をかけて変化してほしい、というようなこともあるでしょう。

こうした視覚効果の表示は、アニメーションの設定をしている「withAnimation」関数で指定をすることができます。ここまでwithAnimationは{…}の引数だけを指定していましたが、以下のように記述することもできます。

```
withAnimation(《Animation》) {……}
```

引数のAnimationというのは、視覚効果の内容に関する情報をまとめた構造体です。このAnimationインスタンスを指定することで、視覚効果をいろいろと調整することができます。

Animationを指定することでどのように変わるか試してみましょう。先ほどのサンプルで、withAnimationの部分を以下のように書き換えてください。

▼リスト6-15

```
withAnimation(.easeInOut(duration: 5.0)) {
  flag.toggle()
}
```

画面をタップしてみましょう。すると、5秒をかけてゆっくりと表示が変化していきます。withAnimationにAnimationを指定すると、このように視覚効果の表示を操作できるのです。

Animationの主な値

Animationには基本的な動きのインスタンスを作成するメソッドがいくつか用意されています。これらを使ってインスタンスを作成し、withAnimationの引数に指定をします。主なメソッドについて以下にまとめておきましょう。

▼等速で変化する

```
.linear(duration: 秒数)
```

▼なめらかにスタートする

```
easeIn(duration: 秒数)
```

▼なめらかに終了する

```
easeOut(duration: 秒数)
```

▼なめらかに開始・終了する

```
easeInOut(duration: 秒数)
```

▼バネのように弾む

```
spring(response: 実数, dampingFraction: 弾み率, blendDuration: 秒数)
```

引数の役割

response	反応速度
dampingFraction	跳ね返る度合いの指定(0～1の実数)
blendDuration	他のアニメーションと合成に割り当てられる秒数

withAnimationへの組み込み

springはちょっと複雑ですが、それ以外のものは基本的にdurationで視覚効果にかかる秒数を指定するだけで使えます。先ほどの例では、.easeInOut(duration: 5.0)というようにメソッドを使っていましたね。これで、5秒かけてなめらかに開始・終了する視覚効果のAnimaitonが作成される、というわけです。

springに関しては、ちょっとわかりにくいでしょう。これは「反応速度」「跳ね返る度合い」「合成にかかる秒数」といったものを指定します。が、実はこれらはデフォルトで値が用意されているので、何ならすべて省略してもかまいませんし、必要な項目だけ用意して使ってもかまわないのです。

例えば、withAnimationの部分を以下のようにしてみましょう。

▼リスト6-16

```
withAnimation(.spring(dampingFraction: 0.5)) {
  flag.toggle()
}
```

タップすると、ビヨーンと伸び縮みするように動くアニメーションが設定されます。dampingFractionの値を小さくすると「ビヨーン」の度合いが大きくなっていき、ゼロにするとエンドレスでビヨーンし続けます。

ビュー用とシェイプ用がある！

視覚効果について注意しておきたいのは、「ビュー全体で利用できるものと、シェイプでしか使えないものがある」という点です。どういうものがビュー全体で使えて、どんなものがシェイプ専用なのか、その違いを把握しておかないと「ビューでアニメーションが動かない！」といったことになりかねません。

両者の違いについて簡単にまとめておきましょう。

●withAnimationはすべて機能する

withAnimationを指定し、一般的な表示のためのメソッド（positiponやframeなど）で設定する値を操作し視覚効果を得るのは、ビューであればすべて利用できます。

●アニメーション用メソッドはシェイプのみ

offset, rotation, size, scaleといった状態を変更するメソッドはShapeに用意されているため、シェイプのみ利用可能です。その他のビューでは使えません。

●アニメーション用シェイプもシェイプのみ

OffsetShape, RotateShape, ScaledShapeといった構造体は、その名前からわかるようにshapeで指定できるのはShapeのみです。それ以外のビューは使えません。

●rotationEffect、scaleEffectはすべて機能する

これらはViewに用意されているメソッドなので、すべてのビューで機能します。

基本的に、「ビューでアニメーションできるのはwithAnimationとビューのメソッドの組み合わせのみ」と考えてください。それ以外のアニメーションのための機能はすべてシェイプ専用と考えましょう。

Chapter 6

6.4. Canvasでグラフィックを描こう

Canvasビューとは？

シェイプを利用したグラフィックの描画は、シンプルな図形を表示するにはとても手頃で便利です。しかし、込み入ったグラフィックを作成しようとするとかなり難しくなってくるでしょう。シェイプは図形の形をしたビューを追加して表示をするものなので、複雑なグラフィックを作成しようとすると、多数のビューを追加することになります。ビューの管理も大変になりますし、全体として動作も重くなってくるでしょう。

複雑なグラフィックの描画を必要とする場合、図形を画面（あるいはビュー）に直接描画することができれば、シェイプよりも遥かに高速かつ柔軟な描画が行えるようになります。このためのビューが「Canvas」というものです。

このCanvasは、iOS 15から登場した非常に新しいビューです。このビューの登場により、高度なグラフィック表現を行うビューの作成がずいぶんと楽になりました。

※「Canvas」は、ここまで説明してきたビューに関する基本的な知識がほとんど通用しません。Canvas独自の仕組みにより描画を行っており、これまでの知識とは切り離して考える必要があります。したがって、これより先は「グラフィック描画の上級編」と考え、「ある程度SwiftUIを理解して余裕ができたら挑戦する」ぐらいに考えてください。今すぐCanvasについて学び理解する必要はありません。まずは、ここまで説明したシェイプによる図形作成をしっかり理解しましょう。Canvasについて学ぶのは、その後でも遅くはありません。

グラフィックコンテキストとイミディエイトモーモード

Canvasでは、「グラフィックコンテキスト」と呼ばれる値が用意されています。これは、イミディエイトモード（即時モード）でグラフィックを描画するための機能を提供する構造体です。SwiftUIのビューはフレームワークのシステムに組み込まれており、さまざまな状況などに応じた処理を行うようになっています。その中で、画面に表示するタイミングに応じて表示が作成されるようになっているのですね。

しかし、Canvasのグラフィックコンテキストは即時モードであり、フレームワークのシステムなどをバイパスして、実行すれば即座に画面に描画がされます。シェイプのようにグラフィックの形状などの状態を常に構造体の中に保持していてリフレッシュするような仕組みはなく、ただ「ここに、この大きさで、これを描いて」と命令すれば瞬時にその図形が描かれる、そういうものなのです。

したがって、描いたグラフィックの内容などを記憶しているわけでもないため、何らかの形で表示が消えればもうそれでおしまいです。元に戻すためには、もう一度グラフィックコンテキストの機能を使ってグラフィックをすべて描き直さないといけません。しかし、「画面に直接描画する」という仕組みであるため、メモリやCPUの消費も少なく、高速に動くのです。

Canvasの基本コード

では、Canvasというビューがどのように使われるのか、その基本的な手順を説明しましょう。Canvasはビューですから、他のビューと同じようにしてContentViewに組み込んで使います。そのインスタンスは以下のような形で作成します。

▼Canvasの作成

```
Canvas { context, size in
    ……描画処理……
}
```

{…}部分に描画のための処理を記述します。ここでは2つの引数が用意されます。contextが、グラフィックコンテキストである「GraphcsContext」構造体のインスタンスです。

そしてsizeは、描画領域の大きさを示すCGSize構造体の値です。この2つの引数を使ってグラフィックの描画を行います。

パスと描画

では、グラフィックコンテキストにはどのような描画機能があるのでしょうか？　これはいくつかのメソッドとして用意されていますが、もっとも基本となるのは、「fill」と「stroke」という2つのメソッドでしょう。

▼図形を塗りつぶす

```
《GraphicsContext》.fill(《Path》, with:《Shading》, style:《FillStyle》)
```

▼図形を線分図形として描く

```
《GraphicsContext》.stroke(《Path》, with:《Shading》, lineWidth:《CGFloat》)
《GraphicsContext》.stroke(《Path》, with:《Shading》, style:《StrokeStyle》)
```

「fill」は、指定した図形を塗りつぶすメソッドです。そして「stroke」は、指定した図形の形状を線で描くものです。この「塗りつぶし」と「線だけ」という2通りの描画方法は、シェイプと同じですね。

引数はそれぞれ以下のようなものが用意されています。

Path	図形の形状の情報を設定するためのものです。
Shading	塗り方に関する情報を設定するものです。基本はColor(色)の値と考えていいでしょう。
FillStyle	塗りつぶしのスタイルを管理します。
StrokeStyle	線分描画のスタイルを管理します。
CGFloat	Core Graphicsで使われるFloat値のことです。

これらの構造体の使い方も覚えなければならないので、最初はかなり大変です。が、これらが一通り使えるようになれば、グラフィック描画もだいぶ楽に行えるようになります。最初のうちだけはがんばって覚えましょう。

Pathで四角形を描く

では、基本的な図形の書き方から覚えていきましょう。図形の基本は四角形です。四角形を描くためには、四角形のPathを用意する必要があります。

▼四角形のPathの作成

```
Path(《CGRect》)
```

引数に、領域の値であるCGRectという構造体の値を用意します。これで、その領域の四角形を表すPathが作成できます。CGRectは以下のように作成します。

▼CGRectの作成

```
CGRect(x: 横位置, y: 縦位置, width: 横幅, height: 高さ)
CGRect(origin: 《CGPoint》, size: 《CGSize》)
```

もっともわかりやすいのは、x, y, width, heightといったもので位置と大きさを指定するやり方でしょう。これが基本と考えてください。もう1つ、originで位置を、sizeで大きさを指定するやり方もできます。これらは位置を示すCGPointと、大きさを示すCGSizeを使って指定します。これらの構造体の作り方はすでに説明しましたが、覚えてますか？

```
CGPoint(x: 横位置, y: 縦位置)
CGSize(width: 横幅, height: 高さ)
```

塗りつぶしと線の描画

Pathが用意できたら、GraphicsContextから図形を塗りつぶしたり線を描いたりするメソッドを呼び出します。fillとstrokeですね。これらは当面、以下のように書くと考えておきましょう。

```
《GraphicsContext》.fill(《Path》, with: .color(《Color》))
《GraphicsContext》.stroke(《Path》, with: .color(《Color》), lineWidth: 実数)
```

withにはColorの値を用意します。これは、Shading構造体にある「color」というメソッドを使います。引数にColorの値を指定すると、そのColorをShadingに変換して引数に設定してくれます。また、lineWidthは普通に実数の値を指定すればいいでしょう。

四角形を描画する

では、実際に簡単な四角形を描くコードを作ってみましょう。ContentViewの内容を以下のように書き換えてください。

▼リスト6-17

```
struct ContentView: View {
  @State var degree = 0.6
  @State var count = 100.0
  var body: some View {
    VStack {
```

```
        Canvas { context, size in
          let p1 = Path(CGRect(x: 25, y: 25, width: 125, height: 125))
          context.fill(p1, with: .color(.blue))
          let p2 = Path(CGRect(x: 75, y: 75, width: 125, height: 125))
          context.stroke(p2, with: .color(.yellow), lineWidth: 10)
        }
        .frame(width: 300, height: 300)
        .position(x: 150, y: 150)
      }
    }
  }
```

これは青く塗りつぶした四角形と黄色線分の四角形が表示されるサンプルです。Canvasの{…}内に描画の処理が記述されています。

図6-15：青く塗りつぶした四角形と、黄色い線だけの四角形が描かれる。

ここでは2つの四角形を描く処理を以下のように作成しています。

▼四角形のPathを作成

```
let p1 = Path(CGRect(x: 25, y: 25, width: 125, height: 125))
```

▼Pathを塗りつぶして描く

```
context.fill(p1, with: .color(.blue))
```

▼四角形のPathを作成

```
let p2 = Path(CGRect(x: 75, y: 75, width: 125, height: 125))
```

▼Pathを線分で描く

```
context.stroke(p2, with: .color(.yellow), lineWidth: 10)
```

図形の描画はこのように「Pathを作成し、fillやstrokeで描く」を繰り返すだけです。Pathの作り方さえ覚えれば、実は意外に簡単なのです。

円のPath作成

描画の基本がわかったら、Pathでさまざまな図形を描いていきましょう。四角形の次は「円」です。以下のようにPathを作成します。

▼円のPath作成

```
Path(ellipseIn: 《CGRect》)
```

引数にellipseInという項目を用意し、そこにCGRectを指定します。これで、その領域にきれいにはめ込まれる大きさで円(楕円)が作成されます。

では、先ほどのサンプルを修正して円を表示させてみましょう。ContentViewを以下に書き換えます。

▼リスト6-18

```
struct ContentView: View {
  @State var degree = 0.6
  @State var count = 100.0
  var body: some View {
    VStack {
      Canvas { context, size in
        let p1 = Path(ellipseIn: CGRect(origin: CGPoint(x: 25, y: 25),
          size: CGSize(width: 125, height: 125)))
        context.fill(p1, with: .color(.blue))
        let p2 = Path(ellipseIn: CGRect(x: 75, y: 75, width: 125, height: 125))
        context.stroke(p2, with: .color(.yellow), lineWidth: 10)
      }
      .frame(width: 300, height: 300)
      .position(x: 150, y: 150)
    }
  }
}
```

これで2つの円が表示されるようになります。ここでのPathの作成がどのように行われているのか見てみましょう。

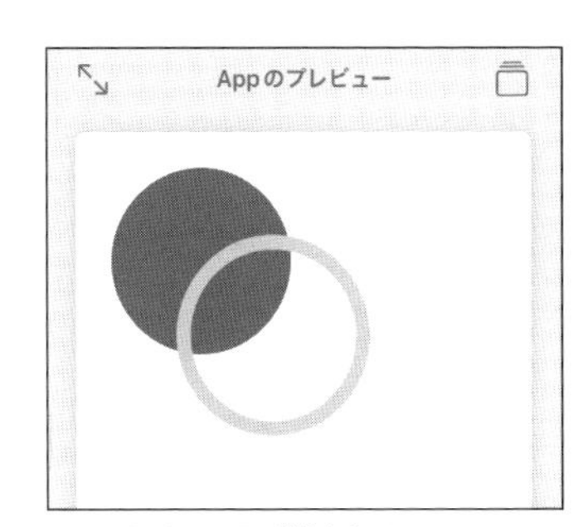

図6-16：2つの円が描かれる。

▼1つ目のPath

```
let p1 = Path(ellipseIn: CGRect(origin: CGPoint(x: 25, y: 25),
  size: CGSize(width: 125, height: 125)))
```

▼2つ目のPath

```
let p2 = Path(ellipseIn: CGRect(x: 75, y: 75, width: 125, height: 125))
```

PathのellipseIn:にCGRectで大きさを指定しますが、ここでは2通りの作り方を使ってみました。1つはoriginとsizeを指定し、もう1つはx, y, width, heightをそれぞれ指定しています。どちらでも同じようにGCRectを作成できます。

丸みのある四角形Path

この他、角が丸くなった四角形を描くPathも作成できます。これは以下のようにしてインスタンスを作ります。

▼丸みのある四角形のPath作成

```
Path(roundedRect: 《CGRect》, cornerRadius: 《CGFloat》)
Path(roundedRect: 《CGRect》, cornerSize: 《CGSize》)
```

roundedRectに図形の領域を指定し、cornerRadiusかcornerSizeで角の丸みの大きさを指定します。cornerRadiusは角の丸みの半径を実数で指定するものです。cornerSizeは、CGSizeを使って縦横幅を指定します。こちらは縦方向と横方向の丸みが異なる図形を描くことができます。

丸みのある四角形を描いてみる

では、これも例を見てみましょう。先ほどのサンプルを修正します。ContentViewを以下に書き換えてください。

▼リスト6-19

```
struct ContentView: View {
  @State var degree = 0.6
  @State var count = 100.0
  var body: some View {
    VStack {
      Canvas { context, size in
        let p1 = Path(roundedRect: CGRect(origin: CGPoint(x: 25, y: 25),
          size: CGSize(width: 125, height: 125)), cornerRadius: 25.0)
        context.fill(p1, with: .color(.blue))
        let p2 = Path(roundedRect: CGRect(x: 75, y: 75, width: 125, height: 125),
          cornerSize: CGSize(width: 25, height: 50))
        context.stroke(p2, with: .color(.yellow), lineWidth: 10)
      }
      .frame(width: 300, height: 300)
      .position(x: 150, y: 150)
    }
  }
}
```

ここでは角が均等に丸くなっている青い四角形と、縦方向の丸みが長くなっている黄色い四角形を表示しています。

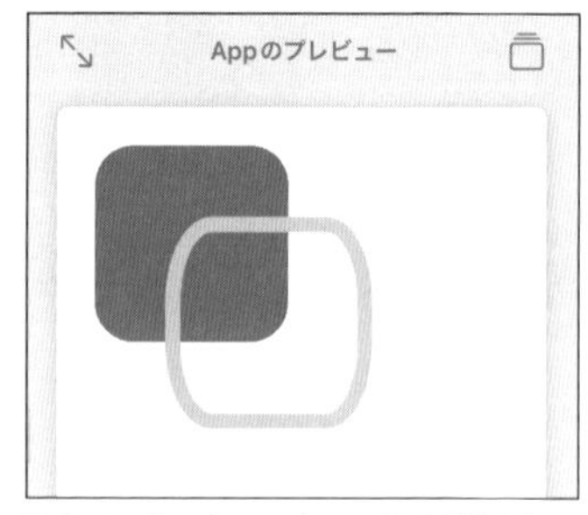

図6-17：角に丸みのある四角形が描かれる。

ここでの2つのPathがどのようになっているか見てみましょう。

```
let p1 = Path(roundedRect: CGRect(origin: CGPoint(x: 25, y: 25),
  size: CGSize(width: 125, height: 125)), cornerRadius: 25.0)
let p2 = Path(roundedRect: CGRect(x: 75, y: 75, width: 125, height: 125),
  cornerSize: CGSize(width: 25, height: 50))
```

roundedRectでCGRectを指定する点はもうわかりますね。後は、cornerRadiusを指定するものと、cornerSizeを指定するものを用意しています。cornerRadiusは単に半径を指定するだけなので簡単ですが、cornerSizeはCGSizeで値を指定するのでさらに複雑に見えますね。

Pathに直線を追加する

これで、基本的な図形は描けるようになりました。この他にも直線や曲線などさまざまな図形がありますが、それらはPathインスタンスとして用意されてはいません。では、その他の図形はどうやって描くのか？それは、「Pathに図形を追加する」というやり方で作っていくのです。

Pathには、さまざまな図形を内部に組み込むことができます。そうやって複数の図形を組み合わせていくことで、より複雑な図形を描くことができます。

では、図形追加の手順について説明しましょう。例として「直線の追加」を行ってみます。

▼1. Pathを作成する

```
変数 = Path()
```

▼2. 描画地点を移動する

```
《Path》.move(to: 《CGPoint》)
```

▼3. 線を追加する

```
《Path》.addLine(to: 《CGPoint》)
```

直線は、最初にmoveで開始位置を設定します。「addLine」を実行すると、現在の地点からto: で指定した地点を結ぶ直線が追加されます。addLineを複数回呼び出せば、一筆書きのように次々と直線を描いていくことができます。

こうして図形が完成したら、Pathのstrokeやfillを使って図形を描画すればいいのです。

幾何学模様を描く

利用例を挙げておきましょう。直線を連続して実行して幾何学的な模様を描いてみます。ContentViewを以下に書き変えてください。

▼リスト6-20

```
struct ContentView: View {
  @State var degree = 0.6
```

```
  @State var count = 100.0
  var body: some View {
    VStack {
      Slider(value: $degree, in: 0...1.0, step: 0.05)
      Slider(value: $count, in: 3...100, step: 1)
      Canvas { context, size in
          let dn = Double.pi * degree
          let center = CGPoint(x: 150, y: 150)
          var path = Path()
          for n in 0...Int(count) {
            let x = sin(dn * Double(n)) * 100.0 + center.x
            let y = cos(dn * Double(n)) * 100 + center.y
            if n == 0 {
              path.move(to: CGPoint(x: x, y: y))
            } else {
              path.addLine(to: CGPoint(x: x, y: y))
            }
          }
          context.stroke(path, with: .color(Color.blue), lineWidth: 2.0)
        }
    }
  }
}
```

今回の例では、上部に2つのスライダーが用意されています。上のスライダーは線と線の角度を操作し、下のスライダーは線の数を操作します。これらのスライダーを操作すると、リアルタイムに図形が変化していきます。

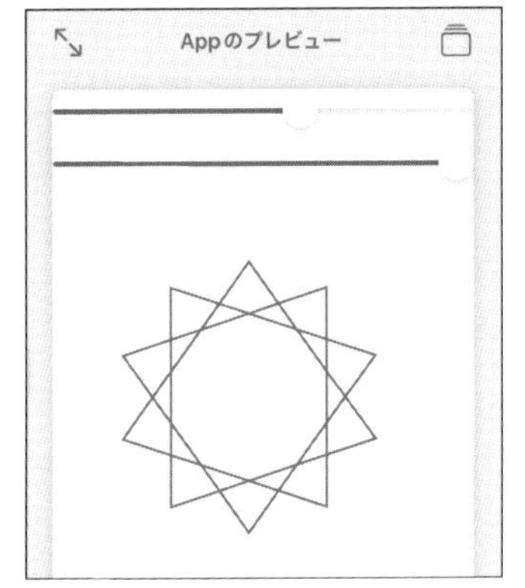

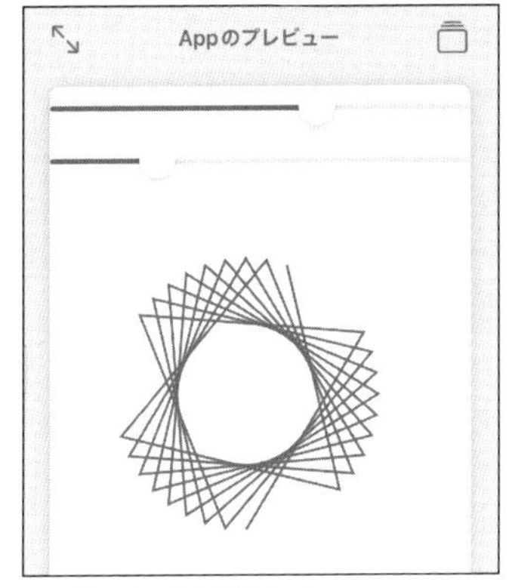

図6-18：2つのスライダーを操作すると、さまざまな幾何学図形が描かれる。

ここでは2つのスライダーの値を、degreeとcountという@Stateプロパティに設定しています。そしてこれらの値を使って描く線の位置を計算し、直線をPathに追加していきます。

まず、入力した角度の値をラジアン値に変換しておきます。

```
let dn = Double.pi * degree
```

そしてfor-in構文を使い、次に描く線の終端の位置を計算します。これは以下のように行っています。

```
for n in 0...Int(count) {
  let x = sin(dn * Double(n)) * 100.0 + center.x
  let y = cos(dn * Double(n)) * 100 + center.y
```

for-inでゼロからcount未満の間、繰り返し実行します。この中では、sinとcosを組み合わせて位置の値を計算させています。値が得られたら、Pathに追加します。

```
if n == 0 {
  path.move(to: CGPoint(x: x, y: y))
} else {
  path.addLine(to: CGPoint(x: x, y: y))
}
```

カウンタ(n)の値がゼロの場合は、スタート直後であるためmoveToで位置を移動します。2回目以降では、addLineを使って指定した地点まで線分を作成しています。

これで、繰り返しただけaddLineが実行されました。後は、これを元に線を描くだけです。

```
context.stroke(path, with: .color(Color.blue), lineWidth: 2.0)
```

引数にpathを指定し、withでColorの値を、lineWidthで線の太さをそれぞれ指定します。pathには、addLineで追加された多数の直線が用意されています。strokeするだけで、そのすべてが描かれます。

Pathに図形を追加する

これで、「Pathに図形を追加して描く」というやり方がわかってきました。では、addLine以外にどのような図形を追加するメソッドが用意されているのでしょうか？　基本的なものをここでまとめておきましょう。

▼四角形を追加

```
addRect(《CGRect》, transform: 《CGAffineTransform》)
```

▼丸みのある四角形を追加

```
addRoundedRect(in: 《CGRect》, cornerSize: 《CGSize》, transform: 《CGAffineTransform》)
```

- in: ……………………描く領域
- cornerSize: ……角の丸みの大きさ

▼円を追加

```
addEllipse(in: 《CGRect》, transform: 《CGAffineTransform》)
```

- in: ……………………描く領域

▼円弧を追加

```
addArc(center: 《CGPoint》, radius: 《CGFloat》, startAngle: 《Angle》, endAngle: 《Angle》,↵
clockwize: 《Bool》, transform: 《CGAffineTransform》)
```

- center: ……………円の中心
- radius: ……………円の半径
- startAngle: ……開始角度
- endAngle: ………終了角度
- clockwise: ………時計回りか否か

▼2次ベジエ曲線を追加

```
addQuadCurve(to: 《CGPoint》, control: 《CGPoint》)
```

- to: ……………………… 曲線の終端位置
- control: …………… コントロールポイント位置

▼3次ベジエ曲線を追加

```
addCurve(to: 《CGPoint》, control1: 《CGPoint》, control2: 《CGPoint》)
```

- to: ……………………… 曲線の終端位置
- control1: ………… 1つ目のコントロールポイント位置
- control2: …………2つ目のコントロールポイント位置

▼Pathを追加

```
addPath(《Path》, transform: 《CGAffineTransform》)
```

アフィン変換について

主なメソッドについて一通りまとめましたが、この中で「transform: 」という引数が何度が登場したのに気づいた人もいるでしょう。これはいったい、何でしょうか？

このtransform: は、「アフィン変換」というものを設定するためのものです。アフィン変換とは、図形の平行移動・拡大縮小・回転といった変換を行列を利用して行うためのものです。Core Graphicsには「CGAffineTransform」という構造体が用意されており、これを使ってアフィン変換の設定を行うことができます。

これは、以下のようにインスタンスを作成します。

▼CGAffineTransformの作成

```
CGAffineTransform()
CGAffineTransform(rotationAngle: 角度 )
CGAffineTransform(scaleX: 横倍率 , y: 縦倍率 )
CGAffineTransform(transformX: 横移動量 , y: 縦移動量 )
```

引数で、回転、拡大縮小、平行移動といった変換を設定することができます。これで、指定したアフィン変換を行うインスタンスが作成できます。

このCGAffineTransformの面白い点は、「変換処理は、いくつでも追加できる」という点です。例えば「rotationAngleで回転するインスタンスを作成し、それをさらに拡大し、さらに平行移動する」というように、変換処理をいくつも積み重ねていけるのです。

これは、CGAffineTransformに用意されているメソッドを呼び出して行います。

▼回転する

```
rotated(by: 角度 )
```

▼拡大縮小する

```
scaledBy(x: 横倍率 , y: 縦倍率 )
```

▼平行移動する

```
translatedBy(x: 横移動量 , y: 縦移動量 )
```

これらのメソッドは、CGAffineTransformインスタンスそのものを書き換えるわけではなく、指定の変換を追加したインスタンスを返します。したがって、これらの戻り値を変数などに保管して利用することになります。

アフィン変換で四角形を座標変換する

このアフィン変換は、その考え方などがしっかりわかっていないと、なかなか理解しにくいでしょう。実際に簡単な例を挙げておくことにしましょう。ContentViewを以下に書き換えてください。

▼リスト6-21

```
struct ContentView: View {
  @State var degree = 30.0
  @State var count = 50.0
  var body: some View {
    VStack {
      Slider(value: $degree, in: 0...360, step: 1)
      Slider(value: $count, in: 1...50, step: 1)
      Canvas { context, size in
        let dn = Double.pi / 360 * degree
        var path = Path()
        let r = CGRect(x: 0, y: 0, width: 40, height: 100)
        for n in 0...Int(count) {
          var affin = CGAffineTransform(translationX: 150, y: 150)
          affin = affin.rotated(by: dn * CGFloat(n))
          path.addRect(r, transform: affin)
        }
        context.stroke(path, with: .color(Color(red: 1.0, green: 0, blue: 0, ↴
          opacity: 0.25)), lineWidth: 2.0)
      }
    }
  }
}
```

先のサンプルと同様、2つのスライダーが用意されています。これらをスライドすると、四角形の数とアフィン変換される角度が変わっていきます。

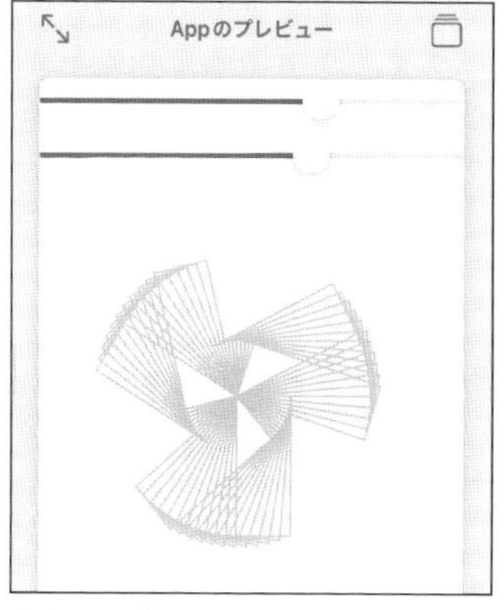

図6-19：四角形をアフィン変換して描画していく。

ここではfor-inによる繰り返しを使って、アフィン変換した図形をPathに追加しています。

```
for n in 0...Int(count) {
  var affin = CGAffineTransform(translationX: 150, y: 150)
  affin = affin.rotated(by: dn * CGFloat(n))
  path.addRect(r, transform: affin)
}
```

CGAffineTransformで図形を画面の中央付近に平行移動します。そしてrotatedを使い、図形を回転します。このとき、for-inでカウントアップする変数nと、スライダーの値から計算したラジアン値を掛け算して、どれだけ回転させるかを決めます。繰り返しの回数が増えるにつれ、回転する角度が増えていくようになります。

そしてアフィン変換の設定ができたら、それを使ってaddRectで四角形を追加します。追加する四角形はすべて同じCGRectを使っていますが、アフィン変換により少しずつ回転して描かれていくわけです。

Canvasで独自ビューを定義する

このCanvasを利用した描画は、かなり複雑な表現も行えることが何となくわかってきたのではないでしょうか。

高度なグラフィック表現を行うビューは、独立して扱えるビューとして用意しておけば、いつでも使えるようになります。今作成したサンプルを、ContentViewから切り離して「ZukeiView」というビューとして定義してみましょう。

では、ソースコードの適当なところ（ContentViewの手前あたり）に以下のコードを追加してください。

▼リスト6-22

```
struct ZukeiView: View {
  @State var degree = 30.0
  @State var count = 50.0
  @State var color = Color(red: 1.0, green: 0, blue: 0, opacity: 0.25)
  var body: some View {
    VStack {
      Slider(value: $degree, in: 0...360, step: 1)
      Slider(value: $count, in: 1...50, step: 1)
      Canvas { context, size in
        let w = size.width > size.height ? size.height : size.width
        let dn = Double.pi / 360 * degree
        var path = Path()
        let r = CGRect(x: 0, y: 0, width: w * 0.35, height: w * 0.35)
        for n in 0...Int(count) {
          var affin = CGAffineTransform(translationX: size.width * 0.5, y: ⤶
            size.height * 0.5)
          affin = affin.rotated(by: dn * CGFloat(n))
          path.addRect(r, transform: affin)
        }
        context.stroke(path, with: .color(color), lineWidth: 2.0)
      }
    }
  }
}
```

これがZukeiViewのコードです。基本的な部分は先ほどのサンプルとほぼ同じですが、少し書き換えているところがあります。

その1つは、「描く図形の位置と大きさ」の設定です。部品として再利用できるビューは、それがどこにどれぐらいの大きさではめ込まれるかわかりません。どのような状態でも、常にすべてがきちんと表示されるようにしておく必要があります。

Canvasは、処理を行う際に自身の大きさを引数に渡します。Canvasはこのようになっていましたね？

```
Canvas { context, size in
```

このsizeでこのビューの大きさが渡されます。sizeにはwidthとheightというプロパティがあって、これでビューの横幅と高さがわかります。描画する図形の位置や大きさは、sizeの値を元に割り出して設定します。そうすれば、ビューがどのような形で組み込まれても正しく図形が表示できます。

ここではもう1点、colorというプロパティも追加してみました。これで描く図形の色を変更できるようにしました。

ZukeiViewを利用する

では、作成したZukeiViewを利用してみましょう。ContentViewのコードを以下のように書き換えてみてください。

▼リスト6-23

```
struct ContentView: View {
  var body: some View {
    VStack {
      HStack {
        ZukeiView()
        ZukeiView(color: .blue)
      }
      HStack {
        ZukeiView(color: .green)
        ZukeiView(color: .black)
      }
    }
  }
}
```

ここでは2×2の計4つZukeiViewを追加してあります。それぞれにスライダーが用意されており、すべて独立して図形の表示を操作できます。

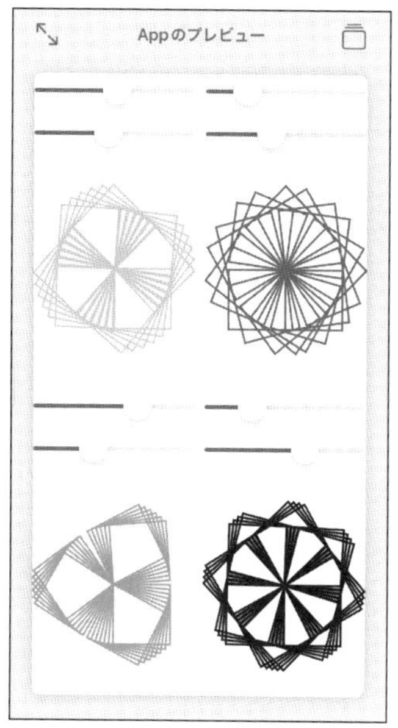

図6-20：ZukeiViewを4つ並べて表示する。それぞれ図形を操作できる。

ここでは以下のような形でZukeiViewを組み込んでいます。

```
VStack {
  HStack {
    ZukeiView()
    ZukeiView(color: .blue)
  }
  HStack {
    ZukeiView(color: .green)
    ZukeiView(color: .black)
  }
}
```

引数にcolorを指定すれば、colorプロパティに値が設定され、図形の色が変更されます。ビューを定義してしまうと、自由に表示に使えるようになりますね！

Canvasにはまだまだ多くの機能が用意されていますが、図形を描く基本的な部分はこれでわかったことでしょう。Canvasを活用し、それぞれでオリジナルのビューを作成してみると、その便利さが実感できますよ！

Chapter 7

SpriteKitでゲーム開発

アクションゲームの作成には高速でグラフィックを操作できる専用の環境が必要です。
そのために用意されている「SpriteKit」というフレームワークの使い方を説明します。
最終的に、簡単なゲームが作れるぐらいの知識を身につけましょう。

Chapter
7

7.1.

シーンとスプライトの基本

スプライトとSpriteKit

Chapter 6でシェイプとCanvasを使ったグラフィックの表示を行いました。これらでちょっとしたグラフィック表示などは十分できるようになったことでしょう。では、グラフィックを活用したゲームはもう作れるでしょうか？　まぁ、できないことはないでしょう、多分。Canvasをフルに使えば、ゲームを作ることも可能です。ただし、相当な手間と労力がかかるのは確かでしょう。

ゲームというのは、ボタンやフィールドなどで構成された一般的なアプリとは必要とされるものが大きく異なります。UI部品などはほとんど必要ありません。その代わりに、グラフィックをいかに思い通りに操作できるか、それが何よりも重要です。ゲームでは多数のキャラクタが登場し、それぞれに動き回ります。

こうしたゲームを開発するためには、キャラクタなどの表示や操作に関する機能を一通り持ったフレームワークが必要です。それが「SpriteKit」です。SpriteKitは「スプライト」と呼ばれるキャラクタを扱うための機能を持っており、これにより1つ1つのキャラクタをきめ細かに制御できるようになります。まさに、ゲーム作成のために用意されたフレームワークなのです。

※このChapterは、これまでのSwiftUIとは別のフレームワークを利用するため、ここまで学んだ知識がほとんど使えません。新たにSpriteKitのための知識を覚えていく必要があります。これまでのボタンやフィールドなどを使ったアプリとはまったく違う、ゲーム作成のための解説ですので、このChapterが理解できなくともSwiftUIアプリの作成には何ら影響はありません。このChapterは内容も難しく、学習のハードルがかなり高くなっています。ですから、「今すぐ理解しないとダメ！」とは考えないでください。SwiftUIを学ぶ上で、このChapterは読まなくともまったく問題ありません。まずは、ここまで学んだSwiftUIの使い方をしっかりと理解しましょう。そして、「もうSwiftUIは一通り使えるようになった。次はゲーム開発に挑戦だ！」となったら、このChapterに挑戦してみましょう。

SKSceneとSpriteView

では、SpriteKitの使い方について説明をしていきましょう。SpriteKitを利用する場合、まず最初に理解しておきたいのが「SKScene」と「SpriteView」という2つの部品です。SpriteKitのゲーム画面は、この2つの部品によって作られます。

SKScene	「シーン」と呼ばれる、ゲームの表示画面を担当するものです。クラスとして用意されています。このSKSceneを継承したクラスを作り、そこに具体的な表示処理を記述していきます。
SpriteView	SKSceneを表示するための専用のビューです。ContentViewにこのビューを組み込み、それに表示するSKSceneを設定することで、ビュー内にSpriteKitのシーンが表示されるようになります。

この2つの部品の使い方をしっかり理解することが、SpriteKit利用の第一歩といってよいでしょう。

GameSceneクラスを作る

まず、SKSceneの利用から行ってみましょう。Chapter 6まで使っていたプロジェクトを引き続き利用して説明を行います。「マイ App」(または「マイプレイグラウンド」)を開いておいてください。

SKSceneはシーンの機能を実装したクラスです。これを利用するということは、SKSceneを継承したクラスを作成する、ということです。

ソースコードの一番上にはimport文が書かれていますね(import SwiftUIなどのことです)。このimport文の下に以下の文を追記してください。

▼リスト7-1

```
import SpriteKit

class GameScene: SKScene {
}
```

SpriteKitを利用するためのSpriteKitモジュールを読み込むimport文と、GameSceneというクラスです。といっても、まだクラスの中身は何もありません。ただ継承したクラスを作っただけです。このGaemSceneクラスを使って、これから少しずつシーンを作っていくことにします。

SpriteViewを利用する

では、作成したGameSceneを画面に表示してみましょう。これには、ContentViewに「SpriteView」というビューを組み込んで行います。このビューの中で、SKScene継承クラスをシーンとして設定するわけですね。

SpriteViewは以下のように作成します。

▼SpriteViewの作成

```
SpriteView(scene: 《SKScene》)
```

scene引数に、表示するSCSceneを設定します。後は、frameやpositionで大きさや表示位置などを調整するなりしていけばいいでしょう。

SpriteViewでシーンを表示する

では、SpriteViewを使って先ほどのGameSceneを表示してみましょう。ContentViewのコードを以下のように書き換えてください。

▼リスト7-2

```
struct ContentView: View {
  var scene: SKScene {
    let scene = GameScene()
    scene.size = CGSize(width: 300, height: 300)
    scene.scaleMode = .fill
    return scene
  }
```

```
  var body: some View {
    VStack {
      Text("SKScene").font(.title2)
      SpriteView(scene: scene)
        .frame(width: 300, height: 300)
      Spacer()
    }
  }
}
```

これでSpriteViewを使ってGameSceneが表示されます。画面に配置されている黒いエリアがGameSceneの表示です。クラスには何もコードが書かれてないので、ただ真っ黒な表示がされるだけですが、エラーもなくちゃんと表示されていることは確認できました。

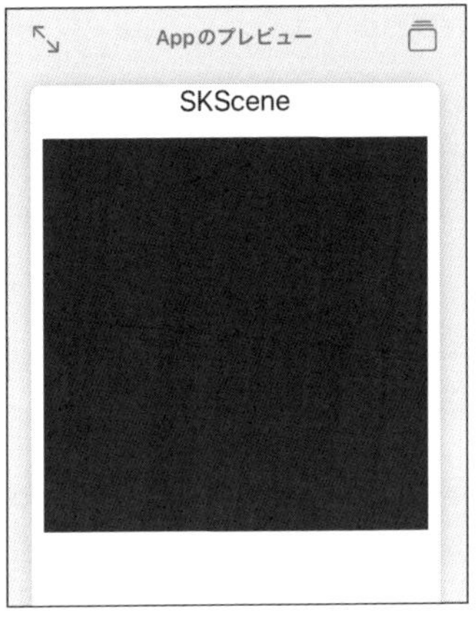

図7-1:SpriteViewでGameSceneを表示したところ。

SKSceneインスタンスの作成

ここではGameSceneはsceneというプロパティとして用意しておき、それをSpriteViewに設定しています。このプロパティはComputedプロパティとして用意されています。覚えていますか、Computedプロパティ？　そう、{…}という関数に処理を用意し、その戻り値としてプロパティの値を返すようにしたものでしたね。

ここではGameSceneインスタンスを作成し、必要な設定をしてからインスタンスを返す処理を用意しています。実行している処理を見るとこうなっています。

```
let scene = GameScene()
scene.size = CGSize(width: 300, height: 300)
scene.scaleMode = .fill
```

GameSceneインスタンスを作成した後、「size」というプロパティにCGSizeの値を設定しています。sizeプロパティはシーンの大きさを指定するものです。ここでシーンサイズを300×300にしています。

スケールモードについて

その後の「scaleMode」というのは、シーンのスケールモードを設定するものです。スケールモードというのはシーンがSpriteViewの中にどのような形ではめ込まれるかを示すもので、「SKSceneScaleMode」という列挙体（いくつかの選択肢となる値があるもの）として用意されています。SKSceneScaleModeの値には以下のものがあります。

SKSceneScaleModeの値

fill	ビューの大きさに合わせて拡大縮小
aspectFill	縦横の大きい幅に合わせて縦横比を保ったまま拡大縮小
aspectFit	縦横の小さい幅に合わせて縦横比を保ったまま拡大縮小
resizeFill	ビューの大きさに合わせて縦横比を保ったまま拡大縮小（ビューに合わせてシーンサイズが調整される）

ここではscaleModeを.fillに設定し、ビューに合わせて表示されるようにしていた、というわけです。

シーンが表示されるビュー（SpriteView）は、ContentViewの中で必要に応じて拡大縮小されたり変形されたりすることもあります。スケールモードの設定はそうしたとき、どのようにして表示を調整するかを指定するものになります。

SpriteViewの作成

こうしてsceneプロパティが用意できたら、これを使ってSpriteViewを作成して表示します。ここでは以下のような形でインスタンスを作成しています。

```
SpriteView(scene: scene) .frame(width: 300, height: 300)
```

sceneを引数に指定してインスタンスを作成した後、frameで大きさを300×300に設定しています。これでGameSceneが表示されるSpriteViewが画面に表示されるようになりました。

SKSceneインスタンスの用意（ここではGameSceneの用意）でComputedプロパティを利用するなど、ちょっと難しく見えるかもしれませんが、実際にシーンが表示できるようになれば、以後はもうContentViewをあれこれ書き換えることはありません。ビュー側は複雑そうに見えても、できたらそれで終わりです。ここでの書き方を覚えておけば、それで十分使えるようになります。

スプライトを作成する

シーンにはさまざまなキャラクタなどを表示することになります。シーンに用意される要素は「ノード」と呼ばれます。「SKNode」というクラスとして用意されており、そのサブクラスとしていくつかの種類のものが用意されています。

もっとも多用されるのは、「スプライトノード」と呼ばれるものでしょう。いわゆる「スプライト」のためのノードです。

スプライトとは、画面上にキャラクタを高速に表示するためのものです。多くのゲームでは、キャラクタはこのスプライトとして用意します。

SKSpriteNodeの作成

このスプライトは、SpriteKitでは「SKSpriteNode」というクラスとして用意されています。ノードのベースとなっているSKNodeクラスを継承して作られたものです。

SKSpriteNodeでは、いろいろなスプライトが作れます。まずはもっともシンプルなものとして、「色を表示するスプライト（カラースプライト）」を作ってみましょう。

カラースプライトとは、指定した領域を指定した色で塗りつぶしたSKSpriteNodeインスタンスのことです。要するに、「色を表示しただけの四角いスプライト」ですね。以下のように作成します。

▼色を表示するスプライトノードの作成

```
SKSpriteNode(color: 《UIColor》, size: 《CGSize》)
```

color引数には、UIColorの値を用意します。Color構造体の値と考えてください。sizeは、CGSizeの値を指定します。これで指定サイズに指定色を表示するスプライトが作れます。

作成されたスプライトは位置を設定し、それからSKSceneに組み込みます。

▼スプライトの位置の設定

```
《SKSpriteNode》.position =《CGPoint》
```

スプライトの表示位置は、「position」というプロパティで設定されます。これにCGPointとして用意した位置の値を設定すると、スプライトがその場所に移動します。スプライトの位置は、デフォルトではスプライトの中心地点になります。

▼スプライトをシーンに追加

```
《SKScene》.addChild(《SKNode》)
```

作成されたスプライトは、まだ画面には表示されません。SKSceneにある「addChild」というメソッドを使い、シーンに組み込むと表示されるようになります。

カラースプライトを表示しよう

カラースプライトを作って表示させてみましょう。先ほど作成したGameSceneクラスのコードを修正します。以下のリストのように書き換えてみてください。

▼リスト7-3

```
class GameScene: SKScene {
  var pos = CGPoint(x: 150, y: 150)
  var box: SKSpriteNode?

  func setup() {
    box = SKSpriteNode(color: .cyan, size: CGSize(width: 50, height: 50))
    box!.position = pos
    addChild(box!)
  }

  override func sceneDidLoad() {
    setup()
  }
}
```

このように修正すると、シーンの中央に50×50の大きさでシアンの正方形が表示されます。これがカラースプライトです。ここでは1つだけカラースプライトを作り、それを表示しています。

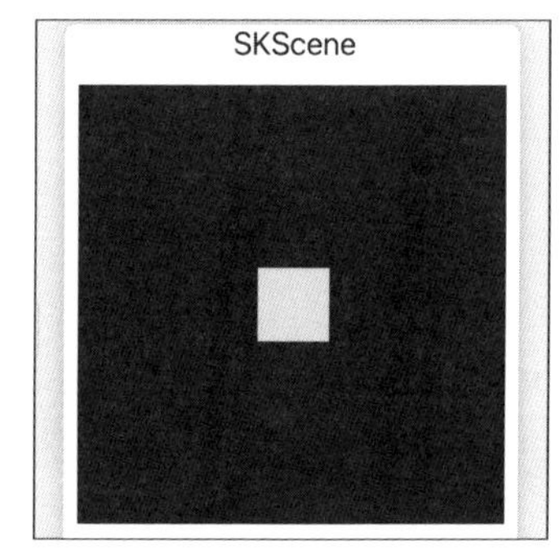

図7-2:シーンの中央に、シアンの四角形が見える。これがスプライトだ。

ここでは以下のようなプロパティを用意しています。

```
var pos = CGPoint(x: 150, y: 150)
var box: SKSpriteNode?
```

posは、シーンの中心位置となるCGPointです。そしてboxが、表示するSKSpriteNodeを保管しておくためのものです。

このboxには、SKSpriteNodeの型名の後に?が付けられていますね。これは、「nilかもしれない」ことを示す記号です。

nilとは、「何もない状態」を示す特別な値です。クラスや構造体のインスタンスを保管するプロパティでは最初に値を代入していないと、場合によっては「何も値がないまま変数が利用される」ということがあるかもしれません。そこで?を付けて、「これは値がnilの場合もあり得ますよ」ということを指定しているのですね。

スプライトの作成と組み込み

boxへのインスタンスの割り当ては、setupというメソッドで行っています。ここで行っている処理を見てみましょう。まず、SKSpriteNodeインスタンスを作成します。

```
box = SKSpriteNode(color: .cyan, size: CGSize(width: 50, height: 50))
```

color引数にはcyanを指定しています。そしてsize引数ではCGSizeインスタンスを作成し、これを指定します。これで指定したサイズ、指定した色で表示されるスプライトができました。

続いて、スプライトの位置を設定します。

```
box!.position = pos
```

用意してあるposプロパティを「position」に設定して位置を設定しています。これでスプライトの表示位置も決まりました。後は、できたスプライトをシーンに組み込むだけです。

```
addChild(box!)
```

これでシーンが追加されました。addChildの引数には、「box!」というように!記号が付けられていますね。これは「絶対にnilではない」ことを示すものです。

boxは、?を付けて「nilかもしれないよ」ということを知らせていました。addChildでスプライトをシーンに組み込むとき、組み込むスプライトが実はnilで存在してなかったりするとエラーになってしまいます。そこで引数をbox!として、「これは絶対nilではないよ」と知らせていたのですね。

もちろん、!記号は適当に付けてはいけません(実際にnilの場合があったら問題ですから)。ここでは直前にboxにSKSpriteNodeインスタンスを代入していますから、nilでは絶対にありません。それで、!を付けて「大丈夫だよ」と伝えていたわけです。

sceneDidLoadメソッドについて

こうして用意されたsetupメソッドを呼び出しているのが、「sceneDidLoad」というメソッドです。このメソッドには「override」というものが付いていますね。これはスーパークラスにあるメソッドを上書きしていることを示すものでした。つまりこれは適当に用意したメソッドではなくて、SKSceneに用意されている（あらかじめ役割が決まっている）メソッドというわけです。

sceneDidLoadは、シーンが作成され画面に表示されるときに呼び出されるメソッドです。シーンの初期化処理などを用意するのに使われます。とりあえず、これで「スプライトを作って表示する」ということができました！

イメージを表示しよう

スプライトはこれで作れましたが、「色のついた四角形」ではあまり楽しくないでしょう。せっかくゲーム用のフレームワークを使うのですから、自分で作成したイメージを使ってみたいところですね。

イメージを利用するには、当たり前ですがまずイメージを用意しないといけません。それぞれで表示したいイメージを作成してください。ここでは50×50のサイズで使用するので、それに合わせて50×50ピクセルで作成しておきます。それより大きくても、実際に表示する際に縮小されるので問題はありません。

作成したイメージは、pngかjpegのフォーマットで保存しておきます。作成したファイルはそのままiPadに共有して保存してもいいですし、iCloudドライブやGoogleドライブに入れておいて、そこから読み込んで使うこともできます。

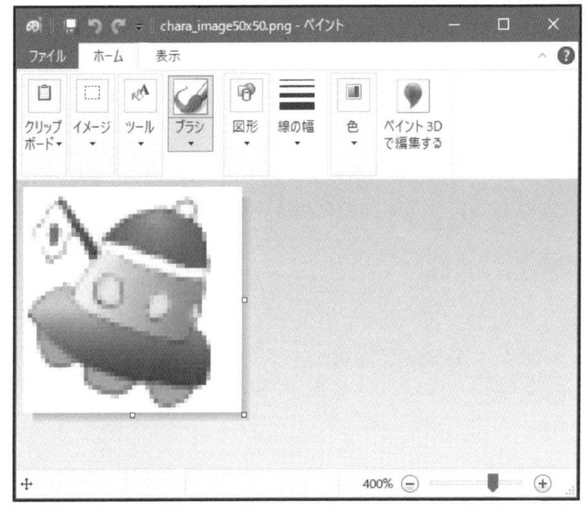

図7-3：利用するイメージを作成しておく。

ファイルをインポートする

では、作成したファイルをSwift Playgroundsのプロジェクトにインポートしましょう。プロジェクト（ここでは「マイApp」）を開いた状態で、画面左上にあるファイルリストを表示するアイコンをタップしてください。これでプロジェクトのファイル類が表示されます。

図7-4：プロジェクトのファイルリストを表示する。

このプロジェクトの内容を表示するエリアの右上にあるアイコン（ファイルの隅に「＋」が表示されたアイコン）をタップしてください。プロジェクトにファイルを追加するためのメニューがプルダウンして現れます。ここから「挿入元…」を選択します。

図7-5：メニュー項目から「挿入元…」を選ぶ。

画面にパネルが現れ、iPad内にあるファイル類が表示されます。iPadにファイルを追加してある場合は、ここに表示されます。

図7-6：ファイルがあれば、このパネルから選択できる。

iPad以外のiCloudドライブやGoogleドライブからファイルを読み込みたい場合は、パネル左上の「<ブラウズ」をタップしてください（図7-6）。パネル左側にサイドバーが現れ、ここからiCloudドライブやGoogleドライブを選択できるようになります（図7-7）。

図7-7：「<ブラウズ」でiCloudやGoogleのドライブが選択できる。

使用するファイルが見つかったら、それをタップしてください。パネルが消え、プロジェクトにファイルがインポートされます。

図7-8：表示されたファイル類から、プロジェクトで使うファイルをタップする。

「アセット」に追加される

ファイルをインポートすると、プロジェクトの「アセット」というところに追加されます。イメージの場合、そのまま開いてイメージの表示を確認することができます。

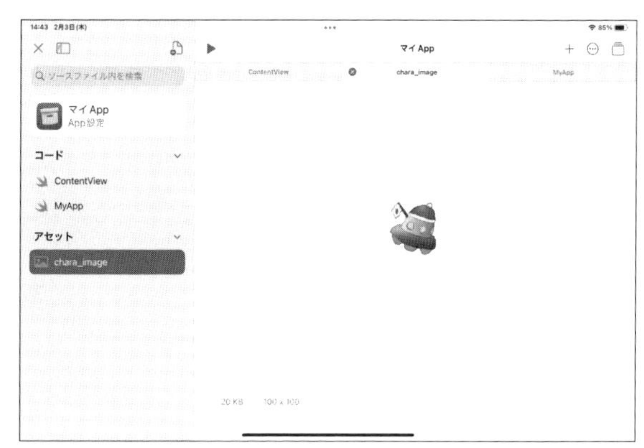

図7-9：「アセット」にインポートしたイメージファイルが追加される。

「ファイル」に iCloud/Google ドライブがない！

ファイルをインポートするとき、ブラウズする場所に iCloud ドライブや Google ドライブがない！　という人もいたことでしょう。その場合は「ファイル」アプリを起動し、左側の「ファイル」エリア上部にある「…」アイコンをタップして「サイドバーを編集」メニューを選びます。これで「場所」の中に iCloud ドライブや Google ドライブの表示を ON/OFF する項目が現れます。なお、Google ドライブを利用するには「Google ドライブ」アプリをインストールし、アカウント登録しておく必要があります。

図7-10：「サイドバーを編集」メニューを選ぶと、場所の項目をON/OFFできる。

スプライトでイメージを表示する

では、イメージを表示するスプライトを作成しましょう。GameSceneクラスのコードを次のように書き換えてください。なお、ここではイメージの名前を"chara_image"としておきます。コードを記述する際、☆マークのimageNamed:の値をそれぞれが利用する名前に変更して使ってください。

▼リスト7-4

```
class GameScene: SKScene {
  var pos = CGPoint(x: 150, y: 150)
  var box: SKSpriteNode?

  func setup() {
    if box == nil {
      box = SKSpriteNode(imageNamed: "chara_image") //☆
      box!.position = pos
      box!.size = CGSize(width: 50, height: 50)
      addChild(box!)
    }
  }

  override func sceneDidLoad() {
    setup()
  }
}
```

ここではシーン中央に、先ほどインポートしたイメージが50×50のサイズで表示されます。インポートしたイメージでスプライトが作成されているのがわかりますね。

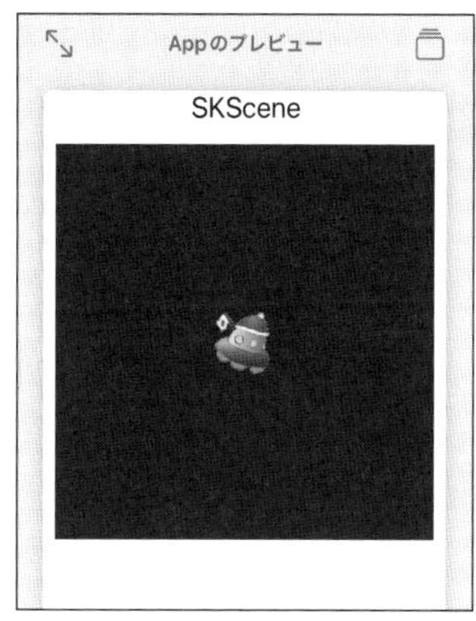

図7-11：シーン中央にインポートしたイメージが表示される。

ここでは以下のようにしてSKSpriteNodeを作成しています。

```
box = SKSpriteNode(imageNamed: "chara_image")
```

imageNamedという引数に、使用するイメージ名をテキストで指定します。これで、その名前のイメージを表示するスプライトが作成されます。この状態ではスプライトはイメージと同じ大きさで作られるので、sizeにCGSizeの値を設定して50×50の大きさに変更しています。

ここではSKSpriteNodeを以下のように作成しています。

```
box = SKSpriteNode(imageNamed: "chara_image")
```

imageNamed引数にイメージの名前を指定することで、そのイメージを表示するスプライトが作成されます。引数には大きさを指定する項目はないので、インスタンス作成後、sizeの値を変更して調整して使いましょう。

スプライトでシステムシンボルを使う

これでイメージの使い方はわかりました。ゲームでは、さまざまなスプライトを利用します。それらのイメージはすべて自分で作成していかなければいけません。これは絵心がない人にとってはかなり厳しい道でしょう。学習目的なら、さまざまなイメージを利用する方法があります。それは、システムシンボルイメージを利用するのです。

システムシンボルイメージは、すべてのiOSに組み込まれています。ですから、これを利用すればどのiPhoneやiPadでも同じイメージが利用できます。

システムシンボルをスプライトにする

システムシンボルイメージは形状データです。先ほどの例のようにビットマップイメージではありませんから、スプライトにするためにはちょっとしたテクニックが必要になります。

以下に作成手順をまとめておきましょう。なお、これはスプライト作成の中でも難しいところなので、今すぐ処理の内容を理解する必要はありません。「こういう手順で作業すれば、よくわからないけど使えるらしい」ぐらいにわかっていれば十分ですよ。

▼1. UIImageを作成する

```
変数 = UIImage(systemName: イメージ名)!.withTintColor(《UIColor》)
```

まず、UIImageというものを作成します。UIKitで使うイメージの構造体です。引数のsystemNameに使用するシステムシンボルイメージ名を指定します。また、その後のwithTintColorではスプライトに使用する色の値を設定しておきます。

▼2. PNGデータを取り出す

```
変数 =《UIImage》.pngData()
```

続いて、作成したイメージからPNGデータを取り出します。このデータを元に再度イメージを作り直します。

▼3. さらにUIImageを作成する

```
変数 = UIImage(data: 《Data》)
```

data引数に先ほどのPNGデータを指定してUIImageを作成します。これで、withTintColorで指定した色で表示されるシステムシンボルイメージが用意されます。

▼4. SKTextureインスタンスを作成する

```
変数 = = SKTexture(image: 《UIImage》)
```

SKTextureは「テクスチャ」と呼ばれるものを作成するためのものです。ノードで使われるイメージの1つです。

▼5. SKSpriteNodeインスタンスを作成する

```
変数 = = SKSpriteNode(texture: 《SKTexture》, size: 《CGSize》)
```

作成されたテクスチャをtexture引数に指定してインスタンスを作成します。このとき、sizeで大きさを指定しておきます。これで指定したサイズのスプライトが作成されます。

スプライト生成関数を作成する

では、実際にシステムシンボルイメージをスプライトとして使ってみましょう。まず、これから先のことを考えて、スプライトを作成する関数を作ります。ソースコードの適当なところ（GameSceneクラスの手前あたり）に以下のコードを追加してください。

▼リスト7-5

```
func makeSprite(name: String = "heart.fill",
    color: UIColor = .red,
    pos: CGPoint = CGPoint(x: 150, y: 150))->SKSpriteNode {
  let symbol = UIImage(systemName: name)!
    .withTintColor(color)
  let data = symbol.pngData()!
  let image = UIImage(data: data)!
  let texture = SKTexture(image: image)
  let sprite = SKSpriteNode(texture: texture, color: color,
    size: CGSize(width: 50, height: 50))
  sprite.position = pos
  return sprite
}
```

スプライト表示の流れをチェック

では、この関数で行っている処理を見ていきましょう。作成したmakeSprite関数はこのようになっていますね。

```
func makeSprite(name: String = "heart.fill",
  color: UIColor = .red,
  pos: CGPoint = CGPoint(x: 150, y: 150))->SKSpriteNode {……
```

引数にはname、color、posというものを用意しています。これらはそれぞれ「表示するシステムシンボルイメージの名前」「表示するカラー」「表示する位置」を示します。これらの引数を渡すと、その名前のイメージを表示するスプライトが作成されるようになっています。

なお、それぞれの引数にはイコールで値が代入されていますね。これは「デフォルトの値」です。デフォルトの値を用意することで、引数を省略して呼び出せるようになります。省略した場合には、用意したデフォルトの値が使われるわけですね。

そして、戻り値には->SKSpriteNodeと指定がされています。作成したSKSpriteNodeを返すようになっているのですね。

では、メソッドの処理を見ていきましょう。

```
let symbol = UIImage(systemName: name)!
  .withTintColor(color)
```

まず、systemNameに名前を設定してUIImageを作成します。さらに、withTintColorというメソッドでティントカラー（強調色）を指定します。この色が、最終的に作られるスプライトの色になります。

```
  let data = symbol.pngData()!
  let image = UIImage(data: data)!
```

続いて、作成されたUIImageからPNGデータを取り出します。そのデータを元に、再度UIImageを作成します。

```
let texture = SKTexture(image: image)
```

作成されたUIImageを元にSKTextureインスタンスを作成します。これが最終的にスプライトで表示されるイメージになります。

```
sprite = SKSpriteNode(texture: texture,
  size: CGSize(width: 50, height: 50))
```

SKSpriteNodeを作成します。引数にtextureとsizeを指定し、SKTextureを50×50サイズで表示するスプライトを作ります。

```
sprite!.position = pos
return sprite
```

後はpositionで表示する地を設定し、完成したスプライトを返すだけです。これでシステムシンボルイメージ名、カラー、位置といったものを指定して、いつでもスプライトが作れるようになりました。

makeSpriteを利用する

では、作成したmakeSpriteを利用してスプライトを表示しましょう。GameSceneクラスを以下のように修正してください。

▼リスト7-6

```
class GameScene: SKScene {
  var pos = CGPoint(x: 150, y: 150)
  var sprite: SKSpriteNode?

  override func sceneDidLoad() {
    sprite = makeSprite()
    addChild(sprite!)
  }
}
```

実行するとシーンの中央に赤いハートが表示されます。これがシステムシンボルイメージによるスプライトです。

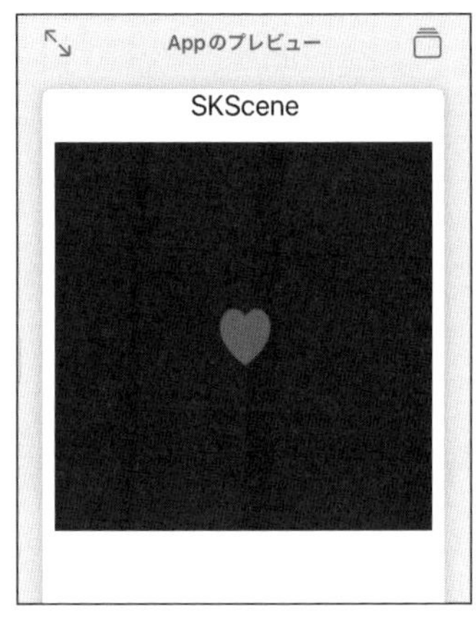

図7-12：中央に赤いハートのスプライトが表示される。

スプライト作成の処理を外に出したので、クラスの内容は実にシンプルになりました。sceneDidLoadで行っているのは以下の2文だけです。

```
sprite = makeSprite()
addChild(sprite!)
```

makeSpriteでスプライトを作成し、addChildでスプライトをシーンに追加しているだけです。GameSceneがシンプルになったので、いろいろな処理を追加してもうまく整理していけそうですね。

スプライトはさまざまな作り方ができる

これで、「カラースプライト」「イメージを使ったスプライト」「システムシンボルイメージを使ったスプライト」といったものが作れるようになりました。

スプライトは、シーンを構成するもっとも重要な要素です。まずは、思い通りのスプライトを作れるようになりましょう。

Chapter
7

7.2.
スプライトを操作しよう

updateで操作する

スプライトの表示ができるようになったところで、次は「スプライトを動かす」ことを考えてみましょう。

方法はいくつか考えられます。まず誰もが思い浮かぶのは、「スプライトの位置（position）の値を少しずつ変更すれば動かせるのでは？」というものでしょう。

SKSceneのシーンは、常に表示を高速に書き換えています。この書き換えの頻度（フレームレートと言います）は、デフォルトで1秒間に60回になっています。つまり60分の1秒ごとにシーンの表示は更新され続けているのです。

SCSceneには、このシーンの更新の際に呼び出される「update」というメソッドが用意されています。以下のようなものです。

```
override func update(_ currentTime: TimeInterval) {……}
```

引数のcurrentTimeには、TimeIntervalという値が渡されます。中身は、実はただのDouble値で、システムタイム（1970年開始時からの経過秒数）の値が渡されています。

SKSceneでは、表示が更新されるたびにこのupdateメソッドが呼び出されます。ということは、ここにスプライトのpositionを変更する処理を書いておけば、スプライトを少しずつ動かすことができるわけです。

スプライトがゆっくり移動する

簡単なサンプルを作ってみましょう。GemeSceneクラスを以下のように書き換えてください。なお、先に作成したmakeSprite関数はこれ以後も使うので、削除しないように！

▼リスト7-7
```
class GameScene: SKScene {
  var pos = CGPoint(x: 150, y: 150)
  var d = CGSize(width: 1.0, height: 1.1)
  var sprite: SKSpriteNode?

  override func sceneDidLoad() {
    sprite = makeSprite(color: .yellow)
    addChild(sprite!)
  }
```

```
  override func update(_ currentTime: TimeInterval) {
    pos.x += d.width
    pos.y += d.height
    if pos.x <= 0 || pos.x >= 300{ d.width *= -1 }
    if pos.y <= 0 || pos.y >= 300 { d.height *= -1}
    sprite?.position = pos
  }
}
```

このシーンでは、中央に配置された黄色いハートがゆっくりと移動します。シーンの端までくると跳ね返り、常に等速度で動き続けます。

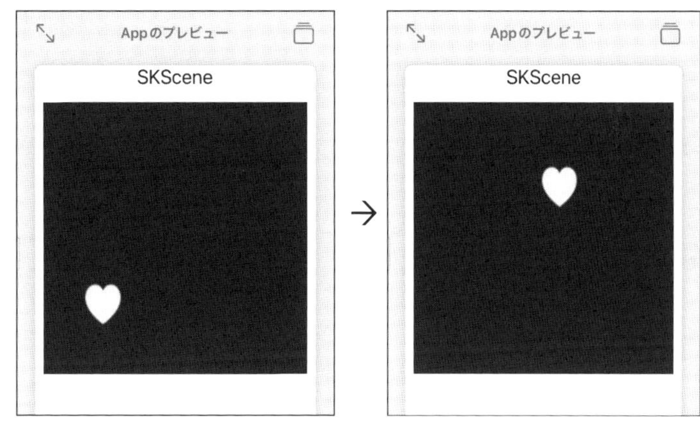

図7-13：黄色いハートがゆっくり動き回る。

移動と跳ね返る処理

処理を見てみましょう。ここでは新たに「d」というプロパティが追加されています。これはupdateで移動する移動量を保管するためのもので、以下のようになっています。

```
var d = CGSize(width: 1.0, height: 1.1)
```

横に1.0、縦に1.1移動するようにしてあるわけですね。この数値を変えれば、移動のスピードなども変わることになります。

ではupdateメソッドを見てみましょう。位置を保管するposプロパティにdの値を足していきます。

```
pos.x += d.width
pos.y += d.height
```

これで次の位置が用意できました。この新しい位置（pos）が画面の外側に出ていないかチェックし、出ている場合はdの値を反転させます。

```
if pos.x <= 0 || pos.x >= 300{ d.width *= -1 }
if pos.y <= 0 || pos.y >= 300 { d.height *= -1}
```

シーンの外側に出ているかどうかは、位置がゼロ以下かシーンの幅（300）以上かを調べればわかります。0～300の範囲内にあればシーン内にありますし、そうでなければ外に出ているということです。

出ている場合は、dのwidthやheightの値に-1をかけてプラスマイナスを逆にしています。こうすれば次から逆方向に値が増減していきます。後は、spriteのpositionにposの値を設定してスプライトの位置を変更するだけです。これでdプロパティの分だけスプライトが移動しました。これがupdateのたびに繰り返し実行されることで、スプライトがなめらかに動くようになるのです。

SKActionによる移動

このupdateを利用した移動は、確かに自分で設定したとおりに動かすことができますが、複雑な動きを行わせるのは大変です。

例えば、「タップした場所までゆっくり動く」といった単純な操作をさせようと思っただけでも、現在の位置からタップした位置までの差を調べ、それを移動にかかる秒数を元に割り算して1フレームあたりの移動量を算出してupdateで更新する、といったことをしなければいけません。しかも、目的地に着いたらもう移動しないような処理も必要です。もっと簡単に、思ったように移動できる方法はないのか？　あるんです。それは「SKAction」というものを使うのです。

SKActionの移動メソッド

SKActionは、スプライトの操作に関する機能を提供するクラスです。このクラス内にはスプライトの挙動に関するさまざまなメソッドが用意されており、それらを使ってSKActionインスタンスを作成します。

まずは基本として、移動に関するメソッドを挙げておきましょう。

▼指定の位置に移動する

```
SKAction.moveTo(x: 横位置 , duration: 時間 )
SKAction.moveTo(y: 縦位置 , duration: 時間 )
```

▼現在の位置から指定の距離を移動する

```
SKAction.moveBy(x: 横距離 , y: 縦距離 , duration: 時間 )
```

これらのメソッドを呼び出してSKActionインスタンスを作成したら、スプライトのメソッドを使ってそのSKActionを実行します。

▼SKActionの実行

```
《SKNode》.run(《SKAction》)
```

すでに述べましたが、SKNodeというのは、スプライトであるSkSpriteNodeのスーパークラスでしたね。このrunメソッドで引数にSKActionを指定すると、そのアクションの設定に従ってスプライトが動きます。

SKActionで動かそう

では、実際にSKActionを使ってスプライトを動かしてみましょう。GameSceneクラスを次のように修正してください。

▼リスト7-8

```
class GameScene: SKScene {
  var pos = CGPoint(x: 150, y: 150)
  var sprite: SKSpriteNode?

  override func sceneDidLoad() {
    sprite = makeSprite(color: .yellow)
    addChild(sprite!)
    move()
  }

  func move() {
    sprite?.run(SKAction.moveBy(x: 100, y: 100, duration: 1.0))
  }
}
```

画面の中央にスプライトが表示されると、そのまま右上へと移動して止まります。

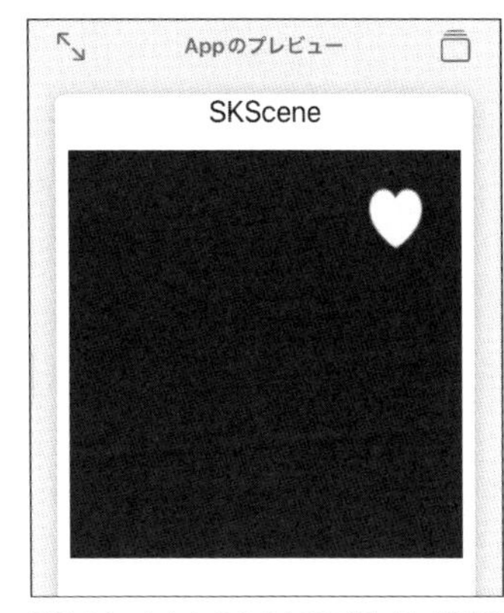

図7-14：中央から右上にスプライトが移動する。

ここではmoveメソッドに移動の処理を用意しており、sceneDidLoadからこれを呼び出しています。moveで実行しているのは以下の文です。

```
sprite?.run(SKAction.moveBy(x: 100, y: 100, duration: 1.0))
```

SKAction.moveByで横に100、縦に100の移動を行うインスタンスを作り、これをrunで実行しています。たったこれだけで、指定した場所まで動くアニメーションが作れるんですね！

C O L U M N

SpriteKitは左下がゼロ地点

サンプルでは、x: 100, y: 100というように縦横100を移動しています。これを見て違和感を覚えた人もいるかもしれません。「縦横100移動なら、右下に移動するんじゃない？」と。コンピュータでは一般に画面の左上をゼロ地点とし、右および下に進むほど数値が増えていきます。が、SpriteKitでは画面の左下がゼロ地点となり、右および上に進むほど数値が増えていきます。

アクションを順に実行する

これでアクションを使った移動ができるようになりました。では、「行ったらまた戻ってくる」にはどうすればいいでしょうか？

おそらく、多くの人は以下のような処理を思い浮かべるのではないでしょうか。

```
func move() {
  sprite?.run(SKAction.moveBy(x: 100, y: 100, duration: 1.0))
  sprite?.run(SKAction.moveBy(x: -100, y: -100, duration: 1.0))
}
```

まずx: 100, y: 100に移動し、続いてx: -100, y: -100に移動する。これで「行って帰る」という往復運動ができるようになる、と考えるでしょう。

ところが、これはうまく動きません。スプライトが表示されてもまったく動かないのです。なぜうまく動かないのでしょう？

アニメーションは非同期処理

その理由は、runが「非同期」で実行されているためです。一般に、プログラムの命令（関数やメソッドなど）というのはある命令が実行され、それが完了したら次の命令を実行する、というような形で進んでいきます（これを「同期処理」と言います）。

この方式はわかりやすいのですが、時間がかかる処理だと、それが終わるまで次の命令が実行できません。アニメーションをこの方式にすると、アニメーションが終わるまで何も操作できないわけです。

これでは不便なので、アニメーションはスタートしたら、すぐに次の処理に進むようになっています。これが非同期処理です。

非同期処理は、アニメーションを実行しながらすぐに次の命令も実行できるため、アニメーションと並行してどんどん処理を進めていけます。

ただし非同期ですから、2つのSKActionをrunした場合、1つ目がスタートすると同時に次の2つ目もスタートしてしまいます。結果、2つのアニメーションが相互に動きを打ち消し合ってしまい、まったく動かなかった、というわけです。

sequenceで逐次実行する

では、アニメーションを順に実行するためにはどうすればいいのか？　それは「SKActionを順に実行するSKAction」を作成して利用するのです。これは以下のように作成します。

```
SKAction.sequence( [SKAction配列] )
```

sequenceは、引数に渡された配列にあるSKActionを順に実行していくSKActionを作成します。これを使えば、アニメーションを1つずつ実行できます。

また、このsequenceで作成されるSKActionも非同期です。配列にまとめられたアニメーションもすべて非同期で実行されるため、アニメーションをしながら別の処理を進めることができます。

行って戻るアニメーション

sequenceを使って、「行って戻る」というアニメーションを作ってみましょう。GameSceneクラスの「move」メソッドだけを修正すればいいでしょう。

▼リスト7-9

```
func move() {
  let act = SKAction.sequence ([
    SKAction.moveBy(x: 100, y: 100, duration: 1.0),
    SKAction.moveBy(x: -100, y: -100, duration: 1.0)
  ])
  sprite?.run(act)
}
```

これで、スタートすると右上に移動し、また中央に戻るというアニメーションができました。ここではSKAction.sequenceを作成し、その引数に用意した配列の中に移動する2つのSKActionを用意しています。runメソッドで、sequenceで作ったSKActionを実行すれば、組み込まれているSKActionを順に実行していきます。

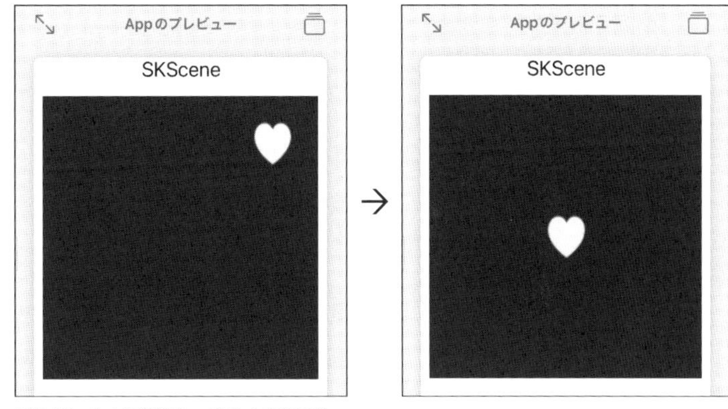

図7-15：右上に移動し、また中央に戻る。

タップした場所に移動する

続いて、ユーザーのタップ操作への対応について考えましょう。タップ操作は、SKSceneに用意されている画面タップのイベントに関するメソッドを利用して作成できます。SKSceneには、以下のようなタップ関係のメソッドがあります。

▼タップを開始

```
override func touchesBegan(_ touches: Set<UITouch>, with event: UIEvent?)
```

▼タップしてドラッグ中

```
override func touchesMoved(_ touches: Set<UITouch>, with event: UIEvent?)
```

▼タップを終了

```
override func touchesEnded(_ touches: Set<UITouch>, with event: UIEvent?)
```

いずれも2つの引数が用意されています。それぞれ以下のようなものになります。

touches: Set<UITouch>	タップの情報を管理するUITouchインスタンスをまとめたもの
with event: UIEvent?	発生したイベント情報を管理するUIEventインスタンス

Set<UITouch>は、UITouchという値が多数まとめられたSetインスタンス、という意味です。Setというのは配列のように多数の値を保管するものですが、同じものが複数保管されないなど、いくつか違いがあります。が、まぁ「だいたい似たようなもの」と考えていいでしょう。

UITouchは、タップ情報を管理するクラスです。iPhoneやiPadは、同時に複数の場所をタップすることができるので、このように複数のインスタンスをまとめた形になっているのですね。

タップした場所を調べる

通常、「画面を1ヶ所タップする」という操作で処理を行うのであれば、このSet<UITouch>から最初のUITouchを取り出して処理すればいいでしょう。

UITouchでは、タップした位置情報を「location」というメソッドで取り出せるようになっています。この値を使ってタップした場所を調べ処理できるようになります。

ここまでの処理を整理すると、例えば「タップしたら何かをする」という処理は以下のような形になります。

```
override func touchesBegan(_ touches: Set<UITouch>, with event: UIEvent?) {
  let touch = touches.first
  if touch == nil { return }
  let loc = touch!.location(in: self)
  ……処理……
}
```

タップした情報の最初のものは、touches引数の「first」で得ることができます。ただし、必ずしもこれでUITouchが得られると保証されてはいないので、nilだったら処理を抜けるようにしておきます。

そして、取り出したUITouchのlocationの値を取り出します。このとき、(in: self)と引数を指定しておくことで、このシーン内の相対位置として取り出すことができます。

後は、取り出した位置の値を使って必要な処理をしていけばいいのですね。

タップした場所まで移動する

ではGameSceneクラスを修正して、「タップした場所までスプライトが移動する」というサンプルを作ってみましょう。以下のようにGameSceneを修正してください。

▼リスト7-10

```
class GameScene: SKScene {
  var pos = CGPoint(x: 150, y: 150)
  var sprite: SKSpriteNode?

  override func sceneDidLoad() {
    sprite = makeSprite(color: .yellow)
    addChild(sprite!)
```

```
    }

    override func touchesBegan(_ touches: Set<UITouch>, with event: UIEvent?) {
      let touch = touches.first
      if touch == nil { return }
      let loc = touch!.location(in: self)
      let group1 = SKAction.group([
        SKAction.moveTo(x: loc.x, duration: 1.0),
        SKAction.moveTo(y: loc.y, duration: 1.0)
      ])
      sprite?.run(group1)
    }
  }
```

修正したら、シーン上の適当なところをタップしてください。その場所までスプライトが移動します。

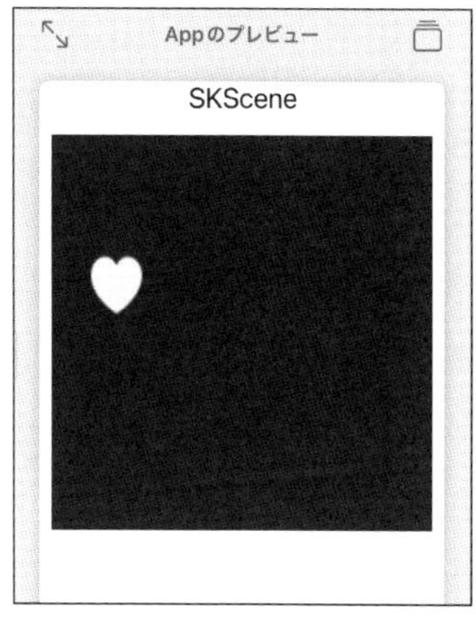

図7-16：タップした場所までスプライトが移動する。

groupでアクションをまとめる

ここでは、先ほどのtouchesBeganの基本処理に従ってタップした位置を変数locに取り出します。それから、その地点までアニメーションするアクションを作成し、runで実行します。

ここでアクション作成の部分をみてください。ちょっと見慣れないものが使われていますね。

```
let group1 = SKAction.group([
  SKAction.moveTo(x: loc.x, duration: 1.0),
  SKAction.moveTo(y: loc.y, duration: 1.0)
])
```

SKAction.groupというものを呼び出しています。この「group」メソッドは、引数にSKActionの配列を渡します。

groupは、この配列に用意されているアクションを1つのグループとしてまとめて実行します。ただrunで実行するだけでなく、SKActionの設定などを行う場合も、グループ内にあるものをまとめて操作したりできます。

タップした場所にスプライトを追加

タップ操作が使えるようになると、いろいろと面白いことができるようになってきますね。例えば、「タップした場所にスプライトを追加する」という処理を考えてみましょう。

GameSceneクラスを以下のように書き換えてください。

▼リスト7-11

```
class GameScene: SKScene {
  var pos = CGPoint(x: 150, y: 150)

  override func touchesBegan(_ touches: Set<UITouch>, with event: UIEvent?) {
    let touch = touches.first
    if touch == nil { return }
    let loc = touch!.location(in: self)
    let sprite = makeSprite(color: .orange, pos: loc)
    addChild(sprite)
  }
}
```

シーン内をタップすると、その場所にスプライトが追加されます。繰り返しタップすれば、どんどんスプライトが増えていきます。

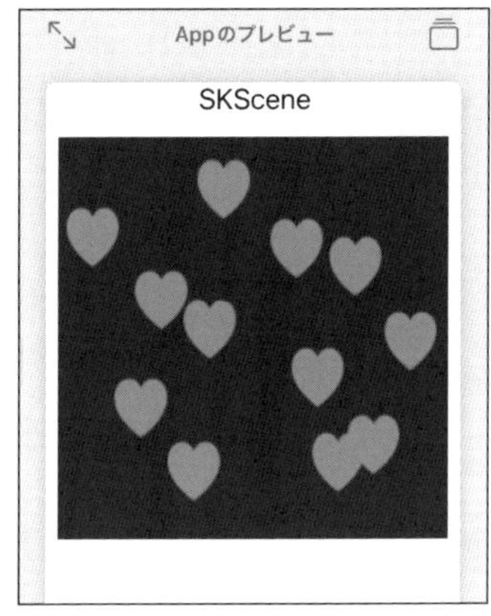

図7-17：シーンをタップすると、その場所にスプライトが追加される。

touchesBeganメソッドを見ると、タップした位置の値を取り出したら以下のようにスプライトを作成し追加しています。

```
let sprite = makeSprite(color: .orange, pos: loc)
addChild(sprite)
```

makeSpriteで、引数に位置を指定できるようにしておきましたから、ただmakeSpriteしてaddChildするだけで、このようにスプライトを増やしていけます。

だいぶゲームっぽい動作が近づいてきた気がしますね！

すべてのスプライトを操作

タップして新たにスプライトを作成し追加したりできるようになると、「すでにあるスプライト」をどのように管理すればいいか、考えなければいけません。

シーンに組み込まれたノード（SKNode。スプライトのSKSpriteNodeもこれのサブクラスですね）は、SKSceneの「children」というプロパティにまとめられています。ここから順にオブジェクトを取り出して処理をしていけば、シーンに組み込まれているすべてのノードを処理できます。

▼すべてのノードを処理する

```
for 変数 in children {
  ……変数に SKNode が取り出される……
}
```

注意したいのは、「childrenに保管されるのはSKNodeである」という点です。たとえSKSpriteNodeであっても、すべてSKNodeに型変換され保管されています。

ですから、ここから取り出して処理する際は、必要に応じてSKNodeを元のクラス（SKSpriteNodeなど）に戻して処理する必要があるでしょう。

SampleNodeを作成する

では、表示されているすべてのスプライトについて処理を実行させてみましょう。

例として、独自の機能を持ったスプライトクラスを用意し、シーンからその機能を呼び出して動かしてみることにしましょう。

まずはスプライトクラスを定義します。適当な場所（makeSpriteの手前あたり）に以下のコードを追加してください。

▼リスト7-12

```
class SampleNode : SKSpriteNode {
  var d = CGSize(width: CGFloat.random(in: -1.0...1.0),
    height: CGFloat.random(in: -1.0...1.0))

  public func update() {
    var pos = position
    pos.x += d.width
    pos.y += d.height
    if pos.x <= 0 || pos.x >= 300{ d.width *= -1 }
    if pos.y <= 0 || pos.y >= 300 { d.height *= -1}
    position = pos
  }
}
```

ここでは「update」というメソッドを用意しています。dプロパティに保管されているCGSizeの値を元に、自身の表示位置（position）をdの値だけ移動させます。

このupdateは、更新時に自動で呼び出されるわけではありません。しかし、SKScene側で更新時に各ノードのupdateを呼び出すことができれば、ゆっくり動かすことができるようになります。

乱数について

なお、ここではdプロパティの値としてランダムな値を設定しています。これは以下のように記述をしています。

```
var d = CGSize(width: CGFloat.random(in: -1.0...1.0),
    height: CGFloat.random(in: -1.0...1.0))
```

CGSizeのwidthとheightに、それぞれCGFloat.random(in: …)というものが指定されていますね。これはCGFloatのrandomメソッドで、in引数に指定した範囲からランダムに値を返す働きをします。

ここでは(in: -1.0...1.0)で、-1.0 ~ 1.0の範囲からランダムな実数を取り出し、それを使ってCGSizeを作成していたというわけです。

makeSpriteを修正する

SampleNodeクラスができたら、スプライトを作るmakeSprite関数を修正しましょう。関数の中で、SKSpriteNodeインスタンスを作成している部分があります。この文ですね。

```
let sprite = SKSpriteNode(texture: texture, color: color,
  size: CGSize(width: 50, height: 50))
```

この文を、以下の文に書き換えてください。これで、makeSpriteでSampleNodeを作成するようになります。

▼リスト7-13

```
let sprite = SampleNode(texture: texture, color: color,
    size: CGSize(width: 50, height: 50))
```

それ以外の部分は一切変更はありません。SampleNodeはSKSpriteNodeを継承していますから、基本的な機能はすべてSKSpriteNodeのままです。

すべてのスプライトをupdateで動かす

ではGameSceneを修正して、タップしてスプライトを作成し、それらすべてのupdateを呼び出して動くようにしてみましょう。GaemSceneクラスのコードを以下に書き換えてください。

▼リスト7-14

```
class GameScene: SKScene {
  let colors: [UIColor] = [.red, .blue, .green, .yellow, .orange,
      .cyan, .brown, .purple, .gray]

  override func update(_ currentTime: TimeInterval) {
    for sp in children {
      let node = sp as? SampleNode
      node?.update()
    }
```

```
  }

  override func touchesBegan(_ touches: Set<UITouch>,
      with event: UIEvent?) {
    let touch = touches.first
    if touch == nil { return }
    let loc = touch!.location(in: self)
    for sp in children {
      if sp.contains(loc) {
        sp.run(SKAction.fadeOut(withDuration: 2)) {
          sp.removeFromParent()
        }
        return
      }
    }
    let c: UIColor = colors.randomElement()!
    let sprite = makeSprite(color: c, pos: loc)
    addChild(sprite)
  }
}
```

シーンをタップすると新しいスプライトが作成される点は前のサンプルと同じですが、今回は作成したサンプルが勝手に動き回ります。

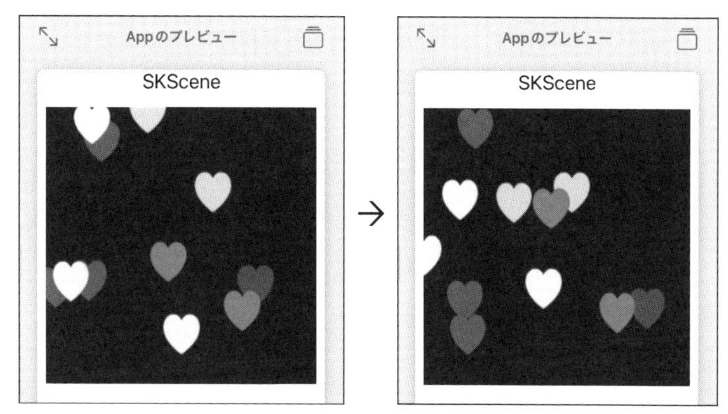

図7-18：すべてのスプライトがそれぞれランダムな方向に動いていく。

タップしたノードを探す

どのようにしてすべてのノードを処理しているか見てみましょう。GameSceneにあるupdateでは、以下のような繰り返し処理が用意されています。

```
for sp in children {
  let node = sp as? SampleNode
  node?.update()
}
```

childrenから順にノードをspに取り出し、これをSampleNodeに型変換して変数nodeに取り出します。sp as? SampleNodeというのが、変数spをSampleNodeに変換している部分です。

クラスや構造体のインスタンスは、「as ○○」というようにして○○という型に変換できます。ただし、SampleNodeとして取り出せない場合もあるかもしれないので、as?というようにしてnilになる可能性があることを指名しています。こうしてnodeにSampleNodeが取り出せたなら、そのupdateを呼び出せば、位置の更新が行われるわけです。

C O L U M N

なぜ、SampleNodeにキャストが必要？

ここではchildrenから取り出したものをSampleNodeにキャストしていますが、これはなぜでしょうか。そのまま使ってはいけないの？　その理由は、「SampleNodeに用意されているupdateを呼び出しているから」です。shildrenから取り出したノードのupdateを呼び出そうとすると、「updateなんてメソッドはないよ」とエラーになります。SampleNodeに用意したメソッドを使うためには、SampleNodeとして取り出さないといけない、ということなのです。

タップして消すには？

今回のサンプルでは、もう1つ「すべてのノードを利用する処理」があります。それは、touchesBeganメソッドです。

今回のサンプルはタップしてスプライトを追加するだけでなく、すでにあるスプライトをタップすると、それが消える、という機能も追加してあります。ただ消えるのではなく、すーっと薄れてフェードアウトして消えるようになっているのです。

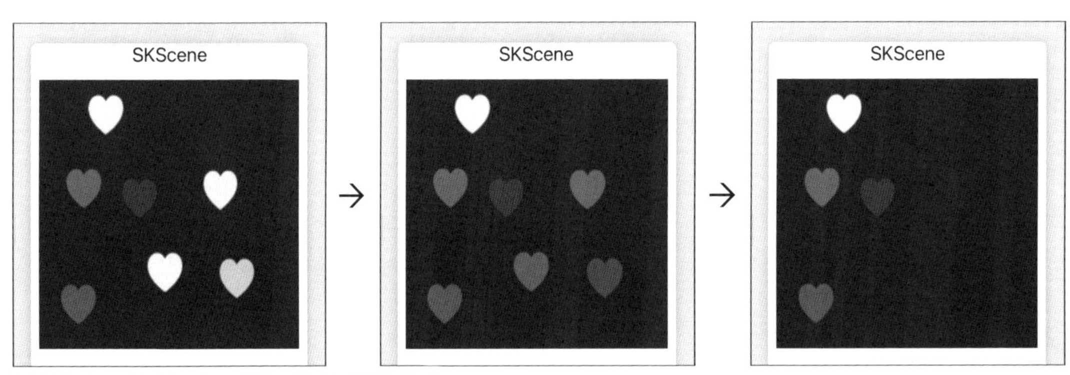

図7-19：タップすると、ゆっくりスプライトが消えていく。

位置が領域内にあるか調べる

touchesBeganではタッチした位置を取り出した後、以下のような繰り返し処理が用意されていますね。

```
for sp in children {
  if sp.contains(loc) {
    ……処理……
  }
}
```

for sp in childrenでchilderから順にノードをspに取り出し、if sp.contains(loc)という条件分岐を用意しています。sp.contains(loc)は、「spの領域内にlocがあるかどうか」を調べるものです。

▼ノードの領域内に位置があるか

```
《SKNode》.contains(《CGPoint]》)
```

ノードの領域内にCGPointの位置があればtrue、なければfalseになります。これで、タップした位置がノードの領域内にあるかどうかをチェックしていたのですね。

フェードアウトして消える

では、タップした位置がスプライトの領域内にあった場合の処理を見てみましょう。ここではSKActionの「fadeOut」というメソッドを使い、フェードアウトのアニメーションを行っています。以下のように作成します。

```
SKAction.fadeOut(withDuration: 秒数 )
```

これで、withDuration引数に指定した秒数をかけてフェードアウトし消えていきます。こうして作成したインスタンスをrunで実行すればいいわけですね。

```
sp.run(SKAction.fadeOut(withDuration: 2)) {
  sp.removeFromParent()
}
```

このようにして、スプライトを2秒かけてフェードアウトしています。が、よく見るとrunを呼び出したとき、()の後に{…}と何かの処理が書かれていますね。これは、runによるアクションの実行が完了したあとの処理です。runは非同期で実行されますから、「アニメーションが終わったら○○を実行する」ということを行わせるには、そのための仕組みが必要になるのです。

ここではスプライトの「removeFromParent」というメソッドを呼び出しています。これは、そのスプライトが組み込まれているシーンから取り除くものです。フェードアウトした後、このremoveFromParentでシーンからスプライトを取り除いていたのです。

その他のSKActionの機能

ここまでずいぶんいろいろなSKActionの機能を使ってきました。SKActionには、この他にもさまざまなアニメーション機能が用意されています。主なものを簡単にまとめておきましょう。

▼回転する

```
rotate(byAngle: 《CGFloat》, duration: 《TimeInterval》)
rotate(toAngle: 《CGFloat》, duration: 《TimeInterval》)
```

2種類用意されています。byAngleは指定した角度だけ回転し、toAngleは指定の角度に回転します。角度はラジアン単位で指定します。durationは再生秒数です。

▼拡大縮小する

```
scale(by: 《CGFloat》, duration: 《TimeInterval》)
scale(to: 《CGFloat》, duration: 《TimeInterval》)
scale(to: 《CGSize》, duration: 《TimeInterval》)
```

byは拡大縮小率を実数で指定します。toは指定の大きさに拡大縮小するもので、実数かCGSizeで大きさを指定します。durationは再生秒数です。

▼リサイズする

```
resize(byWidth: 《CGFloat》, height: 《CGFloat》, duration: 《TimeInterval》)
resize(toWidth: 《CGFloat》, height: 《CGFloat》, duration: 《TimeInterval》)
```

byWidthは指定した値だけ幅を増やし、toWidthは指定の値に変形します。横幅・高さ・再生秒数をそれぞれ指定します。

▼フェードイン／フェードアウト

```
fadeIn(withDuration: 《TimeInterval》)
fadeOut(withDuration: 《TimeInterval》)
```

フェードアウトはすでに使いましたね。フェードインはゆっくりと姿を表します。いずれもwithDurationは経過秒数です。

▼アクションを繰り返す

```
repeat(_ action: 《SKAction》, count: 《Int》)
repeatForever(_ action: 《SKAction》)
```

repeatは、actionに指定したアクションをcountの回数だけ繰り返します。repeatForeverは、指定したアクションをエンドレスで繰り返し続けます。

この他、moveTo/moveByによる移動、sequnceによる逐次再生、groupによるグループ化といったものはすでに使いました。これらが一通りできるようになれば、SKActionによるアニメーションの基本はだいたいマスターできた、と言っていいでしょう。

Chapter 7

7.3. 物理エンジンと衝突判定

物理エンジンを使おう

スプライトの基本的な使い方はわかりましたが、ここまでの知識だけではゲームを作るにはまだまだ心もとないでしょう。ゲーム開発のために知っておきたい機能をピックアップして紹介していくことにします。それは「物理エンジン」です。

物理エンジンとは、シーンに配置されるスプライトなどを「物」として扱えるようにする技術です。これまでスプライトの移動などは、ただ位置を変更するだけでした。他のスプライトと接触したり重なったりしても、そのまま表示されていました。

けれど、現実の世界ではそんなことはありませんよね？　物と物がぶつかれば跳ね返るし、ある物を別の場所に移動するには力を加えて動かさないといけません。そういう力学的な存在としてスプライトを扱うようにするのが物理エンジンです。

この物理エンジンを使うと、どういうメリットがあるのか。どんな機能が使えるようになるのか。簡単にまとめてみましょう。

●重力に従う

物理エンジンを使った場合、もっとも大きな影響はこの点でしょう。シーンに物理エンジンを適用した場合、重力の設定も行うことができます。ということは、「支えがないと下に落ちる」ようになります（ただし、重力はOFFにすることもできます）。

●衝突判定される

「物」として扱えるようになるため、スプライト同士が接触するとぶつかって跳ね返ったりします。また、ぶつかったかどうかを判定できるようになるため、スプライトが他のものに触れたときの処理などを実装するのも簡単に行えます。

●質量と慣性

現実の世界では、それぞれの物には重さ（質量）があります。これを動かすには力を加えないといけませんし、一度動き出したものは慣性の力により止まるまでにも時間がかかります。こうした慣性力も物理エンジンで実現します。

SKPhysicsBodyについて

シーンで物理エンジンを利用するには、「SKPhysicsBody」というクラスを使います。これはシーンやスプライトなどに物理エンジンの機能を適用するためのものです。

SKPhysicsBodyは使用するシーンや、そこで物理エンジンを使って動かすスプライトなどのノードに設定します。さまざまな形でインスタンスを作成できるようになっているので、もっともよく使われるものだけピックアップして紹介しましょう。

▼エッジベースの物理体を作成

```
SKPhysicsBody(edgeLoopFrom: 《CGRect》)
SKPhysicsBody(edgeFrom: 《CGPoint》, to: 《CGPoint》)
```

▼物理体を作成

```
SKPhysicsBody(rectangleOf: 《CGSize》)
SKPhysicsBody(circleOfRadius: 《CGCloat》)
```

SKPhysicsBodyは、物理的な性質を持つ部品(Physical Body、ここでは「物理体」とします)を提供するクラスです。このSKPhysicsBodyのインスタンスを作成し、シーンやスプライトなどのノードに組み込むと、それは物理的な影響下で動くようになります。

SKPhysicsBodyは、大きく2通りのものを利用します。1つはエッジベースの物理体で、指定した領域に物理的な力が働くようにするものです。主にシーンに組み込んで使います。

もう1つは一般的な物理体で、スプライトなどのノードに組み込みます。作成する際に、引数で形状を指定します。rectangleOf:は指定した大きさの四角形として物理体を作成し、circleOfRadius:は指定した半径の円として物理体を作成します。この物理体の形状はノードどうしが衝突する際などに、そのノードの物理的な形状として利用されます。したがって、表示するスプライトに近い形状の物理体を作成し設定するとよいでしょう。

physicsBodyについて

作成されたSKPhysicsBodyインスタンスは、シーンやノードにある「physicsBody」プロパティに設定します。

physicsBodyプロパティは、シーンやノードの物理体を設定するものです。デフォルトではnilになっており、何ら物理的影響を受けません。これにSKPhysicsBodyインスタンスを設定することで、物理的な影響を受けるようになります。

スプライトが積み上がる

物理エンジンを使った例を見てみましょう。GameSceneクラスのコードを以下のように書き換えてください。

▼リスト7-15

```
class GameScene: SKScene {
  let colors: [UIColor] = [.red, .blue, .green, .yellow, .orange,
```

```
      .cyan, .brown, .purple, .gray]
  let wh = CGSize(width: 50, height: 50)

  override func didMove(to view: SKView) {
    physicsBody = SKPhysicsBody(edgeLoopFrom: frame)
  }

  override func touchesBegan(_ touches: Set<UITouch>,
      with event: UIEvent?) {
    let touch = touches.first
    if touch == nil { return }
    let loc = touch!.location(in: self)
    let box = SKSpriteNode(color: colors.randomElement()!, size: wh)
    box.position = loc
    box.physicsBody = SKPhysicsBody(rectangleOf: wh)
    addChild(box)
    if children.count >= 20 { // max 20 pieces.
      children.first?.removeFromParent()
    }
  }
}
```

シーン上をタップすると、その場所に四角いボックスが作られます。作ったボックスはすぐに下に落下し、シーンの下辺にぶつかって止まります。何度もタップしていけば、どんどんボックスが重なり積み上がっていきます。ここでは最大20個まで作れるようにしました。それ以上はタップして新しいボックスを作ると、一番古いものから順に消えていきます。

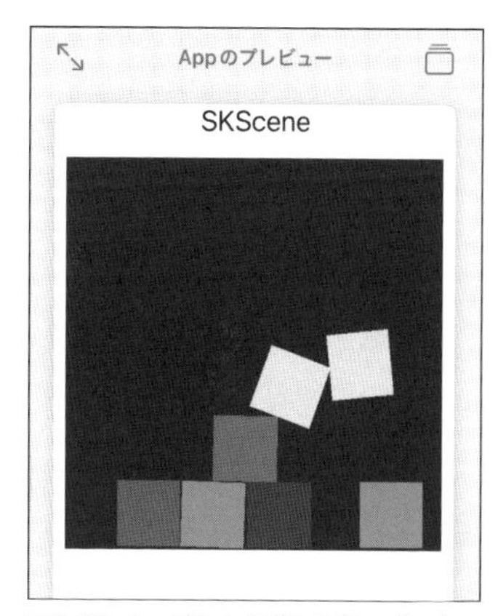

図7-20：タップした場所に四角いボックスが作られ下に落下する。

どんどんタップしてボックスを積み上げていくと、1つ1つのボックスがすべて物理法則に従って動いていることがよくわかります。ボックスが上に積み上がったり、ぶつかってかたむいたり、滑って落ちたり、実際に物がそこにあるかのように動いていきます。

物理体の作成と組み込み

ここではシーンとスプライトの両方に物理体を追加しています。まず、シーンから見てみましょう。シーンはシーンが開始した際に、以下のようにして物理体を組み込んでいます。

```
override func didMove(to view: SKView) {
  physicsBody = SKPhysicsBody(edgeLoopFrom: frame)
}
```

「didMove」は、シーンがビューに割り当てられ表示されるタイミングで呼び出されるメソッドです。似たようなものに、シーンの準備が完了したscreenDidLoadというメソッドもありましたが、didMoveはシーンが実際に動き始める直前に動作します。物理体の設定は、screenDidLoadでは動作しません。didMoveで準備し設定する必要があります。

ここでは、(edgeLoopFrom: frame)というように引数を指定していますね。frameは、シーンの領域を示すプロパティです。これを引数に指定することで、シーンの領域内にのみ物理的な性質が適用されるようになります。これにより、シーンの境界内でのみ物理特性が機能するようになります。したがって、例えばスプライトを作って落下した場合、シーンの下の境界で停止し、それより下には落ちません。

続いて、スプライト側です。スプライトはtouchesBeganメソッドを使い、画面をタップしたときにその場所に作成するようにしています。touchesBeganからタップした位置を取り出す方法はすでに説明しましたね。ここでは以下のようにしてスプライトを作成しています。

```
let box = SKSpriteNode(color: colors.randomElement()!, size: wh)
```

sizeのwhというのは、縦横50の大きさを示すCGSize値です。また「randomElement」というのは、配列の中からランダムに1つを取り出すメソッドです。これで、ランダムに選んだ色で50×50のスプライトが作成されます。後は、これに物理体を設定するだけです。

```
box.physicsBody = SKPhysicsBody(rectangleOf: wh)
```

rectangleOf:引数に、スプライトのsize: の指定に使ったwhを指定しています。これで、表示されるスプライトと同じ大きさで四角い物理体が作成され、physicsBodyに割り当てられます。

物理体さえ用意できれば、後はこれまでのスプライト利用とまったく同じ処理をするだけです。作成したスプライトの位置を調整し、addChildで組み込めばそれが表示されます。

衝突判定について

ゲームなどでは、スプライトどうしが接触することでさまざまな動きを実現します。例えば敵機とミサイルが接触したら敵機が破壊されるとか、アイテムと接触することでそのアイテムがゲットされる、というような具合ですね。こうした処理を作るためには、「どのスプライトとどのスプライトが触れたか(衝突したか)」をチェックできなければいけません。それにはどうすればいいのでしょうか?

これは、物理体どうしの衝突に関するイベント処理を行う「SKPhysicsContactDelegate」というプロトコルを使います。このプロトコルを採用したシーンクラスを作成し、そこにSKPhysicsContactDelegateに用意されている衝突イベントのメソッドを用意しておくのです。

このプロトコルには以下の2つのメソッドが用意されています。

▼ノードが接触した

```
func didBegin(_ contact: SKPhysicsContact) {
```

▼接触していたノードが離れた

```
func didEnd(_ contact: SKPhysicsContact)
```

これらには引数として、「SKPhysicsContact」というクラスのインスタンスが渡されます。これは、ぶつかった双方のノードを管理するものです。この中には「nodeA」「nodeB」という2つのプロパティがあり、これらにぶつかった双方のノードのSKPhysicsBodyインスタンスが保管されています。

SKPhysicsBodyが組み込まれているノードは、「node」プロパティで得ることができます。したがって、didBegin, didEndでcontact.nodeA.node, contact.nodeB.nodeの値を取り出せば、ぶつかったノードを得ることができます。

ぶつかったら消えるスプライト

では、衝突判定を使った例を作成してみましょう。ここではまず、スプライト自身に機能を持たせてみます。ぶつかった回数を記憶しておき、一定回数以上になったら消えるような機能を持ったスプライトを定義しましょう。

コードエディタで適当なところ(GameSceneの手前あたり)に以下のコードを追記してください。

▼リスト7-16

```
class PhysicsNode : SKSpriteNode {
  public var count = 0.0
  let max = 10.0

  public func collide() {
    count += 1.0
    alpha = 1.0 - (count / max)
    if count >= max {
      removeFromParent()
    }
  }
}
```

ここでは衝突回数を保管するcountと最大数を指定するmaxという2つのプロパティ、衝突処理を行うcollideメソッドを用意してあります。

collideではcountの値を1増やし、値がmax以上になったらremoveFromParentを呼び出してシーンから消えるようにしています。

また、どのぐらいぶつかったかがわかるように、ぶつかるごとにスプライトの色が薄くなっていくようにしています。これはNKNodeの「alpha」というプロパティを操作しています。

alphaによる透過度の設定

alphaはノードの透過度を示すプロパティで、0.0～1.0の実数で指定されます。0.0だと完全に透明になり、1.0だと完全に不透明になります。

```
alpha = 1.0 - (count / max)
```

ここでは、このようにしてcountが増えるごとにalphaの値が少しずつ減っていきます。結果、ぶつかるごとにスプライトが透けていき、maxになると完全に透明になってシーンから取り除かれるようになります。

PhysicsNodeを利用しよう

では、作成したPhysicsNodeを利用してみましょう。GameSceneクラスを以下のように修正してください。

▼リスト7-17

```
class GameScene: SKScene, SKPhysicsContactDelegate {
  let colors: [UIColor] = [.red, .blue, .green, .yellow, .orange,
    .cyan, .brown, .purple, .gray]
  let wh = CGSize(width: 50, height: 50)
  var num = 0
  let category = [0b0001, 0b0010, 0b0011]

  override func didMove(to view: SKView) {
    physicsBody = SKPhysicsBody(edgeLoopFrom: frame)
    physicsBody?.categoryBitMask = 0b0001
    physicsBody?.collisionBitMask = 0b0001
    physicsBody?.contactTestBitMask = 0b0001
    physicsWorld.contactDelegate = self
    self.backgroundColor = .darkGray
  }

  override func touchesBegan(_ touches: Set<UITouch>,
      with event: UIEvent?) {
    let touch = touches.first
    if touch == nil { return }
    let loc = touch!.location(in: self)
    let box = PhysicsNode(color: colors.randomElement()!, size: wh)
    num += 1
    box.name = "No, \(num)"
    box.position = loc
    box.physicsBody = SKPhysicsBody(rectangleOf: wh)
    box.physicsBody?.categoryBitMask = 0b0010
    box.physicsBody?.collisionBitMask = 0b0011
    box.physicsBody?.contactTestBitMask = 0b0010
    addChild(box)
  }

  func didBegin(_ contact: SKPhysicsContact) {
    if contact.bodyA.contactTestBitMask != 0b0010 ||
      contact.bodyB.contactTestBitMask != 0b0010 {
      return
    }
    let objA = contact.bodyA.node as? PhysicsNode
    let objB = contact.bodyB.node as? PhysicsNode
    objA?.collide()
    objB?.collide()
  }

  func didEnd(_ contact: SKPhysicsContact) {
    print(" \(contact.bodyA.categoryBitMask)-\(contact.bodyB.collisionBitMask).")
  }
}
```

作成できたら、先ほどと同じように画面をタップしてスプライトを追加していきましょう。今回は、スプライトどうしが何度かぶつかると消えるようになっています。あちこちのスプライトどうしをぶつけて消していきましょう。

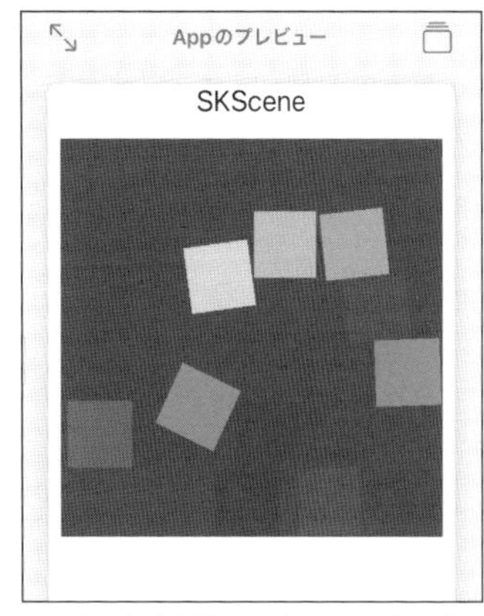

図7-21：何度か他のスプライトにぶつかると勝手に消える。

衝突判定利用のための設定

今回の処理は、先に作った「タップするとスプライトが追加される」というサンプルを修正したものです。まず、didMoveでの初期設定を見てみましょう。SKPhysicsBodyを作成して設定するのは同じですが、その後にさらに処理が追加されています。

▼物理体を作成し設定する

```
physicsBody = SKPhysicsBody(edgeLoopFrom: frame)
```

▼カテゴリの設定

```
physicsBody?.categoryBitMask = 0b0001
```

▼衝突するカテゴリの設定

```
physicsBody?.collisionBitMask = 0b0001
```

▼衝突時の信号の設定

```
physicsBody?.contactTestBitMask = 0b0001
```

▼衝突イベントの設定

```
physicsWorld.contactDelegate = self
```

非常にわかりにくい設定がいくつも増えました。中でもわかりにくいのが、「○○BitMask」というプロパティでしょう。これらは以下のような役割を果たします。

categoryBitMask	カテゴリを示す値。
collisionBitMask	衝突する相手を示す値。categoryBitMaskが、この値と同じだと衝突する。
contactTestBitMask	衝突した際に信号として送る値。

多数のスプライトを作成する場合、それぞれのスプライトごとにcategoryBitMaskでカテゴリを指定します。このカテゴリにより、ぶつかったときの相手が衝突できる相手かどうかが決まります。

ノードどうしがぶつかると、ぶつかった相手のcontactTestBitMaskが、自身に設定されているcollisionBitMaskと同じかどうかをチェックします。そして同じ値だった場合は、衝突したと判断されます。

ここでは、シーンに組み込まれた物理体のビットマスクを以下のように設定しています。

- カテゴリ：0b0001
- 衝突相手：0b0001
- 衝突信号：0b0001

すべて0b0001にしていますね。これで、シーンの物理体は0b0001のカテゴリの相手としか衝突しないように設定されました。

この0b0001という値は2進数の値です。Swiftでは「0b ～」というように頭に0bを付けると、その数値は2進数と判断されます。0b0001は2進数で0001（つまり、1）を示す値になります。

スプライトの衝突設定

シーンをタップしたときのtouchesBeganメソッドでは、スプライトを作成して、やはり物理体の設定をしています。この部分を見てみましょう。

```
box.physicsBody = SKPhysicsBody(rectangleOf: wh)
box.physicsBody?.categoryBitMask = 0b0010
box.physicsBody?.collisionBitMask = 0b0011
box.physicsBody?.contactTestBitMask = 0b0010
```

同じようにビットマスクの値が設定されていますね。スプライトは次のように設定されています。

- カテゴリ：0b0010
- 衝突相手：0b0011
- 衝突信号：0b0010

カテゴリは0b0010になっています。シーンの物理体とは別の値ですね。衝突相手の設定は0b0011になっています。次ページのコラムで説明しますが、0b0001も0b0010も衝突相手として認識する値です。そして衝突した際の信号も0b0010にしてあります。

つまり、スプライトは「同じカテゴリ0b0010のスプライトと、カテゴリ0b0001のシーンのスプライトの両方と衝突できる」ようになっているわけですね。

衝突時の処理

衝突した際の処理を行うdidBeginを見てみましょう。まず衝突した2つのノードのcontactTestBitMaskの値をチェックしています。

```
if contact.bodyA.contactTestBitMask != 0b0010 ||
    contact.bodyB.contactTestBitMask != 0b0010 {
  return
}
```

わかりにくいですが、「bodyAの衝突信号が0b0010ではない」「bodyBの衝突信号が0b0010ではない」という2つの条件をチェックし、そのどちらか一方でも成立すればreturnで処理を抜けるようになっています。ここではスプライトの衝突信号はすべて0b0010ですから、それ以外の値（つまり、シーンの物理体）が含まれている場合は、何もしないで抜け出すようにしていたのですね。

続いて、どちらも信号が0b0010だった場合の処理を行います。まず、衝突した2つのノードをPhysicsNodeとして取り出します。

```
let objA = contact.bodyA.node as? PhysicsNode
let objB = contact.bodyB.node as? PhysicsNode
```

衝突信号が0b0010ならば、それはPhysicsNodeによるスプライトのはずですが、物理体のnodeの値がPhysicsNodeとして取り出せない可能性もあります。as?として、「PhysicsNodeとして取り出せない場合もあるよ」ということを知らせておきます。そして取り出したインスタンスからcollideメソッドを呼び出し、衝突時の処理を実行します。

```
objA?.collide()
 objB?.collide()
```

PhysicsNodeとして取り出せなかった場合も考え、objA?というように?を付けてあります。これでそれぞれのノードで衝突した処理が実行され、色の変化や削除が行われるようになります。

C O L U M N

ビットマスクは2進数の「1」でチェックする

ここではビットマスクというもので2進数が登場しました。スプライトの衝突相手には、0b0011という値が設定されています。これは、0b0001とも0b0010とも衝突できる値だ、と言いましたね。この3つの数字を、それぞれの桁をよく見ながら比べてみてください。

0b0011……スプライトの衝突相手
0b0001……シーンのカテゴリ
0b0010……スプライトのカテゴリ

カテゴリの「1」の桁と、衝突相手の同じ桁が「1」ならば衝突する、ということがわかるでしょうか。スプライトでは、衝突相手に0b0011と指定がされています。最後の2桁がどちらも1ですね。このため、「最後の1桁目が1」「最後から2桁目が1」のどちらも衝突相手として認識できたのです。

Chapter 7

7.4. その他のノードの利用

シェイプノードについて

ここまで、シーンに配置するノードは基本的にすべてスプライトノードを使ってきましたが、他にもノードはいろいろと用意されています。

中でも比較的利用頻度が高いのが、「シェイプノード」でしょう。これはSwiftUIのシェイプのように、四角形や円の形をしたノードです。「SKShapeNode」というクラスとして用意されています。インスタンスの作成は以下のように行います。

▼四角形のシェイプノードを作成

```
SKShapeNode(rect:《CGRect》)
SKShapeNode(rectOf:《CGSize》)
```

▼角の丸い四角形のシェイプノードを作成

```
SKShapeNode(rect:《CGRect》, rect: cornerRadius:《CGFloat》)
SKShapeNode(rectOf:《CGSize》, rect: cornerRadius:《CGFloat》)
```

▼真円のシェイプノードを作成

```
SKShapeNode(circleOfRadius:《CGFloat》)
```

▼楕円のシェイプノードを作成

```
SKShapeNode(ellipseOf:《CGSize》)
SKShapeNode(ellipseIn:《CGRect》)
```

▼パスを元にシェイプノードを作成

```
SKShapeNode(《CGPath》)
```

四角形や円などの基本的な図形は、引数を指定することで作成できます。それ以外のものはCGPathというクラスを使い、パスとして作成します。パスは、先にCanvasを使ったグラフィック描画のところで登場しましたね(P.248「Canvasの基本コード」参照)。あれと同じようなものがCore Graphicsにも用意されていると考えてください。

とりあえず、ここでは四角形や円といった基本図形のシェイプノードの使い方について理解しておきましょう。基本の使い方がわかれば、もっと複雑なものもすぐに使えるようになりますから。

シェイプノードを使おう

では、シェイプノードを利用してみることにしましょう。先ほど作成したサンプルを修正して、スプライトではなくシェイプノードを作成するようにしてみます。

SampleSceneクラスに記述してある「touchesBegan」メソッドを以下のように書き換えてください。

▼リスト7-18

```
func touchesBegan(_ touches: Set<UITouch>,
    with event: UIEvent?) {
  let touch = touches.first
  if touch == nil { return }
  let loc = touch!.location(in: self)
  let box: SKShapeNode
  switch (1...3).randomElement() {
  case 1:
    box = SKShapeNode(rect: CGRect(x: -25, y: -25, width: 50, height: 50))
    box.physicsBody = SKPhysicsBody(rectangleOf: CGSize(width: 50, height: 50))
    box.physicsBody?.categoryBitMask = 0b0010
    box.physicsBody?.collisionBitMask = 0b0111
    box.physicsBody?.contactTestBitMask = 0b0010
  case 2:
    box = SKShapeNode(rect: CGRect(x: -12.5, y: -37.5, width: 25, height: 75))
    box.physicsBody = SKPhysicsBody(rectangleOf: CGSize(width: 25, height: 75))
    box.physicsBody?.categoryBitMask = 0b0100
    box.physicsBody?.collisionBitMask = 0b0111
    box.physicsBody?.contactTestBitMask = 0b0100
  default:
    box = SKShapeNode(circleOfRadius: 25.0)
    box.physicsBody = SKPhysicsBody(circleOfRadius: 25.0)
    box.physicsBody?.categoryBitMask = 0b1000
    box.physicsBody?.collisionBitMask = 0b1001
    box.physicsBody?.contactTestBitMask = 0b1000
  }
  box.fillColor = colors.randomElement()!
  num += 1
  box.name = "No, \(num)"
  box.position = loc
  addChild(box)
}
```

先ほどと同様にシーン状をタップすると、そこにランダムにシェイプノードが作られます。今回は正方形、長方形、真円のいずれかがランダムに作成されるようにしました。四角形は四角形どうし、円は円同士衝突し合い、四角形と円は接触しないようにしてあります。同じ画面の中で四角形と円が別々に積み重なっていくのがわかるでしょう。

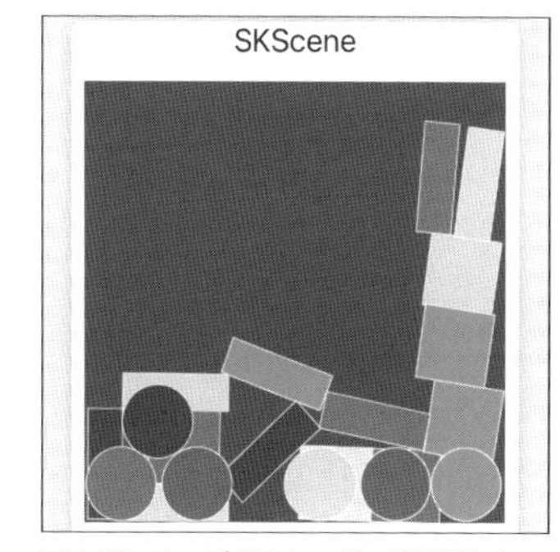

図7-22：タップすると、円、正方形といった図形のノードがランダムに作成される。

ここでは、switch (1...3).randomElement()というようにして1 ~ 3の中からランダムに値を選び、それを使ってcaseにある処理を実行するようにしています。1ならば正方形、2なら長方形、それ以外(3)では円が作られるようになっています。

このswitchでシェイプノードが作られている処理を見てみましょう。

```
case 1:
box = SKShapeNode(rect: CGRect(x: -25, y: -25, width: 50, height: 50))

case 2:
box = SKShapeNode(rect: CGRect(x: -12.5, y: -37.5, width: 25, height: 75))

default:
box = SKShapeNode(circleOfRadius: 25.0)
```

四角形は、rectでCGRectを指定して作成します。よく見ると、xとyの値がマイナスになっています。これはゼロ地点が図形の中心となるようにしているのですね。

各シェイプノードのビットマスク

switchではそれぞれのシェイプノードを作成後、ビットマスクの設定をしています。これがどうなっているのか見てみましょう。

▼正方形

```
box.physicsBody?.categoryBitMask = 0b0010
box.physicsBody?.collisionBitMask = 0b0111
box.physicsBody?.contactTestBitMask = 0b0010
```

▼長方形

```
box.physicsBody?.categoryBitMask = 0b0100
box.physicsBody?.collisionBitMask = 0b0111
box.physicsBody?.contactTestBitMask = 0b0100
```

▼真円

```
box.physicsBody?.categoryBitMask = 0b1000
box.physicsBody?.collisionBitMask = 0b1001
box.physicsBody?.contactTestBitMask = 0b1000
```

注目するのはcollisionBitMaskの値です。正方形と長方形は0b0111としてあり、これで長方形、正方形、シーンの物理体すべてに接触できることがわかります。

これに対し、円では0b1001と値が設定されており、円とシーンの物理体のみ接触できるようになっています。つまり「四角形は四角形どうし、円は円どうし」が接触でき、「円と四角形」はお互い接触しないようにしてあったのですね。

このようにノードの種類が増えてくると、ビットマスクを使って「どれとどれが接触できるようにすべきか」を細かく設定する必要が生じます。

本格的に物理エンジンを利用したいなら、ビットマスクの使いこなしについて少しでも早く慣れるようにしましょう。

テキストを表示するSKLabelNode

この他、ゲームを作成するようなときに必要となるのが「テキストの表示」でしょう。これもSKNodeのサブクラスとして用意されています。「SKLabelNode」というもので、次のようにインスタンスを作成します。

▼SKLabelNodeの作成

```
SKLabelNode(text: 表示テキスト )
SKLabelNode(fontNamed: フォント名 )
```

作成されたSKLabelNodeには、表示テキストに関するプロパティがいろいろと用意されています。インスタンス作成後、これらのプロパティを設定して表示するテキストを調整します。

text	表示するテキスト。
fontSize	フォントサイズ。CGFloatで指定。
fontColor	テキスト色。UIColorで指定。
fontName	フォント名。テキストで指定。
horizontalAlignmentMode	テキストの横位置。SKLabelHorizontalAlignmentMode列挙体で指定。
verticalAlignmentMode	テキストの縦位置。SKLabelVerticalAlignmentMod列挙体で指定。

あらかじめSKLabelNodeをシーンのプロパティなどに保管しておけば、必要に応じていつでもテキストを変更することができます。ゲームのスコアやパラメータ表示などに利用できますね！

作成されたノードを表示

では、実際の利用例を挙げておきましょう。GameSceneクラスを修正して利用します。クラスのコードを以下のように書き換えてください。

▼リスト7-19

```
class GameScene: SKScene, SKPhysicsContactDelegate {
  let colors: [UIColor] = [.red, .blue, .green, .yellow, .orange,
    .cyan, .brown, .purple, .gray]
  let wh = CGSize(width: 50, height: 50)
  var num = 0
  let max = 0
  let category = [0b0001, 0b0010, 0b0011]
  var msg: SKLabelNode?

  override func didMove(to view: SKView) {
    physicsBody = SKPhysicsBody(edgeLoopFrom: frame)
    physicsBody?.categoryBitMask = 0b0001
    physicsBody?.collisionBitMask = 0b0001
    physicsBody?.contactTestBitMask = 0b0001
    physicsWorld.contactDelegate = self
    msg = SKLabelNode(text: "Start!")
    msg!.fontSize = 20
    msg!.fontColor = .white
    msg!.fontName = "Thonburi-Bold"
    msg!.position = CGPoint(x: 10, y: frame.height - 35)
    msg!.horizontalAlignmentMode = .left
    addChild(msg!)
    self.backgroundColor = .darkGray
```

```
    }

    override func touchesBegan(_ touches: Set<UITouch>,
        with event: UIEvent?) {
      let touch = touches.first
      if touch == nil { return }
      let loc = touch!.location(in: self)
      let box = SKShapeNode(circleOfRadius: 25.0)
      box.physicsBody = SKPhysicsBody(circleOfRadius: 25.0)
      box.physicsBody?.categoryBitMask = 0b1000
      box.physicsBody?.collisionBitMask = 0b1001
      box.physicsBody?.contactTestBitMask = 0b1000
      box.fillColor = colors.randomElement()!
      num += 1
      box.name = "No, \(num)"
      box.position = loc
      box.userData = NSMutableDictionary()
      box.userData?.setValue(0, forKey: "count")
      addChild(box)
      msg?.text = "Add No, \(num)!"
    }

    func didBegin(_ contact: SKPhysicsContact) {
      if contact.bodyA.contactTestBitMask != 0b1000 ||
        contact.bodyB.contactTestBitMask != 0b1000 {
        return
      }
      let valA = contact.bodyA.node?.userData?.value(forKey: "count") as! Int
      let valB = contact.bodyB.node?.userData?.value(forKey: "count") as! Int
      if valA >= max {
        contact.bodyA.node?.removeFromParent()
      }
      if valB >= max {
        contact.bodyB.node?.removeFromParent()
      }
      contact.bodyA.node?.userData?.setValue(valA + 1, forKey: "count")
      contact.bodyB.node?.userData?.setValue(valB + 1, forKey: "count")
    }

    func didEnd(_ contact: SKPhysicsContact) {
    }
  }
```

今回はシェイプノードで円を作成するサンプルにしてあります。シーン内をタップすると、真円のシェイプノードが作られます。同時に、上部に「Add No, ○○!」というように作成されたノードの番号が表示されます。

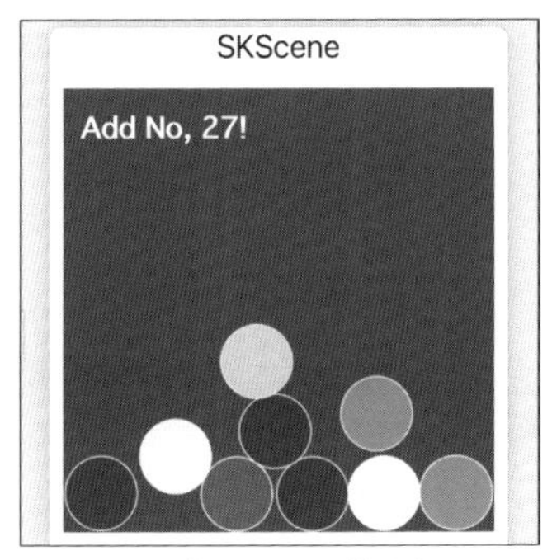

図7-23：タップしてノードが作られるとメッセージが更新される。

ここではmsgというプロパティを用意し、これにSKLabelNodeを保管します。didMoveでmsgの初期化処理を行っています。

```
msg = SKLabelNode(text: "Start!")
msg!.fontSize = 20
msg!.fontColor = .white
msg!.fontName = "Thonburi-Bold"
msg!.position = CGPoint(x: 10, y: frame.height - 35)
msg!.horizontalAlignmentMode = .left
addChild(msg!)
```

初めて使うノードですが、各プロパティの役割がわかっていれば、そう難しいものではありませんね。インスタンスを作り、細かな設定を行ってaddChildすれば、画面にテキストが表示されるようになります。

後は、touchesBeganでSKShapeNodeを作成した際のテキストの更新でしょう。物理体の設定などを行った後､msg?.text = "Add No. \(num)!"というようにしてmsgのtextを変更しています。これだけで、いつでも表示されるテキストが変更できます。便利ですね！

userDataによるデータ管理

今回のサンプルでは、実はこの他にも新しい機能を使っています。それは、ノードにデータを保管する「userData」プロパティです。userDataプロパティは、ノードごとに独自のデータを保管するのに使うものです。NSMutableDictionaryというクラスのインスタンスを設定し、そこに必要な値を保管することができます。

このサンプルではtouchesBeganで新しいノードを作成した際、userDataの初期化を行っています。

```
box.userData = NSMutableDictionary()
box.userData?.setValue(0, forKey: "count")
```

NSMutableDictionaryインスタンスをuserDataに設定し、「count」という値を保管しています。このNSMutableDictionaryというクラスはSwiftの「辞書（Dictionary）」に相当するもので、それぞれの値に「キー」と呼ばれる名前を設定して値を保管します。保管される値は、クラスにある「value」「setValue」といったメソッドを使ってやり取りできます。

▼値を設定する

```
setValue(値, forKey: キーの名前 )
```

▼値を取得する

```
value(forKey: キーの名前 )
```

接触回数を操作する

サンプルでは、didBeginでノードどうしが接触した際、userDataに保管されている「count」を使って接触回数による処理をしています。まず、接触した2つのノードからそれぞれcount値を変数に取り出しています。

```
let valA = contact.bodyA.node?.userData?.value(forKey: "count") as! Int
let valB = contact.bodyB.node?.userData?.value(forKey: "count") as! Int
```

なんだか長くてわかりにくいですが、よく見ればわかります。contact.bodyA.node?というのは、接触したノードを取り出している部分ですね。取り出せない場合もあるので、node?と?を付けています。

そして、そこからuserData?プロパティを指定します。userDataも得られない場合があるので、?を付けます。そして、value(forKey: "count")でcountの値を取り出します。

この値はAny型といってどんな値でも扱えるような型になっているので、as! Intと付けて強制的にInt型として取り出します。

よくわからない人は、とりあえず?や!の記号を無視して、オブジェクトやプロパティの名前、valueメソッドの呼び出しにのみ注目して理解しましょう。

さて、両者のcount値が得られたら、それがmaxを超えているかチェックします。そしてmax以上だったら、ノードをシーンから取り除きます。

```
if valA >= max {
  contact.bodyA.node?.removeFromParent()
}
if valB >= max {
  contact.bodyB.node?.removeFromParent()
}
```

contact.bodyA.node?というようにして接触したノードを取り出し、そのremoveFromParentメソッドを呼び出してシーンから取り除きます。このあたりはすでにやったものですからわかりますね。

```
contact.bodyA.node?.userData?.setValue(valA + 1, forKey: "count")
contact.bodyB.node?.userData?.setValue(valB + 1, forKey: "count")
```

最後に、各ノードのcount値を1増やします。これはsetValue(valA + 1, forKey: "count")というようにして、取り出した値に1を足したものをcountに設定します。これで、ぶつかった双方の値が増えました。

衝突判定を利用してノードを操作するのは、こんな具合に行います。またuserDataを利用すれば、いちいち「ノードを継承したクラスを定義してプロパティを用意して……」なんてやらなくとも、それぞれのノードの中に必要な情報を保管し処理することができます。

Chapter 7

7.5. ミニゲームを作ろう

自由落下型テトリスもどき

ここまでの知識を活用して、簡単なゲームを作成してみましょう。ここで作るのは、「自由落下型テトリスもどき」です。

皆さん、テトリスは知っていますよね？　上からブロックが落ちてくるのをうまくはめ込んでいき、一列揃ったら消える、というアレです。今回作るサンプルは、普通の四角形が落ちてくるだけのものです。

操作は簡単で、画面の右側をタップすれば落下ブロックが右に動き、左側をタップすれば左に動きます。そしてうまくブロックを並べていき、「落下したブロックの列がだいたい埋まったら」その列のブロックが消えます。

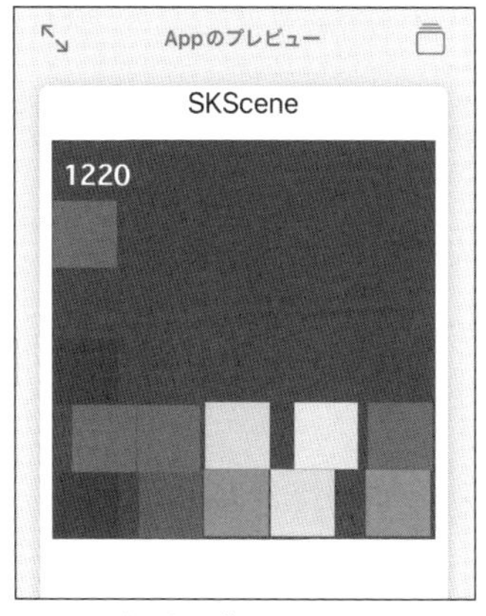

図7-24：落下するブロックを左右に動かし、並べていく。

ただし、テトリスと違い、今回のゲームは自由にブロックが動きます。ですから間に微妙な隙間ができたり、斜めになったまま重なったりすることもあります。また、時間の経過とともに重力が少しずつ強くなり、ブロックが落下する間隔も短くなっていきます。

そして、一番上までブロックが積み上がってしまったらゲームオーバーです。ゲームオーバー後、再度画面をタップすれば再びプレイを開始します。

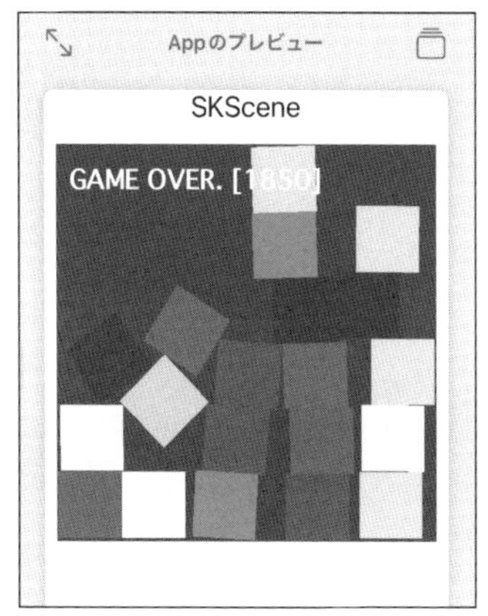

図7-25：上まで積み上がったらゲームオーバーだ。

ゲームのソースコード

では、ゲームを作成しましょう。今回のゲームはGameSceneクラスのソースコードだけでできています。特にイメージを用意して使用したりもしていないので、作るのは非常に簡単です。

ただし、すべてコードで処理していますから、今まで以上にソースコードは長くなっています。がんばって記述しましょう。GameSceneクラスのコードを以下のリストのように変更します。なお、先に作成したPhysicsNodeを利用しているので、このクラスを消さないように注意してください。

▼リスト7-20

```
class GameScene: SKScene, SKPhysicsContactDelegate {
  let colors: [UIColor] = [.red, .blue, .green, .yellow, .orange,
              .cyan, .brown, .purple, .gray]
  let wh = CGSize(width: 50, height: 50)
  var msg: SKLabelNode?
  var gameLayer: SKNode?
  var labelLayer: SKNode?
  var lastTime: TimeInterval = 0
  var timeInterval = 10.0
  var flag = false
  var scW: CGFloat = 300
  var scH: CGFloat = 300
  var currentNode: SKNode? = nil
  var score = 0
  var count = 0

  // ゲームの初期化
  func setup() {
    scW = frame.width
    scH = frame.height
    physicsBody = SKPhysicsBody(edgeLoopFrom: frame)
    physicsBody!.categoryBitMask = 0b0001
    physicsBody!.collisionBitMask = 0b0001
    physicsBody!.contactTestBitMask = 0b0001
    physicsWorld.contactDelegate = self
    gameLayer = SKNode()
    addChild(gameLayer!)
    labelLayer = SKNode()
    addChild(labelLayer!)
    msg = SKLabelNode(text: "Start!")
    msg!.fontSize = 20
    msg!.fontColor = .white
    msg!.fontName = "Thonburi-Bold"
    msg!.position = CGPoint(x: 10, y: scH - 35)
    msg!.horizontalAlignmentMode = .left
    labelLayer!.addChild(msg!)
    self.backgroundColor = .darkGray
  }

  // ゲーム開始
  func start() {
    score = 0
    count = 0
```

```
  timeInterval = 10
  physicsWorld.gravity = CGVector(dx: 0, dy: -0.1)
  currentNode = nil
  lastTime = 0
  gameLayer?.removeAllChildren()
  flag = true
}

// ノード作成
func makeNode() {
  if currentNode != nil && currentNode!.position.y > scH - 50 {
    flag = false
    msg?.text = "GAME OVER. [\(score)]"
    return
  }
  let box = PhysicsNode(color: colors.randomElement()!, size: wh)
  box.position = CGPoint(x: CGFloat.random(in: 50...scW) - 25, y: scH - 25)
  box.physicsBody = SKPhysicsBody(rectangleOf: wh)
  box.physicsBody!.categoryBitMask = 0b1000
  box.physicsBody!.collisionBitMask = 0b1001
  box.physicsBody!.contactTestBitMask = 0b1000
  gameLayer!.addChild(box)
  currentNode = box
  count += 1
  score += 10
  msg?.text = String(score)
  if count >= 10  {
    count = 0
    physicsWorld.gravity.dy -= 0.1
    timeInterval -= 1.0
    if timeInterval < 1.0 { timeInterval = 1.0 }
  }
}

// ノード消去のチェック
func check() {
  if currentNode == nil { return }
  let y = currentNode!.position.y
  let area = CGRect(x: 0, y: y - 25, width: scW, height: 50)
  var list: [SKNode] = []
  for item in gameLayer!.children {
    if area.contains(item.position) {
      list.append(item)
    }
  }
  if list.count >= Int(scW / 50) - 1 {
    score += list.count * 100
    msg?.text = String(score)
    for item in list {
      item.removeFromParent()
    }
  }
}

// シーンの開始
```

```
    override func didMove(to view: SKView) {
     setup()
   }

   // フレーム更新
   override func update(_ currentTime: TimeInterval) {
     if !flag { return }
     if lastTime + timeInterval < currentTime {
       lastTime = currentTime
       makeNode()
     }
     check()
   }

   // 画面タップ
   override func touchesBegan(_ touches: Set<UITouch>,
       with event: UIEvent?) {
     if !flag {
       flag = true
       start()
       return
     }
     let touch = touches.first
     if touch == nil { return }
     let loc = touch!.location(in: self)
     if loc.x > frame.width / 2 {
       currentNode?.position.x += 5
     } else {
       currentNode?.position.x -= 5
     }
   }
 }
```

ゲームの考え方

コードを見ればわかるように、今回は今まで書いた中で最長のコードになっています。そのまま理解していくのはかなり大変なので、まずは全体の流れを頭に入れておきましょう。

「ゲームを作る」と一口に言っても、いったい何をどう作ればいいのかわからない人も多いでしょう。そこでゲームを作るにあたって、どのようなことを考えなければならないかを整理してみます。

1 ゲームの初期化。シーンの設定、画面に用意するさまざまな部品（ノード）などの作成と組み込みなどを考える。
2 ゲームに必要な情報の整理。そのゲームにはどんなデータを用意しておく必要があるかを整理する。
3 ゲーム開始の処理。ゲームのスタートはどのようにするのか考える。どういう値を初期化し、どういう形でプレイの開始と停止を判断するか、など。
4 ゲームの進め方。大きく分けると、「プレイヤーの操作」「ゲームに出てくるキャラクタの処理」「スコアやパラメーターなどの処理」というように、ゲームを構成する要素についてどういう処理が必要か考える。
5 ゲーム終了の処理。どのようになったらゲーム終了か、それはいつどういうタイミングでチェックすればいいか。またゲーム終了のためにはどういう処理が必要か考える。

今回のゲームを整理する

ざっと、こうした点について考えを整理しておく必要があるでしょう。では、今回のゲームはどうなっているのか、簡単にまとめてみましょう。

1. ゲームの初期化

シーンの物理エンジンの初期化と、スコアを表示するSKLabelNodeの準備をします。それからSKNodeを2つ作成し、これをシーンに組み込みます。この2つは、1つがゲームのノードを組み込むもので、もう1つがスコアのテキストを表示するためのものです。

2. ゲームに必要な情報

ゲームは、一定時間ごとにノードが作られます。このために最後にノードを追加したときの時間と、どれだけ経過したら次のノードを作るかという間隔の値が必要です。また、画面タップでは現在落下中のノードを操作します。したがって、現在のノードを保管しておく変数も必要でしょう。この他、画面サイズの値、スコアの表示、ゲーム中を示す変数などといったものを用意しておく必要があります。

3. ゲームの開始

ゲームは、ゲーム中を示す変数を使って開始します。updateメソッドなどシーンで動作するメソッドで、ゲーム中を示す変数の値をチェックして処理を実行するようにすれば、変数を操作するだけでゲーム中かそうでないかを設定できます。ゲームを開始する際は、ゲームで使う変数類の初期化、そして現在シーンに組み込まれているゲームのノード関係のクリアなどの処理が必要になるでしょう。

4. ゲームの進め方

一定時間ごとにノードがランダムな位置から降ってきます。画面のタップにより、落下中のノードを左右に動かせるようにします。シーンのupdateでは常に落下中のノードの位置をチェックし、同じ位置にあるノードの数が一定数以上ならその列が埋まったと判断して、それらのノードをすべてシーンから消します。

5. ゲームの終了

ゲームの終了は、落下中のノードの位置が画面の最上部より下に落ちなくなったら、上まで積み上がったと判断します。終了は、ゲーム中を示す変数の値を変更するだけで行えるようにします。

ゲームの処理のポイント

ゲームのコードについて説明しましょう。といってもかなり長いので、1つ1つの処理を細かく説明することはしません。ポイントを絞って簡単に説明をするにとどめます。ゲームで使っている技術は、基本的にすでに説明したものばかりですから、すべて説明しなくともだいたいの流れは理解できるはずですよ。

ゲームで使う値の整理

ゲームでは位置や大きさに関する値が登場します。例えばこのゲームならば、同じ位置にいくつのノードが並んでいたらクリアするか、また落下するノードがどの高さから落下し、どこまで積み上がったらゲームオーバーとするか、などがあるでしょう。

これらの値は、決まった数値を使って処理してはいけません。シーンの縦横サイズを元に必要な値を算出するようにします。そうすることで、アプリを動かす画面の大きさがどのようになっていてもゲームとして正常にプレイできるようになります。

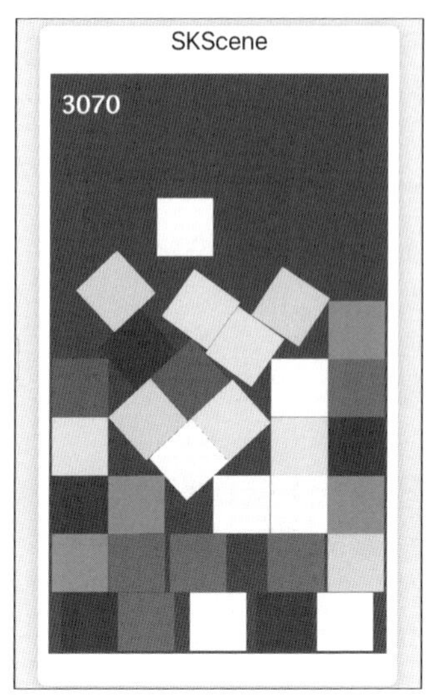

図7-26：シーンの大きさが違ってもゲームは問題なく動く。

レイヤーを分ける

今回のゲームでは、作成するノードはそのままシーンには組み込みません。シーンには2つのSKNodeを作成して追加しており、ゲームのノードはそのSKNodeに組み込むようにしています。「ゲームのノードと、スコアを表示するラベルをレイヤー分けするため」です。ノードというのは、常に「最初に組み込んだものが下に、新しいものが上に」という形で重なります。スコア表示は最初に用意するので、ゲーム中に作成されるノードはその上に重なってしまいます。これではスコアが見づらくなります。スコア表示は、すべてのゲームのノードよりも手前に表示されなければいけません。そこで、SKNodeを利用したレイヤー分けを行うのです。

ゲーム開始時にゲーム用とスコア表示用の2つのSKNodeを作成してシーンに組み込みます。SKNodeはSKSpriteNodeやSKShapeNodeなどのスーパークラスとなるものです。シーン全体に配置される見えないノードで、この中にさらにノードを追加していくことで、ノードの重なり方を制御できるようになります。

そしてスコア表示は上のレイヤーに、ゲームで作成されるノードは下のレイヤーに追加していくのです。こうすることでスコアのノードは、常にゲームで使うノードより手前に表示されるようになります。

重力の操作

今回のサンプルでは、「重力の操作」を行っています。重力は、シーンの「physicsWorld」というプロパティを使って設定します。このプロパティには、シーンの物理的な世界の設定を管理するオブジェクト(SKPhysicsWorldクラス)が設定されています。

ゲームのシーンを初期化するsetupメソッドでは、最初に以下のような形で重力を設定しています。

```
physicsWorld.gravity = CGVector(dx: 0, dy: -0.1)
```

physicsWorldにある「gravity」というプロパティが重力の設定を行っているものです。これに「CGVector」というクラスのインスタンスを設定することで重力が指定されます。

CGVectorは、縦横の力の大きさ（ベクトル）を表すのに使うクラスです。引数のdx, dyに値を設定することで、そのパワーを物理体に与えることができます。ここではdx: 0, dy: -0.1と引数指定することで、下方向に小さな重力が働くようにしています。そして10個のノードが発生するごとに、重力を少しずつ強くしていきます。これは、以下のように行います。

```
physicsWorld.gravity.dy -= 0.1
```

gravity.dyは重力の縦方向の力です。この値を少しずつ減らすことで下方向の重力が少しずつ強くなります。またdxという横方向の値も用意されていることでわかるように、横に重力が働くような世界を作ることもできます。もちろん、上に落下するものも作れます。重力は設定次第で面白い世界が作れるのです。

Chapter 8

ハードウェアを利用しよう

iPhone/iPadにはさまざまなハードウェアが組み込まれています。
ここではカメラ、 GPS、コンパス、加速度／ジャイロセンサーといったものについて、
使い方を説明しましょう。

Chapter
8

8.1.

カメラを利用する

カメラを使うには?

ここまで説明してきた機能は、基本的にアプリの内部にある機能を使うものでした。けれどアプリによっては、アプリ外の機能を利用することもあります。「アプリ外」というとわかりにくいでしょうが、例えばスマートフォンのハードウェアのことです。

iPhoneやiPadにはさまざまな機能がハードウェアとして搭載されています。それらの機能をアプリ内から利用できたら、ずいぶんと面白いものが作れそうでしょう? ここではそうした「アプリ外にある機能」について、いくつかピックアップして使い方を説明していきましょう。

macOSの場合

このChapterでは主にハードウェアを利用した機能の説明を行います。ハードウェア関係については、iPhone/iPadのハードウェアを直接利用するため、macOS版では完全に動作確認することができません。このChapterだけは「iPad版専用」と考えてください。ただ、ここで覚えた「ハードウェア利用の知識」は、本格的にiOSを作るようになったときに必ず役に立つものです。ですから、「macOS版のSwift Playgroundsでは動かせないから読む意味ない」とは考えないでください。学んだ知識は、決して無駄になることはありませんから。

カメラとUIImagePickerController

まずは「カメラ」からです。アプリからカメラを利用する方法はいくつか考えられます。例えば、カメラからの映像を表示したりキャプチャーしたりできるビューがあれば、アプリに簡単に組み込めそうですね。

しかし、残念ながらSwiftUIには標準でそうしたビューは用意されていません。自分でカメラを利用するビューを作ることは可能ですが、かなり複雑なコードになります。ビギナーにとってはかなり荷が重い作業でしょう。

では、比較的簡単な処理でカメラを利用することはできないのか? 実は、方法はあります。iOSには「UIImagePickerController」と呼ばれるクラスが用意されています。これは、カメラを使った写真や動画の撮影、メディアライブラリからの画像データの取得といった操作を一元管理するものです。このUIImagePickerControllerの機能を利用することで、アプリ内からカメラを起動して撮影などを行わせることができます。

比較的簡単とはいえ、このUIImagePickerControllerを使いこなすにはそれなりの知識が必要になります。とりあえず、「全部、完璧に理解するのはちょっと難しい」ということを頭に入れた上で、簡単に説明をしておきましょう。

必要なクラスと構造体について

UIImagePickerControllerを利用するためには、必要となるクラスや構造体を作成しないといけません。作る必要があるのは、ざっと以下の2つです。

- UIImagePickerControllerの作成やイベント処理などを代理で行うクラス。NSObject、UINavigationControllerDelegate、UIImagePickerControllerDelegateといったものを継承・採用して作る。
- UIViewControllerによるUIを表示するビュー。UIViewControllerRepresentableというプロトコルを採用して作る。

この2つが作成できれば、後は作ったビューをSwiftUIに組み込んで使えるようになります。とはいえ、この2つを作るのもかなり大変です。

UIImagePickerController利用に必要な部品

では、この2つの部品(クラスと構造体)について、どのように作成するのか簡単にまとめておきましょう。「マイApp」プロジェクトを開いてコードを作成していきます。

なお、作成するクラス・構造体は、ContentViewのソースコードファイル内に記述してかまいません。

UIImagePickerControllerDelegateクラスの構造

まずは、UIImagePickerControllerDelegateを採用したクラスからです。基本的な形は以下のようになります。

▼UIImagePickerControllerDelegateクラスの書き方

```
class クラス : NSObject, UINavigationControllerDelegate,
    UIImagePickerControllerDelegate {

  func imagePickerController(_ picker: UIImagePickerController,
    didFinishPickingMediaWithInfo info: [UIImagePickerController.InfoKey : Any]) {
    ……イメージ作成の処理……
  }

  func imagePickerControllerDidCancel(_ picker: UIImagePickerController) {
    ……キャンセル時の処理……
  }
}
```

このクラスはNSObjectクラスとUINavigationControllerDelegate, UIImagePickerControllerDelegateの2つのプロトコルを必要とします。これらを実装し、クラス内にはimagePickerControllerとimagePickerControllerDidCancelという2つのメソッドを用意します。

imagePickerControllerは、UIImagePickerControllerから撮影して得られたイメージを受け取り処理するものです。imagePickerControllerDidCancelは、利用がキャンセルされたときの処理を用意します。

引数には見たことのない型がいくつも使われていますが、これらは今すぐ理解する必要はありませんよ。「よくわからないけど、この通りに書けばいいらしい」という程度に考えておきましょう。

UIViewControllerRepresentable構造体の構造

続いて、UIViewControllerRepresentableを採用した構造体です。これは以下のような形で定義をします。

▼UIViewControllerRepresentable構造体の書き方

```
struct 構造体 : UIViewControllerRepresentable {

  func updateUIViewController(_ uiViewController: UIImagePickerController,
      context: UIViewControllerRepresentableContext<PhotoView>) {
    ……アップデート時の処理……
  }

  func makeCoordinator() -> クラス {
    ……クラスからインスタンスを作成……
  }

  func makeUIViewController(context: UIViewControllerRepresentableContext)
      -> UIImagePickerController {
    ……UIImagePickerController作成……
  }
}
```

この構造体には3つのメソッドを用意する必要があります。updateUIViewControllerはUIViewControllerがアップデートされた際の処理です。makeCoordinatorは先に定義したUIImagePickerControllerDelegate採用クラスのインスタンスを作成するものです。最後のmakeUIViewControllerはUIImagePickerControllerインスタンスを作成し、必要な設定などを行うためのものです。

Coordinatorクラスを作る

では、実際にコードを書いていきましょう。まずはUIImagePickerControllerDelegate採用クラスからです。ここでは「Coordinator」という名前で作ります。以下のCoordinatorクラスのコードを、ソースコードの適当なところ(import文の下あたり)に記述してください。

▼リスト8-1

```
class Coordinator: NSObject, UINavigationControllerDelegate, ↴
  UIImagePickerControllerDelegate {
  @Binding var flag: Bool
  @Binding var image: Image?

  init(flag: Binding<Bool>, image: Binding<Image?>) {
    _flag = flag
    _image = image
  }

  func imagePickerController(_ picker: UIImagePickerController,
      didFinishPickingMediaWithInfo info: [UIImagePickerController.InfoKey : Any]) {
    let img = info[UIImagePickerController.InfoKey.originalImage] as! UIImage
    image = Image(uiImage: img)
    flag = false
```

```
  }

  func imagePickerControllerDidCancel(_ picker: UIImagePickerController) {
    flag = false
  }
}
```

@Bindingと参照

　コードの内容を見ていきましょう。このクラスでは、まず最初に以下のようなプロパティが用意されていますね。

```
@Binding var flag: Bool
@Binding var image: Image?
```

　flagはカメラ撮影の状況を示すためのもので、trueならば撮影中、falseなら撮影してないことを示します。imageは撮影したイメージを保管しておくためのものです。

　引数そのものは単純ですが、「@Binding」という見たことのないカスタム属性が付けられていますね。これは外部と値をやり取りするようなときに使われます。@Bindingが付けられると、その変数は値そのものではなく「値の参照」が保管できるようになります。参照というのは、その値が保管されているところを示す値です。

　これまで「$変数」というように、変数名の前に$を付けた値を何度か使ってきましたね。普通、「変数 = A」というようにすると、Aのコピーが変数に代入されます。けれど$変数を使うことで、値のコピーではなく、値の保管場所を変数などに設定できるようになります。こうすると、元の変数の値が変更されれば、参照している変数の値も自動的に変更される（なぜなら、元の変数の値がある場所を参照しているから）ことになります。

　@Bindingは、こうした参照の値をプロパティとして扱うのに使います。例えばインスタンスでこのflagに変数の参照が設定されると、その変数が書き換わればflagも自動的に更新されるようになるわけです。

クラスの初期化処理

　クラス内には、まずinitメソッドがありますね。これはインスタンスを作るとき、その初期化処理を用意しておくためのものでした。

　ここでは以下のようにメソッドを用意しています。

```
init(flag: Binding<Bool>, image: Binding<Image?>) {
  _flag = flag
  _image = image
}
```

　Bool型の引数flagと、Image型の引数imageが用意されています。が、よく見ると「Bool」「Image」ではなくて、「Binding<Bool>」「Binding<Image?>」となっていますね。

　このBindingというのは、@Bindingによる参照を示す型を扱うためのものです。これは、その後の<>にある型の参照を示します。Binding<Bool>ならば、Bool型の値の参照を引数で渡しますよ、ということを意味します。

これらの引数で受け取った値は、_flagと_imageに代入しています。このアンダーバーで始まる変数名はBinding変数を示します。

_flag = flagというのは、Bining変数のflagに引数のBinding変数flagを設定する、という意味になります。

imagePickerControllerメソッドについて

続いて、imagePickerControllerメソッドです。これは、カメラで撮影された際の処理を行うものです。ここではまず、撮影されたイメージをUIImageという値として取り出します。

```
let img = info[UIImagePickerController.InfoKey.originalImage] as! UIImage
```

ちょっとわかりにくいのですが、infoというのはInfoKeyという値をキーとしてデータをまとめた辞書だと考えてください。そこからoriginalImageというキーの値を取り出しています。これは、オリジナルのイメージデータが保管されているところです。このデータをUIImageというクラスのインスタンスとして取り出します。

```
image = Image(uiImage: img)
```

取り出したUIImageを元にImageインスタンスを作って、imageプロパティに設定します。これで、imageプロパティからいつでもイメージを取り出して利用できるようになりました。

最後に、カメラ動作中を示すflag変数をfalseにして作業完了です。メソッド自体は難しそうでしたが、やっていることは意外と簡単ですね。

imagePickerControllerDidCancelメソッド

残るは、imagePickerControllerDidCancelメソッドです。これは、やっていることはとてもシンプルですね。

```
func imagePickerControllerDidCancel(_ picker: UIImagePickerController) {
  flag = false
}
```

撮影中を示すflag変数をfalseに変更しているだけです。これで、UIImagePickerControllerの代理で処理を行うクラスが完成しました！

CameraViewを作る

続いて、UIImagePickerControllerを使ってカメラ撮影をするビューを作成しましょう。「CameraView」という構造体として作成をします。ソースコードの適当なところ（先ほどのCoordinatorの下あたり）に次のコードを追記してください。

これもわかりにくい名前の型があちこちに出てくるので、とても難しそうに見えます。よくわからない型の役割などは深く考えず、「このまま書けば動く」と考えて間違えずに書きましょう。

▼リスト8-2

```
struct CameraView: UIViewControllerRepresentable {
  @Binding var flag: Bool
  @Binding var image: Image?

  func updateUIViewController(_ uiViewController: UIImagePickerController,
    context: UIViewControllerRepresentableContext<CameraView>) {
  }

  func makeCoordinator() -> Coordinator {
    Coordinator(flag: $flag, image: $image)
  }

  func makeUIViewController(context: UIViewControllerRepresentableContext ↓
    <CameraView>)
  -> UIImagePickerController {
    let controller = UIImagePickerController()
    controller.delegate = context.coordinator
    controller.sourceType = .camera
    return controller
  }
}
```

@Bindingプロパティについて

コードの内容を簡単に説明しましょう。今回の構造体にも2つのプロパティが用意されています。以下のものですね。

```
@Binding var flag: Bool
@Binding var image: Image?
```

見ればわかる通り、先ほどCoordinatorクラスに用意したのと同じものです。カメラの動作を示すflagと、撮影したイメージを保管するimageですね。いずれも@Bindingを付け、参照として扱うようにしておきます。

updateUIViewControllerについて

構造体には、まずupdateUIViewControllerというメソッドが用意されています。以下のようになっています。

```
func updateUIViewController(_ uiViewController: UIImagePickerController,
  context: UIViewControllerRepresentableContext<CameraView>) {
}
```

何をやっているんだろう？　と思った人。よく見てください。ただメソッドを用意しただけで、何もしていません。今回は、特にUIViewControllerがアップデートされた際の処理などは必要ないのです。ただ、プロトコルに用意されているメソッドなので、何もしなくともメソッドだけは用意する必要があります。

ここで注意してほしいのは、引数のcontextです。これには型としてUIViewControllerRepresentableContext<CameraView>というものが指定されています。UIViewControllerRepresentableContextというのが引数です。これはUIViewControllerの利用に必要となる情報を扱うための構造体です。

構造体には<>でCameraViewが付けられていますね。<>というのは「総称型」というもので、UIViewControllerRepresentableContextの中で利用されている型を示しています。これにCameraViewを指定してください。これを忘れるとうまく動きません。

Coordinatorの作成

次にあるのは、makeCoordinatorというメソッドです。これはUIImagePickerControllerDelegateのインスタンスを作成して返すものです。

```
func makeCoordinator() -> Coordinator {
  Coordinator(flag: $flag, image: $image)
}
```

先ほど定義したCoordinatorクラスのインスタンスを作成し、引数にflagとimageの各プロパティの参照を指定しています。これで、UIImagePickerControllerDelegateとしてCoordinatorインスタンスが使われるようになります。

UIViewControllerの作成

最後に、makeUIViewControllerというメソッドが用意されています。UIImagePickerControllerインスタンスを作成するためのものです。ようやくUIImagePickerControllerが登場しました！　以下のような形で定義されています。

```
func makeUIViewController(context: UIViewControllerRepresentableContext<CameraView>)
   -> UIImagePickerController {……
```

引数のcontextは、UIViewControllerRepresentableContextというものです。これは、先ほどupdateUIViewControllerでも使われていましたね。UIViewControllerの利用に必要な情報を扱うものでした。引数には<CameraView>というように、総称型を指定してあります。

戻り値にUIImagePickerControllerを指定しています。このメソッドでUIImagePickerControllerインスタンスを作り、それを返すものであることがわかります。では、メソッドで行っている処理を見てみましょう。

```
let controller = UIImagePickerController()
```

まず、UIImagePickerControllerインスタンスを作成します。引数なしで、ただ作成するだけです。こうして作成したインスタンスのプロパティを設定していきます。

```
controller.delegate = context.coordinator
```

これはUIImagePickerControllerの処理を代理で行うものを指定します。delegateというのは、代理で処理を行うUIImagePickerControllerDelegate最小クラスが設定されるプロパティです。

引数には、contextのcoordinatorというプロパティを指定しています。makeCoordinatorで作成されたCoordinatorインスタンスが入っています。これで、CoordinatorがUIImagePickerControllerの代理処理クラスに設定され、UIImagePickerControllerの必要な処理を行うようになったわけです。

```
controller.sourceType = .camera
```

もう1つ、sourceTypeというプロパティを設定しています。これはどこからデータを取得するか、ソース源を示すものです。ここでは.cameraを指定し、カメラからデータが得られることを示します。

これでUIImagePickerControllerは準備できました。これをreturnで返せば、すべての処理が完了です。

CameraViewを利用しよう

では、作成したCameraViewを使ってみましょう。ContentView構造体のソースコードを以下のように書き換えてください。

▼リスト8-3

```
struct ContentView: View {
  @State var flag = false
  @State var image: Image?  = Image(systemName: "camera")

  var body: some View {
    VStack {
      Text("Photo").font(.title).padding()
      image?.resizable().scaledToFit()
        .frame(width: 300, height: 300)
        .foregroundColor(.blue)
        .background(Color(red: 0.8, green: 0.9, blue: 1.0))
      Button("Click!") {
        flag = true
      }.font(.title2)
      Spacer()
    }.sheet(isPresented: $flag) {
      CameraView(flag: $flag, image: $image)
    }
  }
}
```

このサンプルでは「Photo」というテキストの下にカメラのアイコンのイメージが表示され、その下に「Click!」というボタンが表示されています。

図8-1：カメラのアイコンと「Click!」ボタンが表示される。

この「Click!」ボタンをタップしてみてください。画面に、アプリからカメラへのアクセスを求めるアラートが表示されます。そのまま「OK」を選んでください。

"マイ App"がカメラへのアクセスを求めています

このプロジェクトはAppleによってレビューされていません。このプロジェクトの提供元が信頼できることを確認してからカメラへのアクセスを許可し、個人情報や金融情報を入力する場合は注意してください。

許可しない　OK

図8-2：カメラへのアクセス許可を与える。

画面にカメラが表示されます。これはカメラの必要最小限の機能を持ったもので、フラッシュのON/OFF、フロントとバックの切り替えなどが行えます。「キャンセル」をタップすれば、撮影せずに元の表示に戻ります。

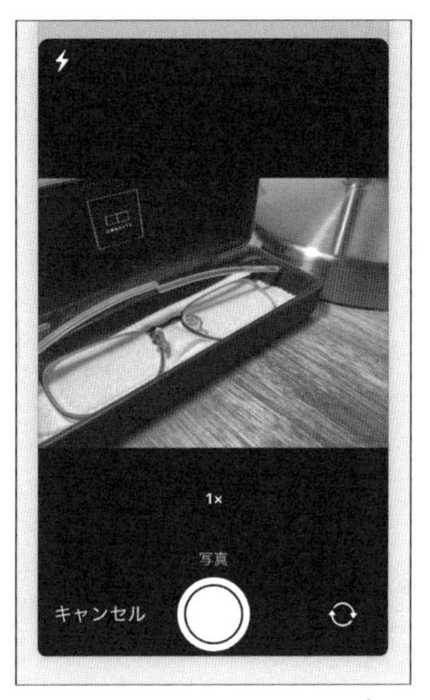

図8-3：カメラの画面。ボタンをタップして撮影する。

このままボタンをタップすると、写真が撮影されます。気に入らなければ「再撮影」をタップすれば、サイドカメラが起動して撮影できます。撮影した写真でOKなら、「写真を使用」をタップします。

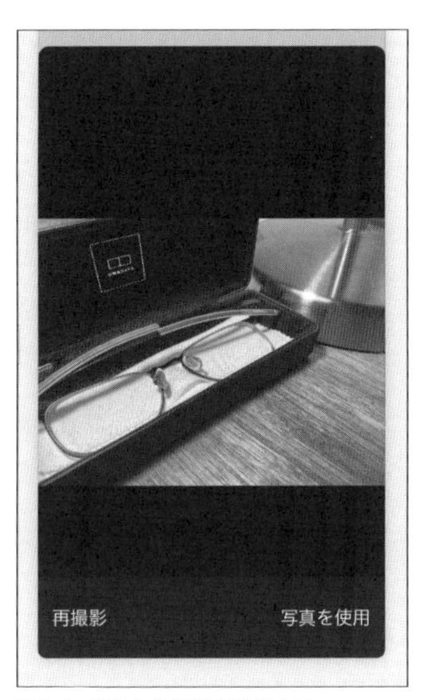

図8-4：撮影した写真を確認する。

カメラの画面が閉じられ、元の表示に戻ります。カメラアイコンが表示されていたところには撮影したイメージが表示されます。撮影した写真のイメージがちゃんと利用できているのがわかるでしょう。

図8-5：撮影した写真が表示された！

CameraViewの利用

作成したコードをチェックしましょう。まず、ContentViewに用意されているプロパティを見てください。flagとimageの2つのプロパティが用意されています。

```
@State var flag = false
@State var image: Image?  = Image(systemName: "camera")
```

どこかで見たことあるプロパティですね。そう、CameraViewにも（さらにはCoordinatorにも）用意されていたプロパティと同じものです。ただし、今回は@State属性が付けられています。imageには、デフォルト値としてcameraのアイコンが表示されるようにしてあります。

では、CameraViewは？　これは今回、シートとして利用するようにしています。VStackの{…}の後に、以下のようにsheetメソッドが追加されているのがわかるでしょう。

```
…….sheet(isPresented: $flag) {
  CameraView(flag: $flag, image: $image)
}
```

ここで、CameraViewインスタンスを作成し表示するようにしています。flagとimageの引数には、用意した@Stateプロパティの参照が設定されています。

これで2つのプロパティの参照がそのままCameraViewに渡され、それらをプロパティとして設定してインスタンスが作られます。さらにその中で、この2つのプロパティの参照をそのまま使ってCoordinatorが作られます。つまりContentViewでflagの値を操作すると、それがそのままCameraViewとCoordinatorのflagプロパティにも反映されるようになっているのですね。

ボタンのアクションで行っているのは、flag = trueだけです。これでsheetのisPresentedがtrueとなりシートが開かれ、CameraViewとCoordinatorのflagもtrueとなり撮影が開始されます。そして終了した際にCoordinatorでflagがfalseにされるとすべてのflagがfalseとなり、撮影が終了しシートが閉じられるのです。

後は応用次第！

撮影したイメージはimageプロパティにそのまま保管されますから、これを使って自由にイメージを利用することができます。CameraViewは、これ自体が完成したプログラムというより、「カメラをContentViewで使えるようにする部品」と捉えるとよいでしょう。

これで、いつでもカメラで写真を撮影できるようになりました。後は、撮影したイメージをアプリの中でどう利用するか、です。それぞれでどんな利用ができるか、それぞれでアイデアを練ってください。

COLUMN

サンプルブックでカメラは学べる？

iPad版のSwift Playgroundsには、カメラに関するブックがいくつも用意されています。これらはざっと以下のようなものを学ぶことができます。

- 「ライト、カメラ、コード」… カメラやフォトアルバムなどを使ってみる。
- 「カメラを組み立てる」……… カメラを利用するコードを作成していく。
- 「カメラを作る」……………… 最初から独自のコンポーネントとしてカメラを作っていく。

「なんだ、こんなにいろいろあるなら、これらでカメラの使い方を学べばいいじゃないか」と思ったことでしょう。確かに、カメラを利用したコードをいろいろと書いてカメラの働きなどを学ぶことはできます。これらで学習して、「カメラの使い方がわかった！」と思うかもしれません。けれど、「できた！」と思ったコードをコピーし、自分で作ったアプリにペーストしても、コードは動きません。なぜか？　それは、これらのブックで書いたコードは、そのブックの中でしか動かないからです。これらのブックには、簡単にカメラを利用できるようにするための部品が多数組み込まれています。ブックでの学習は、これら用意された部品を使ってカメラを操作しているだけです。これら部品類は、他のアプリやプレイグラウンドから使うことはできません。表面からは見えないようになっており、他から使うことはできないのです。このため、これらのブックで学んだ知識は、自分でアプリを作るときはまったく役に立ちません。あくまで「カメラを利用して、コードの書き方を学ぶ」だけです。実際にカメラを使ったアプリを作れるようになるわけではないのです。

図8-6:「カメラを組み立てる」の画面。これで学んだ知識は、実際の開発では使えない。

Chapter 8

8.2. GPSとコンパス

GPSを利用しよう

iPhoneやiPadにはさまざまなセンサーが組み込まれています。これらもアプリから利用できるようになると、ユニークな使い方ができそうです。

まずは「GPS」から使ってみましょう。GPSは現在位置を取得するための機能です。マップで現在の位置を表示したりするのに使われます。このGPSもアプリ内から利用することができます。

GPSの利用はCLLocationManagerというクラスを利用します。位置データを扱うための機能を提供するものです。ただし、これをそのまま使うわけではありません。利用の際にはCLLocationManagerDelegateというプロトコルを採用したクラスを定義し、これを使って行います。

CLLocationManagerDelegateは、CLLocationManagerでのイベント処理などを代行するための機能を実装するものです。

このCLLocationManagerDelegateを実装したクラスを作り、そこからCLLocationManagerを作成して必要な設定などを行えば、GPSが使えるようになります。

CLLocationManagerDelegate採用クラスについて

では、このCLLocationManagerDelegateプロトコルを採用したクラスがどのようになっているのか、簡単に説明しましょう。

▼CLLocationManagerDelegate採用クラスの書き方

```
class クラス : NSObject, ObservableObject, CLLocationManagerDelegate {

  func locationManager(_ manager: CLLocationManager,
             didUpdateLocations locations: [CLLocation]) {
    ……新しい位置データの処理……
  }
}
```

このクラスではNSObjectというクラスを継承し、ObservableObjectとCLLocationManagerDelegateという2つのプロトコルを採用します。用意するメソッドは、locationManagerというものだけです。これは引数にCLLocationManagerとCLLocation配列の2つが渡されます。GPSの位置データが更新されるとこのメソッドが呼び出され、引数で更新データが渡されます。CLLocationというのが、位置データを保管しているクラスです。

LocationManagerクラスを作る

では、CLLocationManagerDelegate採用クラスを作ってみましょう。まず、コードエディタの冒頭にあるimport文のところに以下の文を追記してください。

```
import MapKit
```

GPSを使うには、MapKitフレームワークが必要になります。import文で、このフレームワークのモジュールを読み込んでください。これを忘れるとエラーになるので注意しましょう。

今回は「LocationManager」という名前のクラスとして作成をします。ソースコードの適当なところ(import文の下あたり)に以下のコードを追加してください。

▼リスト8-4

```
class LocationManager: NSObject, ObservableObject,
    CLLocationManagerDelegate {
  let manager = CLLocationManager()
  @Published var loc = CLLocation()

  override init() {
    super.init()
    manager.requestWhenInUseAuthorization()
    manager.desiredAccuracy = kCLLocationAccuracyBest
    manager.distanceFilter = 1
    manager.delegate = self
    manager.startUpdatingLocation()
  }

  func locationManager(_ manager: CLLocationManager,
      didUpdateLocations locations: [CLLocation]) {
    loc = locations[0]
  }
}
```

今回は見たことのない型も使われていますが、それほど複雑そうなことはしていませんね。CLLocationManagerというクラスの設定手順さえわかればだいたい処理の内容は理解できるはずですから、心配はいりませんよ。

LocationManagerのプロパティ

では、LocationManagerクラスで行っていることについてポイントをチェックしましょう。まずプロパティからです。以下のようなものが用意されています。

```
let manager = CLLocationManager()
@Published var loc = CLLocation()
```

managerには、CLLocationManagerというクラスのインスタンスが設定されます。これが、GPSにアクセスしデータを取得するための機能を提供するクラスです。

そしてlocプロパティは、CLLocationという位置データを保管するものとして用意します。これには@Publishedというのが付けられていますね。オブジェクトの更新を外部でも行えるようにしたいときに使うものでした。

これで、このLocationManagerのlocプロパティが更新されると、このプロパティを利用するところも更新されるようになります。

CLLocationManagerの初期化

クラスには、初期化のためのinitメソッドがあります。ここでは、プロパティに用意されたCLLocationManagerの設定を行っています。やっていることをざっと整理しましょう。

▼ユーザーに位置情報の利用許可を要求する

```
manager.requestWhenInUseAuthorization()
```

▼位置データの精度をベストな状態に設定する

```
manager.desiredAccuracy = kCLLocationAccuracyBest
```

▼データの更新が行われるのに必要な最低移動距離(メートル)

```
manager.distanceFilter = 1
```

▼代理イベント処理を行うオブジェクトの指定

```
manager.delegate = self
```

▼位置データの更新を開始する

```
manager.startUpdatingLocation()
```

中にはよくわからないものもあるかもしれませんが、これらはCLLocationManagerを使う上で必ず用意しておく処理です。

したがって、内容をきちんと理解するのも大切ですが、「CLLocationManagerを作ったら、初期化処理に必ずこれらの設定を書いておく」ぐらいに理解しておけばいいでしょう。意味がわからなくとも、必ずこれらを書くことさえわかっていればCLLocationManagerは使えますから。

なお、ここでは初期化が終わったらそのままstartUpdatingLocationを実行していますが、これは必要なときに呼び出せばいいでしょう。

例えばボタンをタップしたらGPSをスタートさせたいなら、startUpdatingLocationを実行するメソッドを用意しておけば、ボタンのアクションからそれを呼び出して実行させることができます。

また、GPSを停止させたい場合は、managerから「stopMonitoringSignificantLocationChanges」というメソッドを呼び出してください。この例ならば、以下のような文をどこかで実行すればGPSアクセスを停止します。

```
magager.stopMonitoringSignificantLocationChanges()
```

locationManagerメソッド

もう1つ、locationManagerメソッドも用意されていました。ここで行っているのは、取得された位置データをlocプロパティに設定する処理です。

```
func locationManager(_ manager: CLLocationManager,
    didUpdateLocations locations: [CLLocation]) {
  loc = locations[0]
}
```

引数のlocationsには、CLLocationの配列が保管されています。ここではその最初の値を取り出して、locに設定しています。これで位置データを取り出す処理はすべて終わりです。意外と単純でしたね？

ContentViewでLocationManagerを利用する

では、実際にLocationManagerを使ってみましょう。ContentView構造体のコードを以下のように書き換えてください。

▼リスト8-5

```
struct ContentView: View {
  @ObservedObject var manager = LocationManager()

  var body: some View {
    VStack {
      Text("GPS").font(.title).padding()
      Text("LAT: \(manager.loc.coordinate.latitude).")
        .font(.title2)
      Text("LNG: \(manager.loc.coordinate.longitude).")
        .font(.title2)
      Spacer()
    }
  }
}
```

画面に「LAT: ○○」「LNG: ○○」と2つの実数値が表示されます。iPadを持ったまま、辺りを歩き回ってみましょう。移動するにつれ、数値が変化するのがわかるはずです。

図8-7：現在の位置データがリアルタイムに表示される。

ここでは@ObservedObjectを付けてmanagerプロパティを用意し、そこにLocationManagerインスタンスを設定しています。そして2つのTextに、以下のようにして緯度経度の値を表示しています。

```
Text("LAT: \(manager.loc.coordinate.latitude).")
Text("LNG: \(manager.loc.coordinate.longitude).")
```

manager.locがLocationManagerに用意したlocプロパティになります。CLLcationという値が保管されていました。これにはcoordinateというプロパティがあり、ここに「CLLocationCoordinate2D」という構造体の値が設定されています。この中に位置情報が保管されています。

CLLocationCoordinate2D構造体のプロパティ

latitude	緯度の値。
longitude	経度の値。

これらの値はCLLocationDegreesという型になっていますが、これは実はただのDouble値です。そのまま取り出して、数値として利用することもできます。

GPSが使えるようになると、位置情報を利用したアプリがいろいろ作れるようになります。Chapter 5で使ったMapKitと組み合わせれば、現在位置をマップで利用したアプリが作れますね。どんな利用ができるかいろいろと考えてみましょう。

コンパスを利用する

続いて、「コンパス」の機能を利用してみましょう。コンパスとは、いわゆる「方位計」のことです。デバイスがどの方向を向いているかを調べるセンサーです。これもSwift Playgroundsから簡単に利用することができます。コンパスの利用も、GPSと同じCLLocationManagerを利用します。インスタンスを用意した後、以下のような設定とメソッド呼び出しを行います。

▼方位更新のフィルターの設定

```
《CLLocationManager》.headingFilter =《CLLocationDegrees》
```

headingFilterプロパティは、方位の更新が行われるのに必要な最小角度を指定します。例えば「1」と指定すれば、方位の角度が1度以上変更されたときにデータの更新が行われます。CLLocationDegreesという値で指定しますが、中身はただのDouble値です。特にフィルター設定する必要がなければ、CLHeadingFilterNoneという値を指定します。フィルター設定なしの値です。

▼デバイスの向きの設定

```
《CLLocationManager》.headingOrientation =《CLDeviceOrientation》
```

headingOrientationは、デバイスがどの方向を向いているかを示すものです。デバイスを縦にして使っているか、横向きにしているか、ですね。これはCLDeviceOrientationという列挙体で値が用意されています。以下のいずれかを指定すればいいでしょう。

portrait ポートレート(縦向き)

portraitUpsideDown	ポートレートで上下が逆
landscapeLeft	左に90度倒した状態の横向き
landscapeRight	右に90度倒した状態の横向き

▼コンパスの方位取得の開始

```
《CLLocationManager》.startUpdatingHeading()
```

コンパスによる方位情報の取得を開始します。ただ呼び出すだけで、データの取得と更新が開始します。停止するには、「stopUpdatingHeading」というメソッドを使います。これも引数なしで、ただ呼び出すだけです。

locationManagerメソッドについて

startUpdatingHeadingで方位の取得が開始されると方位センサーから値が取得され、以下のメソッドが呼び出されます。

▼方位の取得で呼び出されるメソッド

```
func locationManager(_ manager: CLLocationManager,
    didUpdateHeading heading: CLHeading) {
 …… 処理……
}
```

メソッド名を見て「あれ？　GPSのときと同じ？」と思った人。いいえ、違います。メソッドの引数を見てください。CLLocationManagerと「CLHeading」という値が渡されています。同じlocationManagerですが、コンパスの更新で呼び出されるのはCLHeadingが引数に指定されているメソッドです。

このCLHeadingの中に方位の情報が保管されています。「magneticHeading」というメソッドで、これでデバイスの向きを0～360の実数で返します。

LocationManagerにコンパス機能を追加する

実際に方位の情報を取得してみましょう。先に、LocationManagerクラスを作成していましたね。これに追記をして、コンパスの機能も使えるようにしてみましょう。LocationManagerクラスのコードを以下のように修正してください(☆が付いている部分が追記したところです)。

▼リスト8-6

```
class LocationManager: NSObject, ObservableObject, CLLocationManagerDelegate {
  let manager = CLLocationManager()
  @Published var loc = CLLocation()
  @Published var heading: CLLocationDirection = 0.0 //☆

  override init() {
    super.init()
    manager.requestWhenInUseAuthorization()
    manager.desiredAccuracy = kCLLocationAccuracyBest
    manager.distanceFilter = 1
    manager.delegate = self
    manager.startUpdatingLocation()
    manager.headingFilter = kCLHeadingFilterNone //☆
    manager.headingOrientation = .portrait //☆
    manager.startUpdatingHeading() //☆
  }

  func locationManager(_ manager: CLLocationManager,
      didUpdateLocations locations: [CLLocation]) {
    loc = locations[0]
```

```
    }

    // ☆追加メソッド
    func locationManager(_ manager: CLLocationManager,
        didUpdateHeading heading: CLHeading) {
      self.heading = heading.magneticHeading
    }
}
```

今回はポートレートモード（縦置き）で使う前提で記述してあります。横向きで利用する場合はheading Orientationの値をlandscapeLeftまたはlandscapeRightに変更しましょう。

ここでは方位の値を保管するために、以下のプロパティを追加しています。

```
@Published var heading: CLLocationDirection = 0.0
```

@Publishedを付けて、値が更新されたら参照している値も更新されるようにしておきます。

initメソッドでは、コンパス関係の初期化処理を追記しています。

```
manager.headingFilter = kCLHeadingFilterNone
manager.headingOrientation = .portrait
manager.startUpdatingHeading()
```

これで方位データの取得が開始されます。手動でスタートしたい場合は、最後のstartUpdatingHeadingメソッドの呼び出しを別のところ（ボタンのアクションなど）で行うようにすればいいでしょう。

方位の更新処理

後は、新たに追加したlocationManagerメソッドの処理ですね。以下のように記述されています。

```
func locationManager(_ manager: CLLocationManager,
    didUpdateHeading heading: CLHeading) {
  self.heading = heading.magneticHeading
}
```

行っているのは単純で、heading.magneticHeadingの値をheadingプロパティに代入しているだけです。これで方位データが更新されるたびにheadingプロパティが変更され、それを参照している値も更新されるようになります。

LocationManagerを使って方位を表示する

では、修正したLocationManagerを利用してみましょう。ContentViewの内容を以下のように書き換えてください。

▼リスト8-7

```
struct ContentView: View {
  @ObservedObject var manager = LocationManager()

  var body: some View {
```

```
      VStack {
        Text("Compass").font(.title).padding()
        Text("Value: \(manager.heading).")
          .font(.title2)
        Image(systemName: "location.north")
          .resizable().scaledToFit()
          .foregroundColor(.blue)
          .frame(width: 100, height: 100)
          .padding()
          .rotationEffect(Angle.degrees(360 - manager.heading))
        Spacer()
      }
    }
  }
```

このサンプルでは画面にナビゲーターのアイコンが表示されます。デバイスを水平にするとアイコンが回転して北を示します。デバイスの方向を変えてもリアルタイムに北を示すのがわかるでしょう。

なお、このサンプルはポートレートモードで指定しているので、デバイスを縦向きにして動作を確認してください。

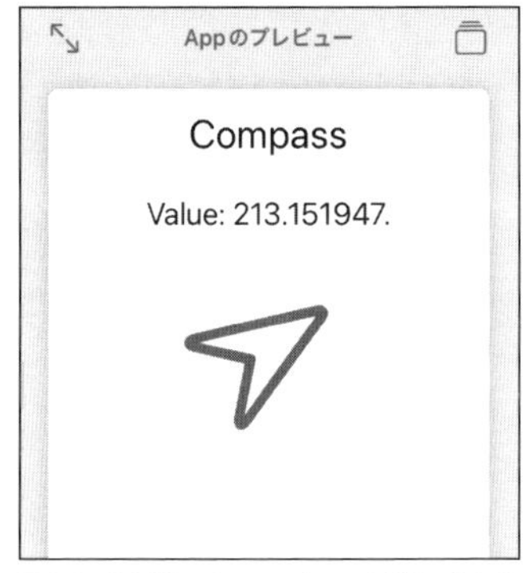

図8-8：ナビゲーターアイコンが常に北を向くように回転する。

方位データを元にアイコンの向きを変更する

では、ここで行っている処理のポイントを説明しましょう。まず、LocationManagerをプロパティとして設定します。

```
@ObservedObject var manager = LocationManager()
```

これでmanagerから方位データを取り出せるようになります。では、肝心の「方位データの向きにアイコンを表示する」という処理がどうなっているのか、Imageの作成部分を見てみましょう。

```
Image(systemName: "location.north")
  .……略……
  .rotationEffect(Angle.degrees(360 - manager.heading))
```

ここでは「rotationEffect」というメソッドを使っています。このメソッドはChapter 6で軽く説明しましたが、覚えていますか？ そう、ビューを指定した角度だけ回転するものですね。このメソッドを使ってImageの表示を回転させていたのですね。

非常に単純ですが、これで方位磁針のアプリは作れてしまいました。もっとビジュアルを凝ったものにすれば、十分実用になりそうでしょう？

Chapter 8

8.3. 加速度センサーとジャイロセンサー

加速度センサーの利用

ゲームでもっとも使われるセンサーはGPSやコンパスではなく、「加速度センサー」でしょう。加速度センサーは、デバイスの姿勢（傾き）を調べるものです。これを利用することで、デバイスを傾けてキャラクタを操作するようなゲームも作れます。

加速度センサーの機能は、Core Motionというフレームワークに用意されています。これを利用するためには、ソースコード冒頭のimport文に以下の一文を追記しておきます。

```
import CoreMotion
```

これでCore Motionのモジュールが読み込まれ、その機能が使えるようになります。

CMMotionManagerによる加速度センサー利用

では、CMMotionManagerを使ってどのように加速度センサーを使うのか説明しましょう。実は、これは比較的簡単です。CMMotionManagerにはGPSやコンパスのように、代理でイベント処理を行うプロトコルなどが用意されていません。

したがって、そのためのクラスなどを定義する必要はなく、単純にインスタンスを作って必要な設定を行うだけで使えるのです。

▼CMMotionManagerの作成

```
変数 = CMMotionManager()
```

インスタンスはこのように引数なしで、ただ呼び出すだけです。作成したら必要な設定を行います。

▼更新間隔の設定

```
《CMMotionManager》.accelerometerUpdateInterval = 実数
```

センサーのデータを更新する間隔を秒単位の実数で指定します。例えば0.1とすれば、1秒間に10回データが更新されます。

データが更新されると、startAccelerometerUpdatesという関数が呼び出されます。次のようにして処理を作成できます。

▼加速度センサーの更新処理

```
《CMMotionManager》.startAccelerometerUpdates(to: OperationQueue.current!) {
(accel: CMAccelerometerData?, err: Error?) in
    ……処理……
}
```

引数toには、OperationQueue.current!を指定します。これは「必ずこう書く」と覚えてください。その後の{…}にデータ更新時の処理を用意します。ここでは、CMAccelerometerDataという値が引数で渡されます。この中に、センサーのデータなどがまとめられています。

ちなみに、センサーの機能を停止したい場合は以下のメソッドを呼び出します。

▼センサーを停止する

```
《CMMotionManager》.stopDeviceMotionUpdates()
```

これで、加速度センサーが使えるようになります。インスタンス作成とaccelerometerUpdateIntervalの設定はほぼ決まった形で書くだけですから、自分で考えないといけない部分はstartAccelerometerUpdatesの関数処理だけですね！

C O L U M N

傾きを調べるのに、なぜ「加速度」センサー？

加速度センサーという名前は、「デバイスを動かしたときの加速度を調べるもの」だ、と思っていた人も多いでしょう。それがデバイスの姿勢（傾き）を調べるものなんて、変だな？　と感じたかもしれません。実を言えば、世の中のすべてのデバイスは、そこに置いてあるだけで加速しています。なぜなら、すべてのデバイスには「重力」が働いているからです。この「重力による加速」を元にしてデバイスの状態を調べるセンサーなので、加速度センサーなのです。

加速度センサーでシェイプを動かす

では、加速度センサーを使ってみましょう。ContentView構造体のコードを以下のように書き換えてください。これもポートレートモードで動かす前提で作成してあります。

▼リスト8-8

```
struct ContentView: View {
  let motion = CMMotionManager()
  @State var flag = false
  @State var circleX = 150.0
  @State var circleY = 150.0

  var body: some View {
    VStack {
      Text("Accel").font(.title).padding()
      Button("Start!") {
```

```
        if flag {
          motion.stopDeviceMotionUpdates()
          print("stop!")
        } else {
          motion.accelerometerUpdateInterval = 0.025
          motion.startAccelerometerUpdates(to: OperationQueue.current!) {
          (accel: CMAccelerometerData?, err: Error?) in
            update(data: accel!)
          }
        }
        flag = !flag
      }
      ZStack {
        Rectangle()
          .fill(Color.yellow)
          .frame(width: 300, height: 300)
        Circle()
          .fill(Color.red)
          .frame(width: 50, height: 50)
          .position(x: circleX, y: circleY)
      }.frame(width: 300, height: 300)
      Spacer()
    }
  }
  func update(data: CMAccelerometerData) {
    let x0 = data.acceleration.x
    let y0 = data.acceleration.y
    var x = Double(x0) * 200
    var y = Double(y0) * -200
    if x < -150 { x = -150 }
    if x > 150 { x = 150 }
    if y < -150 { y = -150 }
    if y > 150 { y = 150 }
    circleX = x + 150
    circleY = y + 150
  }
}
```

記述したら、デバイスを平面の上に置いて「Start!」ボタンをタップし、ゆっくりと傾けてみましょう。すると、傾きに応じて中央の赤い円が上下左右に動くのがわかるでしょう。これもポートレートモードで動作確認をしてください。

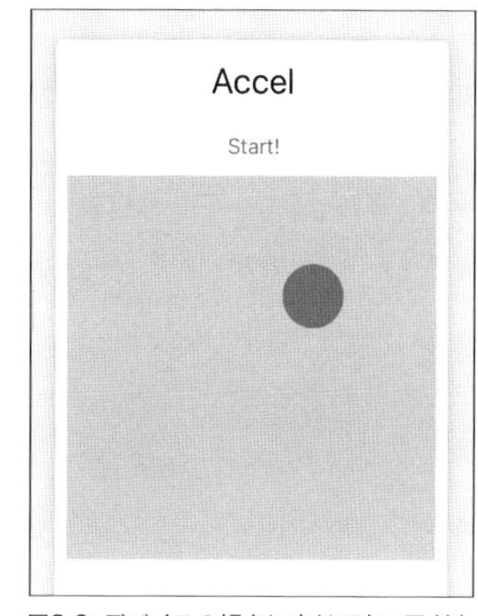

図8-9：デバイスの傾きに応じて赤い円が上下左右に移動する。

センサー処理をチェックする

では、コードの内容をチェックしましょう。ここではmotionプロパティにCMMotionManagerインスタンスを設定してあります。

```
let motion = CMMotionManager()
```

スタート時には以下のような形でセンサーの設定と、データ更新時の処理を用意しています。

```
motion.accelerometerUpdateInterval = 0.025
motion.startAccelerometerUpdates(to: OperationQueue.current!) {
(accel: CMAccelerometerData?, err: Error?) in
  update(data: accel)
}
```

CMAccelerometerDataの値をそのままdata引数に指定して、updateメソッドを呼び出しているだけですね。このupdateでセンサー値を使った処理をしています。

updateでは以下のようにしてセンサーの値を取り出しています。

```
let x0 = data.acceleration.x
let y0 = data.acceleration.y
```

これでx方向とy方向のセンサー値が得られました。後はこれを元に表示する位置を計算をし、circleXとcircleYに設定するだけです。センサーの値は非常に小さな実数なので、ここでは200倍にして位置の値に使っています。

ジャイロセンサーの利用

この加速度センサーに近いものに、「ジャイロセンサー」というものもあります。デバイスを動かしたときの加速度を計測するためのものです。

このジャイロセンサーも加速度センサーと同じく、Core Motionフレームワークに用意されています。使用するクラスも、同じCMMotionManagerです。accelerometerUpdateIntervalプロパティで間隔を指定するのも同じ。違いは、データの更新を行うメソッドです。

▼ジャイロセンサーの更新処理

```
《CMMotionManager》.startGyroUpdates(to: OperationQueue.current!) {
(motion: CMGyroData?, err: Error?) in
   ……処理……
 }
```

メソッド名が「startGyroUpdates」と変わります。そして、{…}で指定する関数の引数が「CMGyroData」という型の値になっています。このCMGyroDataの中に、ジャイロセンサーの値が保管されているのです。

ジャイロを使ってノードを操作する

利用例を見てみましょう。加速度センサーとまったく同じではつまらないので、今度はSpriteKitを使ってみることにしましょう。冒頭に以下のimport文を用意しておいてください。

```
import SpriteKit
```

ではまず、センサーを使ってノードを動かすシーンを用意しましょう。ソースコードの適当なところにGameSceneクラスを記述してください。なお、中にはChapter 7で作成したGameSceneのコードがそのまま残っている人もいるかもしれませんが、その場合はこのGameSceneに差し替えてください。

▼リスト8-9

```
class GameScene: SKScene {
  let motion = CMMotionManager()
  var sprite: SKShapeNode?

  override func didMove(to view: SKView) {
    backgroundColor = UIColor(Color(red: 0.8, green: 0.9, blue: 1.0))
    physicsBody = SKPhysicsBody(edgeLoopFrom: frame)
    physicsWorld.gravity = CGVector(dx: 0, dy: 0)
    sprite = SKShapeNode(circleOfRadius: 25.0)
    sprite!.physicsBody = SKPhysicsBody(circleOfRadius: 25.0)
    sprite!.physicsBody!.categoryBitMask = 0b1000
    sprite!.physicsBody!.collisionBitMask = 0b1001
    sprite!.physicsBody!.contactTestBitMask = 0b1000
    sprite!.fillColor = .red
    sprite!.position = CGPoint(x: 150, y: 150)
    addChild(sprite!)
    // ☆motion setting.
    motion.accelerometerUpdateInterval = 0.025
    motion.startGyroUpdates(to: OperationQueue.current!) {
      (data: CMGyroData?, err: Error?) in
      let x0 = data?.rotationRate.y
      let y0 = data?.rotationRate.x
      var x = Int(Double(x0!) * 10)
      var y = Int(Double(y0!) * -10)
      if x < -150 { x = -150 }
      if x > 150 { x = 150 }
      if y < -150 { y = -150 }
      if y > 150 { y = 150 }
      let nx = x
      let ny = y
      self.sprite!.physicsBody!.applyForce(CGVector(dx: nx, dy: ny))
    }
  }
}
```

このシーンの中でセンサーを利用しています。☆のところからCMMotionManager関係の処理を用意しています。startGyroUpdatesでは、引数で渡されたCMGyroDataから以下のように値を取り出しています。

```
let x0 = data?.rotationRate.y
let y0 = data?.rotationRate.x
```

ジャイロセンサーの値は、rotationRateプロパティにまとめられています。デバイスを縦方向に回転する値がx、横方向の回転がy、デバイスの面をこちらに向けたまま回転するとzの値が得られます。この値を取り出し、それを元に移動量を計算します。

ベクトルデータでノードを押す

計算して得られた移動量を元に、シェイプノードに力を加えます。これには、物理体の機能を提供するSKPhysicsBodyのメソッドを使います。

▼ノードに力を加える

```
《SKPhysicsBody》.applyForce(《CGVector》)
```

applyForceメソッドは、物理体に力を加えるものです。物理エンジンを利用する場合、ノードは物として動くようになります。ですから力を加えると、その力によって移動したり回転したりするのです。

引数にはCGVectorという値を使います。これはベクトルデータを扱うためのもので、以下のように作成します。

▼ベクトルデータの作成

```
CGVector(dx: 横方向の力 , dy: 縦方向の力 )
```

こうして作成した値を引数に指定すると、そのベクトルの値を元に力が加えられます。サンプルでは以下のようにして呼び出していますね。

```
self.sprite!.physicsBody!.applyForce(CGVector(dx: nx, dy: ny))
```

ジャイロセンサーの値を元に算出したnx, nyを引数に指定してCGVectorを作り、それを引数にしてapplyForceを呼び出しています。これで、ジャイロセンサーでシェイプノードを操作するシーンが用意できました。

GameSceneを表示する

では、作成したGameSceneを表示してみましょう。ContentViewのコードを以下のように修正してください。

▼リスト8-10

```
struct ContentView: View {
  let motion = CMMotionManager()
  var scene: SKScene {
    let scene = GameScene()
    scene.size = CGSize(width: 300, height: 300)
    scene.scaleMode = .fill
    return scene
  }

  var body: some View {
```

```
      VStack {
        Text("Gyro").font(.title).padding()
        SpriteView(scene: scene)
          .frame(width: 300, height: 300)
        Spacer()
      }
    }
  }
```

ここでは淡いブルーの背景としてGameSceneが表示され、その中央に赤い円が表示されています。これがシェイプノードです。デバイスを動かすと、それに応じてノードが移動します。今回もデバイスはポートレートモードで使う前提で作成してあります。

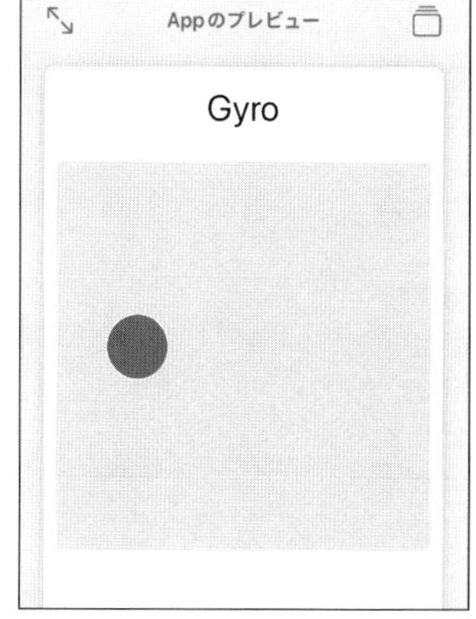

図8-10：デバイスを動かして赤い円を操作できる。

ハードウェアの中でもセンサーは地味ですが、使えるようになればアプリの幅をぐっと広げてくれます。

ここでは加速度センサーとジャイロセンサーについて取り上げましたが、iPhone/iPadにはこの他にもさまざまなセンサーが搭載されています。本書の内容を一通り理解し使えるようになったら、その他にどんなセンサーがあるのか調べてみましょう。

Index

●あ

●か

●さ

掌田津耶乃（しょうだ つやの）

日本初のMac専門月刊誌「Mac+」の頃から主にMac系雑誌に寄稿する。ハイパーカードの登場により「ビギナーのためのプログラミング」に開眼。以後、Mac、Windows、Web、Android、iOSとあらゆるプラットフォームのプログラミングビギナーに向けた書籍を執筆し続ける。

近著：
「Power Automate for Desktop RPA開発超入門」（秀和システム）
「Colaboratoryでやさしく学ぶJavaScript入門」（マイナビ）
「Power AutomateではじめるノーコードiPaaS開発入門」（ラトルズ）
「ノーコード開発ツール超入門」（秀和システム）
「見てわかる Unity Visual Scripting超入門」（秀和システム）
「Office ScriptによるExcel on the web開発入門」（ラトルズ）
「TypeScriptハンズオン」（秀和システム）

著書一覧：
http://www.amazon.co.jp/-/e/B004L5AED8/

ご意見・ご感想：
syoda@tuyano.com

本書のサポートサイト：
http://www.rutles.net/download/526/index.html

装丁　米本　哲
編集　うすや

Swift PlaygroundsではじめるiPhoneアプリ開発入門

2022年5月31日　　初版第1刷発行

著　者　掌田津耶乃
発行者　山本正豊
発行所　株式会社ラトルズ
〒115-0055　東京都北区赤羽西4-52-6
電話 03-5901-0220　FAX 03-5901-0221
http://www.rutles.net

印刷・製本　株式会社ルナテック

ISBN978-4-89977-526-3　